家电维修
职业技能
速成课堂

彩色电视机

陈铁山　主编

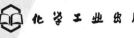

化学工业出版社

·北京·

本书从彩色电视机维修职业技能需求出发，系统介绍了彩色电视机维修基础与操作技能，通过模拟课堂讲解的形式介绍了彩色电视机维修场地的搭建与工具的使用、维修配件的识别与检测、维修操作规程的实际应用；然后通过课内训练和课后练习的形式对彩色电视机重要构件部件与单元电路的故障进行重点详解，并精选彩色电视机维修实操实例，重点介绍检修步骤、方法、技能、思路、技巧及难见故障的处理技巧与要点点拨，以达到快速、精准、典型示范维修的目的。书末还介绍了彩色电视机主流芯片的参考应用电路和按图索故障等资料，供实际维修时参考。

本书可供家电维修人员学习使用，也可供职业学校相关专业的师生参考！

图书在版编目（CIP）数据

家电维修职业技能速成课堂·彩色电视机/陈铁山主编. —北京：化学工业出版社，2017.1
ISBN 978-7-122-28483-9

Ⅰ.①家⋯　Ⅱ.①陈⋯　Ⅲ.①彩色电视机-维修
Ⅳ.①TM925.07

中国版本图书馆 CIP 数据核字（2016）第 269065 号

责任编辑：李军亮　　　　　　　　文字编辑：谢蓉蓉
责任校对：宋　玮　　　　　　　　装帧设计：史利平

出版发行：化学工业出版社（北京市东城区青年湖南街 13 号　邮政编码 100011）
印　　刷：北京云浩印刷有限责任公司
装　　订：三河市瞰发装订厂
850mm×1168mm　1/32　印张 12　字数 306 千字
2017 年 2 月北京第 1 版第 1 次印刷

购书咨询：010-64518888（传真：010-64519686）　售后服务：010-64518899
网　　址：http://www.cip.com.cn
凡购买本书，如有缺损质量问题，本社销售中心负责调换。

定　　价：48.00 元　　　　　　　　　版权所有　违者必究

 前言

　　彩色电视机量大面广，在使用过程中产生故障在所难免。而彩色电视机维修技术人员普遍存在数量不足和维修技术不够熟练的现状，而打算从事家电维修职业的学员很多，针对这一现象，我们将实践经验与理论知识进行强化结合，以课堂的形式将课前预备知识、维修技能技巧，课内品牌专讲、专题训练、课后实操训练四大块为重点，将复杂的理论通俗化，将繁杂的检修明了化，建立起理论知识和实际应用之间的最直观桥梁。让初学者快速入门并提高，掌握维修技能。

　　本书具有以下特点：

　　课堂内外，强化训练；

　　直观识图，技能速成；

　　职业实训，要点点拨；

　　按图索骥，一看就会。

　　值得指出的是：由于生产厂家众多，各厂家资料中所给出的电路图形符号、文字符号等不尽相同，为了便于读者结合实物维修，本书未按国家标准完全统一，敬请读者谅解！

　　本书由陈铁山主编，刘淑华、张新德、张新春、张利平、陈金桂、刘晔、张云坤、王光玉、王娇、刘运和、陈秋玲、刘桂华、张美兰、周志英、刘玉华、张健梅、袁文初、张冬生、王灿等也参加了部分内容的编写、翻译、排版、资料收集、整理和文字录入等工作。

　　由于水平有限，书中不妥之处在所难免，敬请广大读者批评指正。

编　者

Contents

第一讲

维修职业化训练预备知识

课堂一 电子基础知识

一、模拟电路

（一）什么是模拟电路

模拟电路（英文全称 Analog Circuit）是指对模拟信号进行处理、转换、传输的电子电路。"模拟"二字主要指电压（或电流）对于真实信号成比例的再现。

所谓模拟信号，是指信号的幅度随时间而变化的过程是连续的，如图 1-1 所示的就是模拟电压信号。

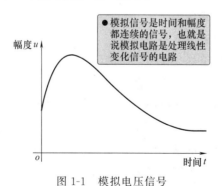

● 模拟信号是时间和幅度都连续的信号，也就是说模拟电路是处理线性变化信号的电路

图 1-1　模拟电压信号

人们听到的声音，看到的图像，感受到环境温度的变化等，反映出来都是这种连续的信号，都属于模拟信号。

（二）模拟电路的特点

模拟电路主要具有如下特点：

（1）函数的取值为无限多个，因为变化是连续的。

（2）获取比较容易，而且信号直观形似，处理起来也比较简单，在传输模拟信号时，所占用的频带比较窄。

（3）当图像信息和声音信息改变时，信号的波形也改变，即模拟信号待传播的信息包含在它的波形之中（信息变化规律直接反映在模拟信号的幅度、频率和相位的变化上）。因此，模拟信号在传输过程中抗干扰能力比较差，很容易受到外界的各种噪声干扰，当干扰积累严重时甚至无法将信号与噪声分离。

（4）当电路对模拟信号进行加工和处理时也容易出现失真，使信号的质量变差。如模拟电视的雪花飘现象，排除干扰和减少失真的技术难度很大。

（三）模拟集成电路的应用

早期在集成电路未出现以前，几乎所有的电路都属于模拟电路，比如由电子管、三极管、电阻、电容就可以组成一个模拟电路。随着科技的发展，目前多数模拟电路以集成电路元件的形式出现，称之为模拟集成电路。

模拟集成电路主要是指由电容、电阻、晶体管等组成的模拟电路集成在一起用来处理模拟信号的集成电路。目前有许多模拟集成电路，如运算放大器、模拟乘法器、锁相环、电源管理芯片等。模拟集成电路的主要构成电路有：放大器、滤波器、反馈电路、基准源电路、开关电容电路等。

模拟集成电路的基本电路包括电流源、单级放大器、滤波器、反馈电路、电流镜电路等，由它们组成的高一层次的基本电路为运算放大器、比较器，更高一层的电路有开关电容电路、锁相环、ADC/DAC 等。

模拟集成电路的典型应用如图 1-2 所示，输入温度、湿度、光学、压电、声电等各种传感器或天线采集的外界自然信号，经过模拟电路预处理后，转换为合适的数字信号输入到数字系统中；经过数字系统处理后的信号再通过模拟电路进行后处理，转换为声音、图像、无线电波等模拟信号进行输出。

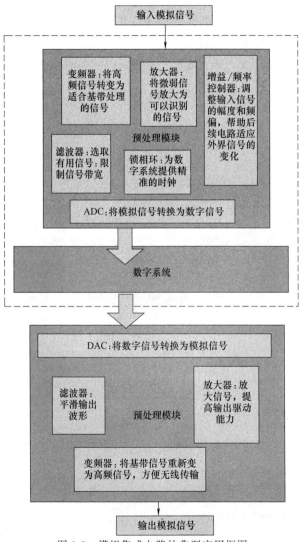

图 1-2　模拟集成电路的典型应用框图

（四）模拟集成电路的分类

模拟集成电路产品分为如下三类：

（1）通用型电路。如运算放大器、相乘器、锁相环路、有源滤波器和数→模与模→数变换等。

（2）专用型电路。如音响系统、电视接收机、录像机及通信系统等专用的集成电路系列。

（3）单片集成系统。如单片发射机、单片接收机等。

二、数字电路

（一）什么是数字电路

对数字信号进行处理、转换和传输的电子电路就称作数字电路，或数字系统。由于它具有逻辑运算和逻辑处理功能，所以又称数字逻辑电路。

所谓数字信号，是指信号的幅度随时间而变化的过程是间断的，或者说是离散的。如图 1-3 所示的就是一种很典型的数字信号。

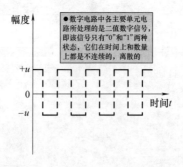

图 1-3 典型数字信号

（二）数字电路的特点

数字电路具有如下特点：

（1）同时具有算术运算和逻辑运算功能。数字电路以二进制逻辑代数为数学基础，使用二进制数字信号，既能进行算术运算又能方便地进行逻辑运算（与、或、非、判断、比较、处理等），因此极其适合于运算、比较、存储、传输、控制、决策等应用。

（2）实现简单，系统可靠。以二进制作为基础的数字逻辑电路，可靠性较强。电源电压的小的波动对其没有影响，温度和工艺偏差对其工作的可靠性影响也比模拟电路小得多。

（3）数字信号通常是由模拟信号经过处理之后得到的。它只有一个（有时是几个）幅度值，只存在"有"与"无"两种状态。在处理和传输数字信号时虽然也会受干扰，但容易通过电路处理将它消除掉。

（4）集成度高，功能实现容易。数字电路集成度高，体积小，功耗低，电路的设计、维修、维护灵活方便。随着集成电路技术的高速发展，数字逻辑电路的集成度越来越高，集成电路块的功能随着小规模集成电路（SSI）、中规模集成电路（MSI）、大规模集成电路（LSI）、超大规模集成电路（VLSI）的发展也从元件级、器件级、部件级、板卡级上升到了系统级。电路的设计组成只需采用一些标准的集成电路块单元连接而成。对于非标准的特殊电路还可以使用可编程序逻辑阵列电路，通过编程的方法实现任意的逻辑功能。

（5）复杂性大，制造集成电路的技术要求很高，在传输数字信号时所占用的频带要比传输模拟信号宽得多，使频率资源的利用率降低了。

（三）数字电路的分类

按功能可将数字电路分为组合逻辑电路和时序逻辑电路；按结构又可将数字电路分为分立元件电路和集成电路。

（1）组合逻辑电路。在任何时刻的输出，仅取决于电路此刻的输入状态，而与电路过去的状态无关，它们不具有记忆功能。常用的组合逻辑器件有加法器、译码器、数据选择器等。

（2）时序逻辑电路。在任何时候的输出，不仅取决于电路此刻的输入状态，而且与电路过去的状态有关，它们具有记忆功能。

（3）分立元件电路。是将独立的晶体管、电阻等元器件用导线连接起来的电路。

（4）集成电路。将元器件及导线制作在半导体硅片上，封装在一个壳体内，并焊出引线的电路。集成电路的集成度是不同的。

课堂二 元器件预备知识

一、常用电子元器件识别

彩色电视机上常用电子元器件有：电阻器、电容器、电感器、晶体管（二极管、三极管）或场效应管、集成电路、晶振或陶瓷振子、陶瓷滤波器或陷波器、电位器、中周、桥堆、熔丝、继电器、光电耦合器、声表滤波器、延时线、扬声器、磁珠或磁环、导线或排线、跨接线、插头、插座、开关或按键等。

1. 电阻器

电阻器在日常生活中一般直接称为电阻，英文名称是 Resistance，通常缩写为"R"，它是一种最常用的电路元器件，它既有降压限流的功能，又有为电流提供通路的作用。电阻的常用单位为欧姆（Ω）。除此之外，还有千欧（kΩ）、兆欧（MΩ）、毫欧（mΩ），其换算关系是：$1M\Omega = 1000k\Omega$，$1k\Omega = 1000\Omega$，$1\Omega = 1000m\Omega$。

电阻器的种类很多，通常分为三大类：固定电阻、可变电阻、敏感电阻，在电视机中以固定电阻应用最多（如图 1-4 所示）。按电阻在彩色电视机中的作用进行分类，主要有启动电阻、限流电阻、熔丝电阻、取样电阻、耦合电阻、退耦电阻、定时电阻、负载电阻、消磁电阻和压敏电阻等。

（1）启动电阻　启动电阻通常一端接整流后电源的正极（+300V），另一端接开关管的基极（b）。启动电阻的作用是：接通电源瞬间，电路尚未起振时，给开关管基极提供一个偏流，使开关管集电极与开关变压器初级线圈流过一定量的电流，通过变压器感应，反馈线圈中产生了一个感应电压，又反馈给开关管基极，使电路进入自激振荡。

图1-4　电阻器

（2）限流电阻　限流电阻的作用是限制流过电路或元器件的电流在安全范围内，以达到保护电路或元器件免受过流冲击而损坏之目的。有的地方也设计成降压作用，当然此时的电阻应该叫限压电阻了。电视机中限流电阻常用于单稳压电路与整流/滤波电路中。在单稳压电路中，限流电阻和稳压二极管串联，限流电阻提供的电流使稳压管能长期安全工作在最佳稳压曲线范围内，从而使稳压管提供一个基准稳定电压。在整流/滤波电路中，限流电阻串接于整流电路与滤波电路之间，其作用是限制或降低滤波电容的充电电流，以保护整流二极管不被过大的充电电流冲击损坏。

（3）熔丝电阻　熔丝电阻又称安全电阻或熔断电阻，具有电阻和熔丝的双重作用。在正常情况下，熔丝电阻具有普通电阻降压、分压、耦合、匹配等多种功能和同样的电气特性，一旦电路出现异常，如发生短路或过载，流过熔丝电阻的电流会大大增加。当过流使其表面温度达到 $500\sim600℃$ 时，电阻便会剥落而熔断，从而保护电路中其他的元器件免遭损坏，并防止故障的扩大。熔丝电阻主要应用在电源电路输出和二次电源的输出电路中。

熔丝电阻在电源电路中应用比较广泛，但各国家和厂家在电路图中的标注方法却各不相同。虽然标注符号目前尚未统一，但它们却有以下共同的特点：①在电路中它们与一般电阻的标注明显不同；②熔丝电阻上面只有一个色环，色环的颜色表示阻值；③在电路中熔丝电阻是长脚焊接在电路中（一般电阻紧贴电路板焊接），与电路板距离较远，以便于散热和区分。

（4）取样电阻　就是作参考的电阻，又称为电流检测电阻、电流感测电阻、电流感应电阻等，它常用在反馈电路中。通常所说的取样又分为电流取样和电压取样。电流取样电阻的作用是将电流信号变成电压信号送入单元电路（如过流保护电路）；电压取样电阻通常采用分压电路方式将电压信号取出一部分送入单元电路（如稳压电源放大电路、过压保护放大电路等），此时电压取样电阻实际上就是分压电阻。

（5）耦合电阻　把两部分电路用特定的元器件连接起来称为耦合，电视机单元电路前后级信号的传送有各种耦合方式，如用电阻耦合、变压器耦合、电容耦合等，不同的元器件可以达到不同的耦合目的。

（6）退耦电阻　所谓退耦，即防止前后电路网络电流大小变化时，在供电电路中所形成的电流冲动对网络的正常工作产生影响。换言之，退耦电路能够有效地消除电路网络之间的寄生耦合。在电视机单元电路中，大量采用 RC 退耦电路（又称 RC 滤波电路）以减少在使用公共电源时，放大级之间的相互干扰。

（7）定时电阻　在电视机的扫描单元电路中，由电阻 R 和电容 C 构成定时电路，产生线性良好的锯齿波电压。调节定时电阻，可以实现频率调整，达到场同步或改善场线性等目的。在遥控彩色电视机微处理器复位电路中，定时电阻与电容构成延时电路，以便对微处理器内部工作程序进行复位清零。定时电阻一般选用精度较高的金属膜电阻（电位器）。

（8）负载电阻　负载电阻就是纯电阻器，吸收的能量除了用来发热外，不发生其他能量变化。电视机中的负载电阻大多接在分立元器件三极管的集电极回路（如视放管、推动激励管、预中放管等单元电路），使三极管放大的电流信号变成电压信号，以便向后一级放大电路传输，同时负载电阻还承担向三极管集电极供电的功能。

（9）消磁电阻　消磁电阻属于正温度系数热敏电阻，简称PTC元器件，在工作温度范围内随着自身温度的升高，其电阻在很短的时间内将迅速增大，阻值由常温下的十几至几十欧剧增至很大，由通态变成阻态，因此消磁电阻具有开关特性。消磁电阻的外形有长方形和椭圆形，但长方形多见（如图1-5所示），引脚有两脚和三脚的，但两脚多见；内部有一个圆柱形消磁电阻，在其两侧各有一块金属弹性触片，这种消磁电阻有两个引出脚，有的消磁电阻内部有两个圆柱形消磁电阻，这种消磁电阻便有三个引出脚。

图1-5　消磁电阻

消磁电阻的作用是与消磁线圈配合给彩色电视机显像管消磁，即：它与消磁线圈组成消磁电路，在每次开机时产生一个由强变弱的交变磁场，对显像管金属部件进行消磁（消除因显像管内栅网、荫罩上的剩磁而产生在荧光屏上的异常色点或色斑）。

（10）压敏电阻　压敏电阻器简称VSR，也称为"突波吸收器"，有时也称为"电冲击（浪涌）抑制器（吸收器）"，它是一种对电压敏感的非线性过电压保护半导体元器件。它在电路中用文字符号"RV"、"RT"或"R"表示，图1-6是其外形图。压敏电阻器在电路中起过电压保护、防雷、抑制浪涌电流、吸收尖峰脉冲、限幅、高压灭弧、消噪、保护半导体元器件等作用。

图1-6　压敏电阻

压敏电阻器在彩色电视机中主要用于以下电路中：在电源电路中作为过电压保护元件，以防止雷击等异常过电压对电路的危害；在行输出变压器电路中用作过电压保护元件，以防止打火产生的过电压击穿行输出管等元件；显像管电路中用作过压保护元件，以防止显像管内部打火或其他原因产生的过电压对元器件的损害。

2. 晶体二极管

晶体二极管又称半导体晶体二极管，简称二极管，其英文名称为"Diode"，它是电视机中的常用元器件。二极管是一种常用的半导体器件，采用的有硅材料与锗材料，它的内部是由P型和N型两种半导体组成的一个PN结，主要特性是"单向导电性"，即电流只能从晶体二极管的正极流入，负极流出。

电视机上所用的二极管有整流二极管、稳压二极管、变容二极管和阻尼二极管、发光二极管等。

（1）整流二极管　整流二极管属于普通二极管，它的作用是将交流电转变成直流电。整流二极管在电视机中用在市电的入口处，把220V的交流电整流成300V的直流电。在电路中的文字符号为"V"或"VD"，其实物与符号如图1-7所示。

（2）稳压二极管　稳压晶体二极管也称齐纳晶体二极管或反向击穿晶体二极管，它实质上是一种特殊晶体二极管，因为它具有稳定电压的作用，所以称其为稳压管。电视机上稳压二极管一般都是用在电源电路的取样处，作为一个恒定电压的标准，来控制其中的开关管工作，来达到输出电压稳定的目的。它在电路中常用"VD"加数字表示（如：VD514表示编号为514的稳压管），其实物及电路符号如图1-8所示。稳压二极管在电视机中应用得较多。

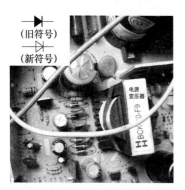

图1-7　整流二极管

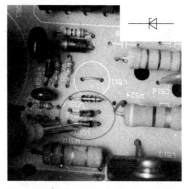

图1-8　稳压二极管实物及电路符号

（3）变容二极管　变容二极管是利用PN结的电容随外偏电压变化而变化这一特性制成的非线性电容元器件，它在高频调谐、通信等电路中作可变电容器使用。变容二极管在工作时，通过施加反向电压，其结电容随着反向电压的增大而减少，适用于自动调频、扫描振荡、频率控制和调谐等电路。变容二极管与普通二极管的不同之处是：对于普通的半导体二极管，其结电容是越小越好；对于变容二极管却是要利用结电容。电视机上所用的变容二极管安装在高频头内部（如图1-9所示），当调台时，调谐电压不一样，它的容量也随之变化。

图1-9　高频头内部变容二极管

（4）阻尼二极管　阻尼二极管类似于高频、高压整流二极管，其特点是具有较低的电压降和较高的工作频率，且能承受较高的反向击穿电压和较大的峰值电流。它主要用在电视机中，作为阻尼二极管、升压整流二极管或大电流开关二极管使用。阻尼二极管一般用在行输出部分。

（5）红外发光二极管　红外发光二极管用于遥控彩色电视机的遥控器中，用以将遥控指令信号以光的形式发射出去，经红外接收二极管接收后提供给微处理器，从而实现某项控制功能。

（6）发光二极管　发光二极管简称为LED，由含镓（Ga）、砷（As）、磷（P）、氮（N）等的化合物制成。发光二极管是一种半导体电子元件，具有单向导电性，电路中电流的方向是从电源正极出发经过发光二极管回到电源的负极。电视机上的指示灯用的就是发光二极管。

3. 电容器

电容器通常简称其为电容，用字母 C 表示（C 是英文Capacitor 的缩写）。在电视机中，电容器是必不可少的电子器件（如图1-10所示）。顾名思义，电容器就是"储存电荷的容器"，它广泛应用在各种高、低频电路和电源电路中，起退耦（指消除或减轻两个以上电路间在某方面的相互影响的方法）、耦合（将两个或两个以上的电路连接起来并使之相互影响的方法）、滤波（滤除干扰信号、杂波等）、旁路（与某元器件或某电路相并联，其中某一端接地）、谐振（指与电感并联或串联后，其振荡频率与输入频率相同时产生的现象）、降压和定时等作用。

图 1-10　电容器

电容的识别方法与电阻的识别方法基本相同。不同的电容器储存电荷的能力也不相同，通常规定把电容器外加 1V 直流电压时所储存的电荷量称为该电容器的电容量。电容的基本单位为法拉（F）。但实际上，法拉是一个很不常用的单位，因为电容器的容量往往比 1F 小得多，常用毫法（mF）、微法（μF）、纳法（nF）、皮法（pF）（皮法又称微微法）等，它们的换算关系是：$1F = 10^3\,mF = 10^6\,\mu F = 10^9\,nF = 10^{12}\,pF$。

电视机中使用的电容器，若按其材料分类，主要有陶瓷电容、云母电容、涤纶电容、聚丙烯电容、铝电解电容和钽电解电容等。下面按电容器在电视机单元电路中的作用来进行分类简述。

（1）滤波电容　用在滤波电路中的电容称为滤波电容，它利用电容器的储能功能，以滤去输出电压中的交流分量（又称纹波），使输出的直流更平滑。滤波电容的特点是电容容量较大，故大多采用电解电容（如图 1-11 所示）。在电视机中，滤波电容主要用于整流滤波电路和多级放大器之间 RC 退耦滤波电路中。

图 1-11　电解电容

　　（2）定时电容　用在定时电路中的电容器称为定时电容。定时器电容与电阻构成定时电路，产生线性良好的锯齿波电压，在电视机开关电源、行振荡、场振荡电路中起定时作用；在遥控彩色电视机微处理器复位电路中，定时电容与电阻构成延时电路，以便对微处理器内部工作程序进行复位清零。由它的充电和放电来决定三极管的饱和和截止时间的长短，从而决定振荡频率。定时电容通常大多采用钽电解电容（如图 1-12 所示）。钽电解电容器的外壳上都有 CA 标记，但在电路中的符号与其他电解电容器的符号却是一样的。

　　（3）谐振电容　用在 LC 谐振电路中的电容器称为谐振电容，LC 并联和串联谐振电路中需要这种电容电路。谐振电容属于振荡电容，它与电感元器件串、并联形成谐振回路，用于选

图 1-12　钽电解电容

频。在电视机中谐振电容用在高频头的输入调谐电路、本振电路、图像中放的载频谐振电路以及伴音中放的鉴频器等中。

※**知识链接**※　　在公共通道中谐振电容一般在中周内，从外面看不到，一定要注意。谐振电容的大小直接决定谐振频率的高低，在更换时必须注意保持容量规格的一致。

（4）自举电容　用在自举电路中的电容器称为自举电容，该电容起到自举升压作用，所以又称为升压电容。常用的OTL功率放大器输出级电路采用这种自举电容电路，以通过正反馈的方式少量提升信号的正半周幅度。在电视机中常用于OTL推挽电路组成的场扫描输出电路、伴音功放和输出电路以及行输出自举升压电路中

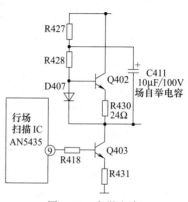

图1-13　自举电容

（黑白电视机中通常采用自举升压的办法，但个别型号彩色电视机中也有采用自举升压的）。如图1-13所示为松下M11机心彩色电视机所用的自举电容。

（5）消亮点电容　在显像管附属电路中，用以消除关机亮点的电容称为消亮点电容。如图1-14所示为夏普29S21-A1型彩色电视机的消亮点电路，C880即为消亮点电容。

（6）高频消振电容　用在高频消振电路中的电容称为高频消振电容，在音频负反馈放大器中，为了消振可能出现的高频自激，采用这种电容电路，以消除放大器可能出现的高频啸叫。

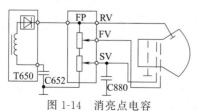

图1-14　消亮点电容

（7）耦合电容　用在耦合电路中的电容称为耦合电容，在阻容耦合放大器和其他电容耦合电路中大量使用这种电容电路，起隔直流通交流的作用。如图 1-15 所示为松下 M11 机芯彩色电视机所用的耦合电容。

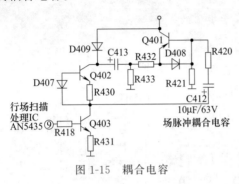

图 1-15　耦合电容

（8）退耦电容　退耦（也称去耦）电容把输出信号的干扰作为滤除对象。在多级放大器的直流电压供给电路中使用这种电容电路，退耦电容消除每级放大器之间的有害低频交连。退耦电容的位置在各单元电路的电源供电处，大多数由两个电容组成，一个容量大的电解电容和一个容量小的瓷片电容（因为电解电容的附加电感较大，对高频信号的电抗较大，旁路高频信号的性能不好，因此需要在容量大的电解电容侧并联一个容量小的瓷片电容）。如图 1-16 所示为长虹 C2588 彩色电视机上退耦电路截图，C486 为退耦电容。

（9）S 校正电容、逆程电容　逆程电容与行输出管的 c、e 极

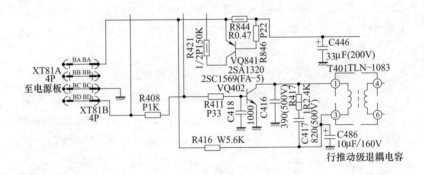

图 1-16　退耦电容

并联，总电容量决定了行扫描逆程时间的长短，容量大逆程时间长，容量小逆时间短；S校正电容大都与偏转线圈串联，同时起隔直流作用（如图1-17所示）。S校正电容由于周围有行输出晶体管、行输出变压器等发热器件，工作环境温度较高，所以要求S校正电容器的工作温度范围宽，温度特性好。S校正电容器工作在行频电路，频率较高且谐波分量丰富，要求频率特性要好。

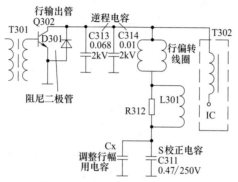

图1-17 S校正电容与逆程电容

逆程电容和S校正电容一般使用无极性的金属化纸质电容器，其特点是体积小、容量大，具有高电压击穿后能"自愈"的特性。即当电压恢复正常后，该电容仍能照常工作。

（10）积分电容 用在积分电路中的电容器称为积分电容。在电视机场扫描的同步分离级电路中，采用这种积分电容电路，以从行场复合同步信号中取出场同步信号，用来控制场振荡器。从电路形式上看，它与滤波电容的形式是相同的。小信号电路积分电容一般采用涤纶电容。如图1-18所示为厦华M2126彩色电视机积分电路部分截图，C325为场锯齿波的积分电容。

（11）旁路电容 可将混有高频电流和低频电流的交流电中的高频成分旁路掉的电容，称作"旁路电容"。电路中如果需要从信号中去掉某一频段的信号，可以使用旁路电容电路，根据所去掉信号频率的不同，有全频域（所有交流信号）旁路电容电路和高频旁

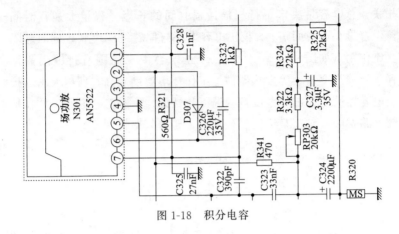

图1-18　积分电容

路电容电路。对于同一个电路来说，旁路电容把输入信号中的高频噪声作为滤除对象，把前级携带的高频杂波滤除。如图1-19所示为厦华MT-2935A彩色电视机场电路部分截图，C482是场保护电路的交流旁路电容，是用来抗干扰的，防止场保护电路误动作。

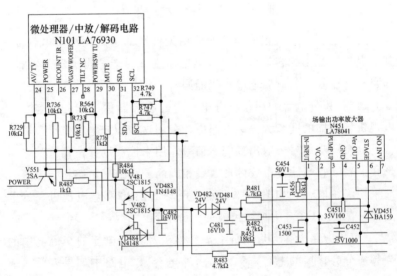

图1-19　旁路电容

　　旁路电容实际也是去耦合的，只是旁路电容一般是指高频旁路，也就是给高频的开关噪声提供一条低阻抗泄防途径。高频旁路电容一般比较小，根据谐振频率一般是 $0.1\mu F$、$0.01\mu F$ 等，而退耦电容一般比较大，是 $10\mu F$ 或者更大，依据电路中的分布参数，以及驱动电流的变化大小来确定。

　　（12）中和电容　用在中和电路中的电容器称为中和电容。在电视机高频放大器中，采用这种中和电容电路，以消除自激。

　　（13）保护电容　电视机有些电路中的晶体管承受的电压很高，为了防止大幅度的窄脉冲叠加进来而击穿晶体管，常常在晶体管两极间并联保护电容，如开关电源中开关管的集电极和发射极之间所接的电容就是保护电容。另外，为了保护整流二极管不被浪涌电流损坏，在各整流二极管的两端也并联了保护电容。如图 1-20 所示为应用在 LG CF-29H30 彩色电视机上的保护电容。

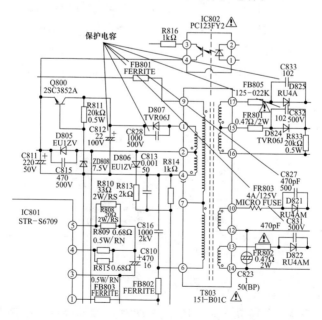

图 1-20　保护电容

4. 电感器

在电视机中，经常要用到这样一种元器件，它是由绝缘导线（如漆包线、纱包线等）一圈靠一圈地绕在绝缘管上构成的，导线彼此相互绝缘，而绝缘管可以是空心的，也可以包含铁芯或磁芯，这种元器件，称为电感器，也称电感线圈或简称为电感。电感器在电路中的基本用途有：扼流、交流负载、振荡、陷波、调谐、补偿、偏转等。电感器在电路中经常和电容器一起工作，构成 LC 滤波器和 LC 振荡器等。

电感器常用符号"L"加数字表示，电感量的基本单位是亨利（H），常用单位有毫亨（mH）、微亨（μH）、纳亨（nH）、皮亨（pH），它们之间的换算关系为：$1H = 10^3\,mH = 10^6\,\mu H = 10^9\,nH = 10^{12}\,pH$。电感器工作能力的大小用"电感量"来表示，它表征了电感器产生感应电动势的能力。

电感器一般由骨架、绕组、屏蔽罩、封装材料、磁芯或铁芯等组成。其中，线圈绕在骨架上，铁芯或磁芯插在骨架内。无论哪种电感器，都是用导线绕数圈，因绕的匝数不同、有无磁芯，电感器电感量的大小便不同，但是电感器所具有的特性则是相同的，如图 1-21 所示。

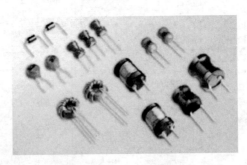

图 1-21　电感器

电感器的种类较多，如图 1-22 所示，电视机常见电感器的分类方法主要有以下几种。

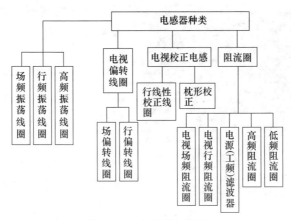

图 1-22　电感器的种类

在电视机中还常用到可调电感器，它是一般由两个线圈串联构成的电感器，该类电感器的一个线圈通过箱体上面的旋柄绕轴转动，用来改变两个线圈之间的耦合情况，从而调整电感量。如电视机用的行振荡线圈、行线性线圈、中频陷波线圈、音响频率补偿线圈、阻波线圈等都是该类电感器，如图 1-23 所示。以下对电视机中常用的几种电感器进行介绍。

图 1-23　可调电感器外形

（1）行线性线圈　行线性线圈是用于电视机行扫描电路中的线圈，它是一种非线性磁饱和电感线圈（其电感量随着电流的增大而减少），一般串联在行偏转线圈回路中，利用其磁饱和特性来补偿

图 1-24　行线性线圈

图像的线性畸变。将电视机调到收看方格图案，若出现左右方格的大小不一样，就可以通过调整行线性线圈来解决。其实物外形如图 1-24 所示，行线性线圈是将漆包线在"工"字形铁氧体磁芯或铁氧体磁棒上绕制而成的，线圈的旁边装有可调节的永久磁铁。通过改变永久磁铁与线圈的相对位置来改变线圈电感量的大小，从而达到线性补偿的目的。行线性线圈可以补偿因偏转线圈的电阻、行输出管的内阻等电阻引起的非线性失真。

（2）阻流圈（扼流圈）　阻流圈有很多种类，电视机中主要采用电源（工频）滤波电感器，其作用是抗干扰、滤去高频杂波。如图 1-25 所示为彩色电视机主板电源滤波电感器实物。

图 1-25　电源滤波电感器

（3）行场偏转线圈　偏转线圈（如图 1-26 所示）是电视机显像管的附属部件，它包括行偏转线圈和场偏转线圈，均套在显像管

的管颈（锥体部位）上，其作用是用来控制电子束的扫描运动方向
（即：将电子枪打出的电子通过磁场进行偏转，使其打到指定的位
置），用来形成水平和垂直偏转磁场以控制电子束按要求进行扫描
运动。在偏转线圈中，根据显像管的不同要求，偏转线圈可以采用
串联和并联两种方式，串联时每对线圈的磁场方向是一致的。

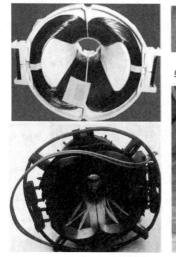

图 1-26　偏转线圈的外形

　　行偏转线圈是用专用的模具脱胎绕制而成的（呈扬声器形，分
上下两个绕组），而场偏转线圈则是一对绕在磁环上的线圈（呈环
形，分上下两个绕组），如图 1-27 所示。每组行、场偏转线圈都由
两个圈数相等、形状相同的绕组构成。行偏转线圈的直流阻值约为
几欧，场偏转线圈的直流阻值约为十几欧。

5. 变压器

　　变压器是一种用于电能转换的电气设备，它实际上是一种根据
电磁感应定律，将一种电压、电流的交流电变换为相同频率的另一
种（或几种）电压、电流的非旋转式电动机（又称静止电动机）。需
指出的是，变压器所能变换的只是交流电压的电压值，不能变换成

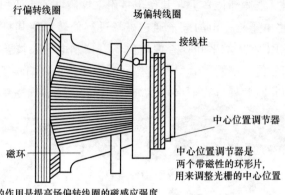

图 1-27 偏转线圈结构

直流电，也不能改变交流电的频率。变压器是电能传递或作为信号传输的重要组件，在电子线路中常用英文字母"T"或"B"表示。

变压器的种类虽多，但基本原理和结构是一样的（如图 1-28 所示），一般由套在一个闭合铁芯上的两个或多个线圈（绕组）构成。通常把绕在变压器铁芯上的线圈叫做绕组，变压器的线圈有两个或两个以上的绕组。与电源相连，取得电功率的绕组称为一次侧绕组（又称为原边或原绕组，其匝数为 N_1）；与负载相连，输出电功率的线圈称为二次侧绕组（又称为副边或副绕组，其匝数为 N_2）。一个变压器一般只有一个一次线圈，但二次线圈可有一个或多个。为加强磁场、提高效率，通常将两绕组套在铁芯上，绕组与绕组及绕组与铁芯之间都是互相绝缘的。

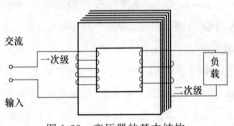

图 1-28 变压器的基本结构

在电视机中，大量使用的是脉冲变压器，脉冲变压器的工作电压、电流均为非正弦脉冲波形，它所变换的不是正弦电压，也不是交流方波，而是接近矩形的单极性脉冲。电视机中的行振荡、场振荡、行推动及行输出变压器和开关电源变压器等均属于此类，以下具体进行介绍。

（1）行推动变压器　行推动变压器又称行激励变压器，是电视机行扫描电路中的重要部件，它主要起信号耦合、阻抗变换、隔离及缓冲等作用，控制着行输出管的工作状态。

行推动变压器的外形结构如图 1-29 所示，主要由"E"形铁芯（或磁芯），线圈骨架以及一、二次侧绕组构成。通常采用铁芯（硅钢片）结构的较多，但也有使用磁芯结构的。

（2）行输出变压器

行输出变压器又称为行回扫变压器或行逆程变压器（简称行变），是电视机中的主要部件，它属于升压式变压器，用来产生显像管所需的各种工作电压（例如阳极高压、加速极电压、聚焦极电压等），有的电

图 1-29　行推动变压器

视机中行输出变压器还为整机其他电路提供工作电压。

黑白电视机用行输出变压器（FBT）一般由"U"形磁芯、低压线圈、高压线圈、外壳、高压整流硅堆、高压线、高压帽、灌封材料、引脚等组成，它又分为分离式（非密封式，高压线圈和高压硅堆可以取下）和一体化式（全密封式）两种结构。图 1-30 所示是一体化式行输出变压器的外形图。

彩色电视机均采用多级一次升压式行输出变压器（简称FDT），它也属于一体式结构。这种变压器的高压绕组分成多段绕

图 1-30 一体化式行输出
变压器的外形结构

制，并在各段之间分别接上高压整流晶体二极管，其输出的直流超高压是经过多级整流，再串联在一起而产生的，因此被称为多级一次升压方式。图 1-31 所示是一种实用升压行输出变压器的结构图和外形图。

（3）开关电源变压器 开关电源变压器又称脉冲变压器、开关变压器，它属于脉冲电路使用的振荡变压器，是电视机开关稳压电源中的重要器件。其主要作用是进行功率传送，为整机提供所需的电源电压以及实现输入与输出的可靠电隔离。常见开关电源变压器的结构和外形如图 1-32 所示。

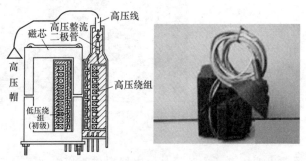

图 1-31 四级一次升压行输出变压器的结构和外形

开关电源变压器的一次侧绕组为储能绕组，用来向开关管集电极供电。自励式开关电源的开关电源变压器一次侧绕组还包含正反馈绕组或取样绕组，用来提供正反馈电压或取样电压；他励式开关电源的开关电源变压器一次侧绕组还包含自馈电绕组，用来向开关振荡集成电路提供工作电压。开关电源变压器次级侧有多组电能释放绕组，可产生多路脉冲电压，经整流、滤波后供给电器相关电路使用。

6. 晶体三极管

晶体三极管又称半导体晶体三极管，简称晶体管或晶体三极管，其文字符号是 VT（或 V）。在电视机中是常用元器件。晶体三极管的种类繁多，并且不同型号各有不同的用途，按照结构工艺分类，有 PNP 和 NPN 型；按照制造材料分类，有锗管和硅管。

电源变压器

图 1-32　开关电源变压器的外形图

晶体三极管引脚的排列方式具有一定的规律，如图 1-33 所示。对于小功率金属封装晶体三极管，按底视图放置，使三个引脚构成等腰三角形的顶点上，从左向右依次为 e、b、c；对于中小功率塑料晶体三极管，使其平面朝向自己，三个引脚朝下放置，则从左到右依次为 e、b、c；对于只有两个引脚的大功率金属封装晶体三极管，按底视图放置，两个引脚在左侧，外壳是集电极 c、基极 b 在下面、发射极 e 在上面。对于三个引脚的大功率晶体三极管，按底视图放置，两个引脚在右侧，则下面的一个引脚为发射极 e，按逆时针方向，分别为 e、b、c。

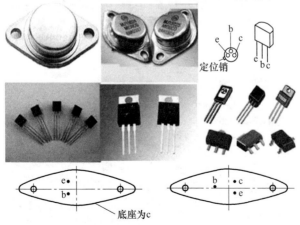

图 1-33　晶体三极管的常见外形和引脚排列

三极管按在电视机电路中所起的作用可分为行输出管、开关管、视放管等。

(1) 行输出管　电视机中所谓的行输出管，其实就是一个高频、高耐压大功率三极管，它的作用就是与行输出变压器构成各种高、中、低压产生电路，为电视机的正常工作提供高压（20kV 左右也叫第二阳极高压，起到加速电子的作用）、中压（100～800V，如视放末级的 180V 电压等）、低压（5～24V，给部分电压电路提供工作电压，比如伴音功放等）。如图 1-34 所示为应用在彩色电视机上的行输出管外形。

高压包

图 1-34　行输出管外形

(2) 视放管　视放管其实就是一个高频、高耐压、中功率三极管，它的作用就是将三基色信号进行放大后加到显像管的 R、G、B 电极上。如图 1-35 所示为应用在电视机上的视放管外形。

(3) 开关管　开关管一般指那些工作频率比较高（频率范围没有严格界定，一般为几十兆到一百兆）的三极管（或二极管），电视机中提到的开关管一般指的是与开关电源中的那个变压器相连接的大功率高频三极管。如图 1-36 所示为应用在电视机上的开关管外形。

图 1-35 视放管外形

图 1-36 开关管外形

7. 场效应管

场效应晶体管也称场效应晶体三极管（Field Effect Transistor

简称 FET），它是利用电场效应来控制半导体中电流的一种半导体器件。场效应晶体管按结构不同，可分为结型场效应晶体管（JFET）和绝缘栅场效应晶体管（JGFET）；根据导电沟道的材料不同，它们又各自分为 N 型沟道和 P 型沟道两种，电视机上一般都是用 N 沟道结型场效应管。

电视机上提到的开关管也有采用场效应管的，它与三极管一样，也是与开关电源中的那个变压器相连接的。如图 1-37 所示是场效应管实物与应用在康佳 T21SA120 彩色电视机上的接线。

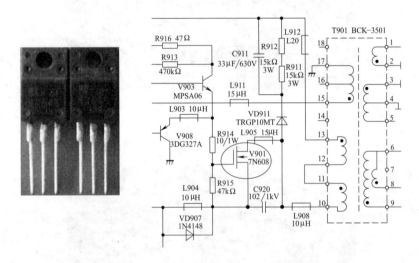

图 1-37　场效应晶体管实物与应用图

8. 晶闸管

晶闸管是晶闸管整流元器件的简称，是一种具有三个 PN 结的四层结构的大功率半导体器件，具有体积小、结构相对简单、功能强等特点，是比较常用的半导体器件之一。该器件被广泛应用于各种电子设备和电子产品中，多用来作可控整流、逆变、变频、调压、无触点开关等。如图 1-38 所示为应用在松下 TC-28WG20R 彩色电视机电源电路中的晶闸管接线。

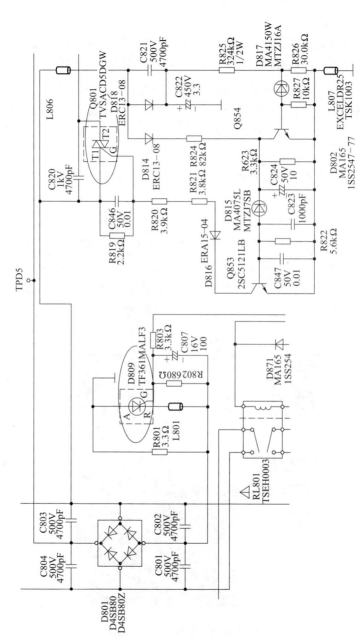

图 1-38　晶闸管在彩色电视机中的应用

9. 集成电路

集成电路, 其英文为 Integrated Circuit, 缩写成 IC, 它是在电子管、晶体管的基础上发展起来的一种微型电子器件或部件。集成电路的引脚有多列直接式和单列直插式两种。各种不同用途的集成电路其引出脚数目不等, 有 8 脚、10 脚、12 脚, 最多的有几百个引脚。这些引脚的排列次序都有一定的规律, 且通常有色点、凹槽、管键等标记。

随着集成电路集成度的不断提高, 电视机中所用集成电路的数量也在不断减少, 由早期的六片机发展到了四片机, 以及现在市场上流行的两片机和单片机 (如图 1-39 所示为电视机常见集成电路外形图)。彩色电视机应用的集成电路按功能分有: 厚膜集成电路、微处理器集成电路、图像中放/视放集成电路、行场扫描集成电路、场输出集成电路、伴音集成电路、丽音解码集成电路、TV/AV 电子开关集成电路、遥控集成电路、彩色电视机解码集成电路、画中画集成电路等。

图 1-39   电视机常见集成电路外形图

（1）厚膜集成电路　厚膜集成电路是在陶瓷片或玻璃等绝缘物体上，外加晶体二极管、晶体三极管、电阻器或半导体集成电路等元器件构成的集成电路，一般用在电视机的开关电源电路中。部分彩色电视机的伴音电路和末级视放电路也使用厚膜集成电路。

其中，开关电源电路使用的厚膜集成电路称为电源厚膜集成电路，主要用于脉冲宽度控制、稳压控制及开关振荡等；功率放大电路使用的厚膜集成电路称为音频功率厚膜集成电路或音频功放集成电路，主要作用是对输入的音频信号进行功率放大，以推动扬声器发声。

目前，自励式开关电源电路常用的厚膜集成电路有 STR-S6308、STR-S6309、STR-S5941、STR-59041 等型号；他励式开关电源电路中常用的厚膜集成电路有 STR-S6708、STR-S6709 等。

（2）微处理器集成电路　微处理器集成电路简称 CPU（全称为 Central Process Unit）或称处理器（Processor），是中央处理单元或中央处理器的缩写，是整机的系统控制中枢，广泛应用于彩色电视机中。微处理器集成电路内部一般由 CPU 控制中心、总线、存储器、时钟振荡器、输入/输出接口等电路组成。微处理器集成电路根据输入的键控指令、遥控指令及各种状态信息，通过输出接口电路对整机有关电路进行系统控制。

彩色电视机中常用的微处理器集成电路有 PCA84C444、PCA84C640、PCA84C841、TMP47C837N、TMP87CH33、TMS73C47、MN15245、MN15287、M34300N4、M37210、M50436 等型号。

（3）图像中放/视放集成电路　早期的中频通道集成电路，是用三块集成电路分别完成中放的、视频检波及 AFT 等功能的。目前已出现把图像中放、视频，伴音中放，行场扫描三大系统压缩在一块芯片中的集成电路，使电路简化，给使用、调试带来了更大方便。其常用的型号有：AN5150、AN5132、CD003、CD7680CD、D1366C、D7607AP、HA1167、HA11260、HA11215A、TA7611AP、SF1366、LA1357N、M51358P、M51353P、M51354AP 等。

(4) 行场扫描集成电路　行场扫描集成电路具有同步分离、场输出、场振荡、行振荡保护等功能，可获得稳定的场频信号，确保隔行扫描的稳定性，可省掉"场同步"电位器调整，提高整机的自动化程序。

常用于行场扫描的集成电路有 D7069P、TA7069P、AN5410、AN5411、µPC1367C 型等。目前，用于电视机行振荡、行激励的集成电路有 D002、HA11669；用于场振荡、场输出的集成电路有 D004、KC5381C、D1031Hz、BG1031Hz、LD1031Hz、µPC1031Hz 等。

(5) 伴音集成电路　彩色电视机中常用的伴音中放兼功率放大功能（用来处理和放大伴音信号）。伴音集成电路在新型彩色电视机中通常采用双伴音信号处理集成电路，以 16 引脚双列直插式为例，有 BL5250、BJ5250、DG5250，且附有散热片。其中，用于伴音中放、功放的集成电路失真均小于 0.6% 的，有 AN355、BGD1353、CA758E、TA7678AD、TA7176、KA2102、KC583、LA1365 型等。另外，D7176P、µPC1353CC 型为伴音中放、限幅放大集成电路，具有增益高、检波失真小、输出功率大、频响性能好等特点。

(6) 丽音解码集成电路　丽音解码集成电路的作用是将数字伴音信号解调成模拟伴音信号。彩色电视机中常用的丽音解码集成电路有 SAA7280、TDA8732 等型号。

(7) TV/AV 电子开关集成电路　TV/AV 电子开关集成电路的作用是在微处理器或键控电路的指令控制下，完成 TV 电视机信号与 AV 信号的相互转换。彩色电视机中常用的 TV/AV 电子开关集成电路有 TA8628N、TA8720AN 等型号。

(8) 遥控集成电路　遥控集成电路分为遥控发射集成电路和遥控接收集成电路。彩色电视机遥控接收集成电路有 AN5020、AN5025S、LA7224、CX20106 等型号；遥控发射集成电路有 µPD1934G、M50462AP、M50142P、SAA3010、TC9012F 等型号。

（9）画中画集成电路　画中画集成电路用于对子画面进行图像中放、P/N 彩色电视机解码、产生水平和垂直同步信号及 RGB/YUV 开关、D/A 变换及特技处理等。

彩色电视机中常用的画中画处理集成电路有 SDA9088、SDA9089、SDA9188、SDA9189、SDA9288、CXA1353、LC74401E、LC7441E、LC7442、MC44462、PIP2250、TC9082F 等型号。常用的画中画控制集成电路有 CXD1053S、CXD1054S、M50541FP、μPD6403、LC7442、MN8232A、SAA9068 等型号。

（10）彩色电视机解码集成电路　彩色电视机解码集成电路的功能是恢复彩色电视机信号，使图像的颜色正常。早期的彩色电视机解码集成电路是由几块电路完成的，如国产的 5G3108、5G314、7CD1、7CD2、7CD3 等；后来采用单片式 PAL 制彩色电视机解码集成电路，如 TA7193AP/P、TA7644AP/P、IX02lCE、μPC1400C、M51338SP、M51393AP、IX0719CE、AN5625 型等。其中的 AN5625、μPC1400C 等集成电路应用了数字滤波延时网络，有的把全部小信号处理集成到了一块电路中，使电路体积减少，功能更全。

10. 声表面波滤波器

声表面波滤波器简称 SAWF 或 SAW，是一种射频信号处理器件，它主要由压电基片和制作在基片上的输入、输出换能器组成。输入换能器将输入电信号转换成声信号（逆压电效应），声信号沿压电基片表面传播，并在输出换能器中被转换成电信号（压电效应），通过选择适当的基片材料，并对两个换能器进行加权（不同频率的信号有不同的转换效率），进而实现频率选择功能（滤波）。

声表面波滤波器用于电视机的中频输入电路中作选频元件，取代了中频放大器的输入吸收回路、多级调谐回路、使图像、声音的质量大大提高。如图 1-40 所示为声表面波滤波器应用在电视上的实物图。

图 1-40 声表面波滤波器实物图

11. 陶瓷滤波器

陶瓷滤波器是方形的陶瓷片，有三或四个脚，符号为 CF。根据频率吸收或选通的方式，它们又分为频率选通滤波器和频率吸收滤波器两种，其作用正好相反。频率选通滤波器简称滤波器，型号以 L 或 S 表示；频率吸收滤波器简称陷波器，型号以 T 或 X 表示。

12. 晶振或陶瓷振子

晶振或陶瓷振子在电路上都用符号 X 表示，其外形如图 1-41所示。

图 1-41 晶振或陶瓷振子外形

晶振为铁壳封装，两个引脚，频率精度非常高，如振荡频率为

4433.619kHz，在壳体上标为 4433.619kHz 。

陶瓷振子为塑料壳封装，两个引脚，频率精度较低，如振荡频率为 455kHz，在壳体上标为 455E。

13. 中周

中周即中频变压器或 LC 谐振器，也是电感器的一种，其符号也是 L，长方形的铁壳，装有可旋转的磁芯，用以调节其谐振频率。

14. 延时线

在彩色电视机中，为了进行延时补偿，以使色度信号和亮度信号同时到达显像管，避免出现彩色电视机镶边的图像，使用了超声波延时线与电磁延时线（LC 延时线），如图 1-42 所示。

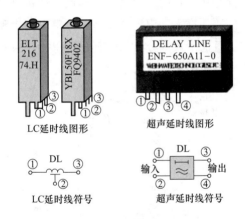

图 1-42　延时线外形与电路符号

（1）超声波延时线是彩色电视机解码电路中梳状滤波器的核心元件，它将色度信号的 U 和 V 两个信号分量进行分离。目前一般采用 8 次反射传播的超声延时线，延迟时间为 64μs。超声波延时线以压电陶瓷作换能器，以玻璃作为介质而构成。

（2）电磁延时线又称亮度延时线（LC 延时线），它是由等效电感和等效电容组成的多节网络电路，在彩色电视机电路中起着让亮度信号延时到达矩阵电路的作用，其目的是能与色度信号同时输入到矩阵电路中。亮度信号延时线的延时时间一般为 $0.4\mu s$、$0.5\mu s$、$0.6\mu s$、$0.7\mu s$、$0.8\mu s$、$0.9\mu s$ 等。

二、专用电子元器件识别

彩色电视机专用电子元器件通常有显像管、高频头等。

1. 显像管

显像管（简称 CRT）是彩色电视机的心脏部位，是一种阴极射线管，是电视机重现图像的终端装置，主要由玻壳、荫罩网板、偏转线圈、电子枪等电子元件组成，结构如图 1-43 所示。但由于彩色电视机显像管要重现彩色图像，所以，彩色电视机显像管与黑白电视机显像管存在一定的不同之处。彩色电视机显像管具有灯丝电流大、线圈偏转功率大、阳极电压高、射束电流大和外围电路复杂的特点。由于目前的大部分显像管都采用单枪三束式自会聚显像管，本书主要介绍该类显像管的组成。

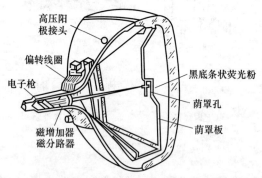

图 1-43　彩色电视机显像管的结构图

（1）荧光屏　彩色电视机显像管荧光屏的内壁上不是涂有发白光的荧光粉，而是涂有红、绿、蓝三基色荧光粉条，能够构成几十万个像素；荧光屏的后面还增加了一个荫罩板，能够对三基色进行分色，使红、绿、蓝三个电子束分别打到对应的三基色荧光粉条上，如果没有荫罩板，则会产生基色偏差，即彩色电视机电子枪打不到对应的基色荧光粉条上。

① 荫罩板是由 0.15mm 厚的特制薄钢板制成的，其上有规律地排列着几十万个小孔，三基色电子束在荫罩板的控制下，穿过这些小孔打到相应的荧光粉条上。

② 荧光粉和黑底。荧光粉是显像管的重要组成部分，没有荧光粉，显像管就不可能发光，显像管发光是通过电子束轰击显像管内屏的荧光粉涂层，使荧光粉获得能量而发光。通常荧光粉有 R、G、B 三种。黑底是涂在荧光粉条之间的石墨层，其作用是减少显像管的反光，增加显像管的层次感。

（2）电子枪　黑白显像管只有一个电子枪，形成一个电子束，不存在会聚的问题；而彩色电视机显像管内则有三条电子束同时工作，而且处于不同的几何位置。彩色电视机显像管的电子枪一般采用一字形一体化结构，红、绿、蓝三个阴极呈一字形水平方向排列，并且有三个控制栅极、三个加速极和三个聚焦极，各个电极分别在其内部连成一体，三种颜色的电子束处在同一水平面上，能够有效地消除垂直方向的失聚现象。

显像管电极主要由阴极（用 K 表示，彩色电视机显像管有三个阴极，分别用 RK、GK、BK 表示）、控制栅极（用 G1 表示）、加速极（用 G2 表示）、聚焦极、灯丝（用 H、HT 或 F 表示）以及高压阳极（用 G、V 表示）等组成。正常工作时，显像管的各电极上必须加上设定的直流电压或信号电压才能正常工作。如三个阴极的信号电压来自视放电路中视放管的三个输出端，其他直流电压都来自行输出变压器。

① 灯丝的作用。在电视机中，显像管灯丝的作用是加热阴极，使阴极能正常发射电子（即：通电后将电能转变成热能并对阴极加热，使阴极表面产生 600～800℃ 的高温，创造一个使阴极发射电子的外部条件）。显像管灯丝电压有 6.3V、11V 和 12V 等多种。

② 阴极的作用。阴极呈圆筒状，灯丝装在圆筒内部，顶端涂

有钡锶钙的氧化物，灯丝通电时，阴极受热后发射大量电子。

③ 栅极的作用。栅极套在阴极外面，是一个金属圆筒，顶端开有小孔，让电子束通过。改变与阴极的相对电位可以控制电子束的强弱。如果把视频信号加到阴极或栅极，那么，电子束的强弱就会随着视频信号的强弱而变化，在荧光屏上就出现与视频信号相对应的图像。是栅极-阴极电位（UGK）对电子束的调制特性。

④ 加速极的作用。它也是顶部开有小孔的金属筒，其位置紧靠栅极。通常在加速极上加有几百伏的正电压，它能控制阴极发射的电子束到达荧光屏的速度。

⑤ 聚焦极的作用。彩色电视机显像管聚焦极通常加 5～8kV 电压。聚焦极、加速极及高压极一起构成一个电子透镜，使电子束会聚成一束轰击荧光屏上的荧光粉层。

⑥ 高压阳极的作用。建立一个强电场，使电子束以极快的速度轰击荧光屏上的荧光粉。高压阳极通常为 22～32kV。

（3）偏转线圈　偏转线圈也是显像管的一个组成部分，它包括行偏转线圈和场偏转线圈，是显像管管颈上的一个附件，用来形成水平和垂直偏转磁场以控制电子束按要求进行扫描运动。相关结构如图 1-44 所示，行偏转线圈是用专用的模具脱胎绕制而成的，而场偏转线圈则是一对绕在磁环上的线圈。每组行、场偏转线圈都是由两个圈数相等、形状相同的绕组构成的。

彩色电视机显像管采用特制的环形精密偏转线圈，其行偏转线圈所产生的偏转磁场是枕形的，场偏转线圈所产生的偏转磁场是桶形的，通过偏转线圈的磁场能使三个电子束在整个荧光屏上自动实现会聚。而且彩色电视机显像管的偏转线圈出厂时已调整好，不需要进行会聚调整。

场偏转线圈
行偏转线圈
接线架
光栅中心调节磁片
行偏转线圈

图 1-44　偏转线圈结构图

（4）显像管引脚　显像

管的引脚是连接尾板与显像管的接口，常见的主要有 7、8、9、11
脚四种引脚形式，如图 1-45 所示是显像管引脚正视图。

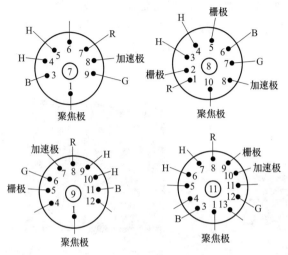

图 1-45 显像管引脚功能图

（5）玻壳 玻壳是彩色电视机显像管的一个最重要结构部件，
决定彩色电视机显像管的外形尺寸、图形质量、偏转角度以及防爆
效果等。玻壳由玻屏、玻锥和管颈三部分组成。在玻壳生产的初
期，由于玻壳应力和防爆强度的要求，玻屏的形状一般呈球面结
构，随着玻壳模具制造技术和压制成形技术的提高，现在已开发出
柱形平面屏、直角方屏（FS 型）、平面直角屏（FS 型）、超平坦
屏。不仅玻屏的形状发生了变化，而且尺寸也发展成了系列化。屏
幕尺寸从 1.5～47in❶，每隔 1～2in 就有一个新的型号。随着高清
晰度电视（HDTV）的发展，玻屏的宽高比由 4：3 开发出了 16：
9 和 5：3 的宽高比。

2. 高频头

（1）高频头的识别 高频头俗称调谐器，正式的名称叫做高频

---

❶ 1in＝0.0254m。

调谐器（TUNER），是电视机高频信号公共通道的第一部分，是能够接收有线广播电视机信号的关键器件（高频头外形及内部结构如图1-46所示）。高频头的作用是调谐（或选台）、放大及变频和输出中频信号，即：将微弱的视频信号进行放大，并且对传输不稳定引起的图像变形与干扰进行处理，再送到下一级电路（中放电路）。

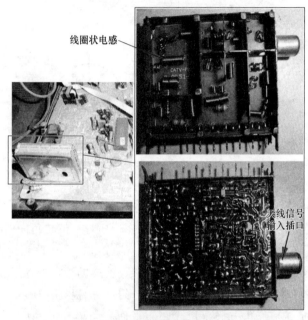

图1-46　高频头外形及内部结构

　　详细地说，高频调谐器大致有选频、放大、变频三大作用。

　　① 选频：从天线接收到的各种电信号中选择出所需电视频道的电视信号，而抑制其他的信号。选频作用由输入调谐回路完成，它决定整机的选择性。

　　② 放大：将选择出的高频电视信号进行放大，以满足混频器所需要的信号幅度，并提高信噪比。该功能由高频放大器完成，它决定整机的信噪比。

③ 变频：通用混频级将高频图像载波、高频伴音载波与本振信号进行差拍，在其输出端得到一个固定的中频图像信号和第一伴音中频信号，然后送到图像中频放大电路。

（2）高频头的种类　按谐振回路调谐方式的不同，高频调谐器可分为机械调谐式（又分 VHF 高频头和 UHF 高频头）和电子调谐式两种。目前，大多数黑白电视机采用机械调谐式高频头，而彩色电视机都采用电子调谐式高频头。电子调谐式高频头又分为模拟式电子调谐器、多媒体电子调谐器、数字式电子调谐器。

模拟式电子调谐器主要用于 CRT 彩色电视机上，它又可分为电压合成电子调谐器、频率合成电子调谐器，如图 1-47 所示。电压合成电子调谐器，其电路采用变容二极管，调节方便，线路简单，U/V 一体化，可抑制邻频道干扰，改善交扰调制特性等，为国际标准形状；频率合成电子调谐器功能同电压合成电子调谐器，选台为 PLL 方式，性能可靠，为国际标准外形。

图 1-47　模拟式电子调谐器外形

多媒体电子调谐器选台为 PLL 方式，在实现模拟电子调谐器的功能基础上增加音视频输出功能，目前有飞利浦 MK3、MK2 及上海 ALPS 等外形。主要用于 LCD 彩色电视机、DVD 刻录机和电脑板卡中。

数字式电子调谐器是未来市场的主流，目前最流行的为欧洲 DVB 标准，美国 ATSC 标准次之，中国自行研制开发的 DMB 标准正在使用和发展中。

课堂三 电路识图

一、电路图形符号

符号含义	电路或器件符号	备注
NPN 三极管		
PNP 三极管		
N 沟道场效应管		
P 沟道场效应管		
空心电感器		
有心电感器		
可变电感器		
电感（带铁芯有间隙）		
电压互感器（变压器）		
二极管（一般符号）		
稳压二极管		
发光二极管		
光电二极管		

续表

符号含意	电路或器件符号	备注
变容二极管	新图形符号　旧图形符号	
桥式全波整流器		
三极晶体闸流管		
电阻器		
压敏电阻器	U	
热敏电阻器	θ	
可变电阻		
熔断电阻器		
熔丝电阻器	索尼公司标注法　三洋公司标注法　　　　松下、夏普公司标注法　东芝、JVC公司标注法　日立公司标注法　飞利浦公司标注法　国内某些厂家标注法	
滑动电阻器		
滑动电位器		
极性电容		如电解电容
可变电容		
无极性电容		

续表

符号含意	电路或器件符号	备注
微调电容器		
无线电台 (一般符号)		
电扬声器 (扬声器)		
继电器线圈		
按钮开关	E-7	
开关		
反相器	1	
放大器		
非门逻辑元件	1	
或逻辑元件	≥1	
异或逻辑元件	=1	
与逻辑元件	&	
滤波器	∼	
同轴电缆		

续表

符号含意	电路或器件符号	备注
插头和插座	 ─(	
箭头(能量、信号的单向传输)	 ───────►	
电气或电路连接点	●	
端子	○	
导线的连接	 ┬ ┼	
交流	 ∿	表示交流电源
接地(一般符号)	 ⏚	热地
接地	 ⏚	抗干扰接地
接地	 ⏚	保护接地
接地	 ⏛	接机壳
接地	⊥	冷地

二、彩色电视机常用元器件引脚功能及内部电路

1. FSCQ0965

脚号	引脚符号	引脚功能	备注
1	Drain	FET 高压电源检测漏极连接	① 封装:采用 TO-220F-5L 封装
2	GND	地	②用途:开关电源
3	VCC	电源	③应用领域:彩色电视机、音频放大器
4	VFB	PWM 比较反相输入内部连接	④ 关键参数:漏极脚电压(V_{DS})为 650V、电源电压(VCC)为 20V
5	Sync	同步检测比较准谐振开关内部连接	⑤内部框图如图 1-48 所示

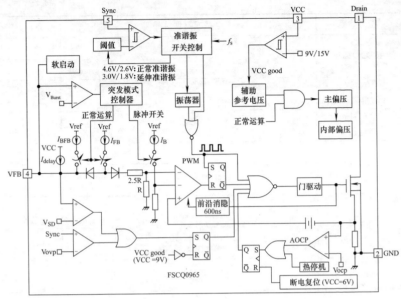

图 1-48 FSCQ0965 内部框图

2. NJW1166

脚号	引脚符号	引脚功能	备注
1	INA	ACH 输入端	
2	SR_FIL	环境滤波器端	
3	SS_FIL	模拟立体声滤波端	
4	TONE_HA	ACH 音调控制(高音)滤波端	
5	TONE_LA	ACH 音调控制(低音)滤波端	
6	OUTW	低音炮输出	
7	OUTA	ACH 输出	
8	AGC1	AGC 与恢复时间设置	该 IC 为音频信号
9	AUX0	修正系数电压输出	处理集成电路,应用
10	AUX1	修正系数电压输出	在康佳 P29SK061 中
11	PORT0	逻辑输入	
12	PORT1	逻辑输入	
13	CBS	噪声抑制电容器	
14	SDA	I²C 数据	
15	SCL	I²C 时钟	
16	GND	地	

续表

脚号	引脚符号	引脚功能	备注
17	V+	电源	
18	VREF	参考电压	
19	CSR	噪声抑制电容器	
20	CTL	音量控制 DAC 输出(低音)	
21	CTH	音量控制 DAC 输出(高音)	
22	CVW	低通滤波器调整 BCH DAC 输出	
23	CVB	音量与平衡 BCH DAC 输出	
24	CVA	音量与平衡 ACH DAC 输出	该 IC 为音频信号
25	AGC2	AGC 升压电平设置	处理集成电路,应用
26	OUTB	BCH 输出	在康佳 P29SK061 中
27	TONE_LB	BCH 音量控制(低音)滤波	
28	TONE_HB	BCH 音量控制(高音)滤波	
29	LF3	低通滤波器 3	
30	LF2	低通滤波器 2	
31	LF1	低通滤波器 1	
32	INB	BCH 输入	

3. PW1235

脚号	引脚符号	引脚功能	备注
1	VB0	蓝基色视频数据输入	
2	VB1	蓝基色视频数据输入	
3	VB2	蓝基色视频数据输入	
4	VB3	蓝基色视频数据输入	
5	VDD	电源 2.5V	该集成电路为数字视频
6	VB4	蓝基色视频数据输入	(PAL/NTSC)处理器,采用
7	VB5	蓝基色视频数据输入	QFP 封装,内部有输入接口
8	VB6	蓝基色视频数据输入	电路、输出接口电路、I²C 总
9	VB7	蓝基色视频数据输入	线接口电路、MEMORY 控
10	PVSS	数字 I/O 端口地	制电路、伴音 BBE+SRS 处
11	SVHS	副视频行同步信号输入	理电路等画质音质改善
12	SVVS	副视频场同步信号输入	电路。
13	SVCLK	副视频像素时钟输入	实际应用在长虹 CHD-7
14	PVDD	数字 I/O 端口电源 3.3V	机芯、创维 6D72 机芯等机
15	VG0	绿基色视频数据输入	芯彩色电视机上
16	VG1	绿基色视频数据输入	
17	VG2	绿基色视频数据输入	
18	VG3	绿基色视频数据输入	

脚号	引脚符号	引脚功能	备注
19	VSS	地	
20	VG4	绿基色视频数据输入	
21	VG5	绿基色视频数据输入	
22	VG6	绿基色视频数据输入	
23	VG7	绿基色视频数据输入	
24	PVSS	数字 I/O 端口地	
25	PVCLK	主视频像素时钟输入	
26	CREF	主视频参考时钟输入	
27	PVVS	主视频场同步信号输入	
28	PVHS	主视频行同步信号输入	
29	PVDD	数字 I/O 端口电源 3.3V	
30	VR0	红基色视频数据输入	
31	VR1	红基色视频数据输入	
32	VR2	红基色视频数据输入	
33	VR3	红基色视频数据输入	该集成电路为数字视频
34	VDD	电源 2.5V	(PAL/NTSC)处理器,采用
35	VR4	红基色视频数据输入	QFP 封装,内部有输入接口
36	VR5	红基色视频数据输入	电路、输出接口电路、I²C 总
37	VR6	红基色视频数据输入	线接口电路、MEMORY 控
38	VR7	红基色视频数据输入	制电路、伴音 BBE＋SRS 处
39	PVSS	数字 I/O 端口地	理电路等画质音质改善
40	XTAL IN	晶振输入	电路。
41	XTAL OUT	晶振输出	实际应用在长虹 CHD-7
42	PVDD	数字 I/O 端口电源 3.3V	机芯、创维 6D72 机芯等机
43	2WA1	地址编程位 1	芯彩色电视机上
44	2WA2	地址编程位 2	
45	2WCLK	时钟信号	
46	PVSS	数字 I/O 端口地	
47	2WDAT	数据信号	
48	NC	空脚	
49	VSS	地	
50	NC	空脚	
51	NC	空脚	
52	NC	空脚	
53	NC	空脚	
54	PVDD	数字 I/O 端口电源 3.3V	
55	RESET	复位信号	

续表

脚号	引脚符号	引脚功能	备注
56	TEST	测试端	
57	PVSS	数字 I/O 端口地	
58	MPDVDD	MEMORY 锁相数字电源 2.5V	
59	MPDVSS	MEMORY 锁相数字地	
60	MPAVDD	MEMORY 锁相模拟电源 2.5V	
61	MPAVSS	MEMORY 锁相模拟地	
62	NC	空脚	
63	NC	空脚	
64	PVDD	数字 I/O 端口电源 3.3V	
65	PVSS	数字 I/O 端口地	
66	DGHS	图像行同步信号输入	
67	DGVS	图像场同步信号输入	
68	DGCLK	图像像素时钟输入	
69	PVDD	数字 I/O 端口电源 3.3V	该集成电路为数字视频
70	DGB0	数字图像蓝基色像素数据输入	(PAL/NTSC)处理器,采用
71	DGB1	数字图像蓝基色像素数据输入	QFP 封装,内部有输入接口
72	DGB2	数字图像蓝基色像素数据输入	电路、输出接口电路、I²C 总
73	DGB3	数字图像蓝基色像素数据输入	线接口电路、MEMORY 控
74	PVSS	数字 I/O 端口地	制电路、伴音 BBE＋SRS 处
75	DGB4	数字图像蓝基色像素数据输入	理电路等画质音质改善
76	DGB5	数字图像蓝基色像素数据输入	电路。
77	VSS	地	实际应用在长虹 CHD-7
78	DGB6	数字图像蓝基色像素数据输入	机芯、创维 6D72 机芯等机
79	DGB7	数字图像蓝基色像素数据输入	芯彩色电视机上
80	PVDD	数字 I/O 端口电源 3.3V	
81	DGG0	数字图像绿基色像素数据输入	
82	DGG1	数字图像绿基色像素数据输入	
83	DGG2	数字图像绿基色像素数据输入	
84	DGG3	数字图像绿基色像素数据输入	
85	PVSS	数字 I/O 端口地	
86	DGG4	数字图像绿基色像素数据输入	
87	DGG5	数字图像绿基色像素数据输入	
88	DGG6	数字图像绿基色像素数据输入	
89	DGG7	数字图像绿基色像素数据输入	
90	PVDD	数字 I/O 端口电源 3.3V	
91	DGR0	数字图像红基色像素数据输入	
92	DGR1	数字图像红基色像素数据输入	

续表

脚号	引脚符号	引脚功能	备注
93	VDD	电源 2.5V	
94	DGR2	数字图像红基色像素数据输入	
95	DGR3	数字图像红基色像素数据输入	
96	PVSS	数字 I/O 端口地	
97	DGR4	数字图像红基色像素数据输入	
98	DGR5	数字图像红基色像素数据输入	
99	DGR6	数字图像红基色像素数据输入	
100	DGR7	数字图像红基色像素数据输入	
101	PVDD	数字 I/O 端口电源 3.3V	
102	DCLK	像素显示时钟输出	
103	DVS	像素显示场同步信号输出	
104	DHS	像素显示行同步信号输出	
105	PVSS	数字 I/O 端口地	
106	DENG	绿像素显示使能输出	该集成电路为数字视频 (PAL/NTSC) 处理器,采用 QFP 封装,内部有输入接口
107	DENB	蓝像素显示使能输出	电路、输出接口电路、I²C 总
108	DENR	红像素显示使能输出	线接口电路、MEMORY 控
109	PVDD	数字 I/O 端口电源 3.3V	制电路、伴音 BBE＋SRS 处
110	DB0	数字蓝基色像素数据输出	理电路等画质音质改善
111	DB1	数字蓝基色像素数据输出	电路。
112	VSS	地	实际应用在长虹 CHD-7
113	DB2	数字蓝基色像素数据输出	机芯、创维 6D72 机芯等机
114	DB3	数字蓝基色像素数据输出	芯彩色电视机上
115	PVSS	数字 I/O 端口地	
116	DB4	数字蓝基色像素数据输出	
117	DB5	数字蓝基色像素数据输出	
118	DB6	数字蓝基色像素数据输出	
119	DB7	数字蓝基色像素数据输出	
120	PVDD	数字 I/O 端口电源 3.3V	
121	DG0	数字绿基色像素数据输出	
122	DG1	数字绿基色像素数据输出	
123	VDD	电源 2.5V	
124	DG2	数字绿基色像素数据输出	
125	DG3	数字绿基色像素数据输出	
126	PVSS	数字 I/O 端口地	
127	DG4	数字绿基色像素数据输出	
128	DG5	数字绿基色像素数据输出	
129	DG6	数字绿基色像素数据输出	

续表

脚号	引脚符号	引脚功能	备注
130	DG7	数字绿基色像素数据输出	
131	PVDD	数字 I/O 端口电源 3.3V	
132	DR0	数字红基色像素数据输出	
133	DR1	数字红基色像素数据输出	
134	VSS	地	
135	DR2	数字红基色像素数据输出	
136	DR3	数字红基色像素数据输出	
137	PVSS	数字 I/O 端口地	
138	DR4	数字红基色像素数据输出	
139	DR5	数字红基色像素数据输出	
140	VDD	电源 2.5V	
141	DR6	数字红基色像素数据输出	
142	DR7	数字红基色像素数据输出	
143	PVDD	数字 I/O 端口电源 3.3V	
144	TESTCLK	测试时钟输入	该集成电路为数字视频 (PAL/NTSC)处理器，采用 QFP 封装，内部有输入接口 电路、输出接口电路、I²C 总 线接口电路、MEMORY 控 制电路、伴音 BBE＋SRS 处 理电路等画质音质改善 电路。
145	DEN	像素显示使能输入	
146	CGMS	写保护信号管理系统使能	
147	PVSS	数字 I/O 端口地	
148	ADDVSS	模拟输出数字地 2.5V	
149	ADDVDD	模拟输出数字电源 2.5V	
150	ADB	蓝基色模拟输出	
151	AVD33B	蓝基色通道模拟电源 3.3V	
152	AVS33B	蓝基色通道模拟地	
153	ADG	绿基色模拟输出	实际应用在长虹 CHD-7 机芯、创维 6D72 机芯等机 芯彩色电视机上
154	AVD33G	绿基色通道模拟电源 3.3V	
155	AVS33G	绿基色通道模拟地	
156	ADR	红基色模拟输出	
157	AVD33R	红基色通道模拟电源 3.3V	
158	AVS33R	红基色通道模拟地	
159	RSET	电阻接口	
160	COMP	补偿信号	
161	VREF IN	基准电压输入	
162	VREF OUT	基准电压输出	
163	ADAVDD	模拟输出电压 2.5V	
164	ADAVSS	模拟输出地	
165	PVDD	数字 I/O 端口电源 3.3V	
166	ADGVDD	模拟输出辅助电源	

续表

脚号	引脚符号	引脚功能	备注
167	ADGVSS	模拟输出辅助地	
168	PORTB	MCU 地址线	
169	PORTB	MCU 地址线	
170	PORTB	MCU 地址线	
171	PVSS	数字 I/O 端口地	
172	PORTB	MCU 地址线	
173	PORTB	MCU 地址线	
174	PORTB	MCU 地址线	
175	VDD	电源 2.5V	
176	PORTB	MCU 地址线	
177	PORTB	MCU 地址线	
178	MCUD0	MCU 数据线	
179	MCUD1	MCU 数据线	
180	PVDD	数字 I/O 端口电源 3.3V	该集成电路为数字视频
181	MCUD2	MCU 数据线	(PAL/NTSC)处理器,采用
182	MCUD3	MCU 数据线	QFP 封装,内部有输入接口
183	MCUD4	MCU 数据线	电路、输出接口电路、I²C 总
184	MCUD5	MCU 数据线	线接口电路、MEMORY 控
185	MCUD6	MCU 数据线	制电路、伴音 BBE+SRS 处
186	MCUD7	MCU 数据线	理电路等画质音质改善
187	VSS	地	电路。
188	MCURDY	MCU 系统 READY 信号	实际应用在长虹 CHD-7
189	PVSS	数字 I/O 端口地	机芯、创维 6D72 机芯等机
190	MCUCS	片选信号	芯彩色电视机上
191	MCUWR	MCU 系统读写信号	
192	MCUCMD	MCU 系统命令信号	
193	PVSS	数字 I/O 端口地	
194	NC	空脚	
195	NC	空脚	
196	DPAVSS	显示锁相模拟地	
197	DPAVDD	显示锁相模拟电源 2.5V	
198	DPDVSS	显示锁相数字地	
199	DPDVDD	显示锁相数字电源 2.5V	
200	PVDD	数字 I/O 端口电源 3.3V	
201	MVE	写保护使能	
202	PVSS	数字 I/O 端口地	
203	MA4	SDRAM 地址总线	

续表

脚号	引脚符号	引脚功能	备注
204	MA3	SDRAM 地址总线	
205	VDD	电源 2.5V	
206	MA5	SDRAM 地址总线	
207	MA2	SDRAM 地址总线	
208	PVDD	数字 I/O 端口电源 3.3V	
209	MA6	SDRAM 地址总线	
210	MA1	SDRAM 地址总线	
211	MA7	SDRAM 地址总线	
212	PVSS	数字 I/O 端口地	
213	MA0	SDRAM 地址总线	
214	MA8	SDRAM 地址总线	
215	MA10	SDRAM 地址总线	
216	PVDD	数字 I/O 端口电源 3.3V	该集成电路为数字视频 (PAL/NTSC)处理器,采用 QFP 封装,内部有输入接口 电路、输出接口电路、I^2C 总 线接口电路、MEMORY 控 制电路、伴音 BBE＋SRS 处 理电路等画质音质改善 电路。
217	MA9	SDRAM 地址总线	
218	MA13	SDRAM 地址总线	
219	VSS	地	
220	MA11	SDRAM 地址总线	
221	MA12	SDRAM 地址总线	
222	PVSS	数字 I/O 端口地	
223	MCLK FB	SDRAM 时钟反馈	
224	PVDD	数字 I/O 端口电源 3.3V	实际应用在长虹 CHD-7 机芯、创维 6D72 机芯等机 芯彩色电视机上
225	MRAS	SDRAM 列地址控制	
226	MCAS	SDRAM 行地址控制	
227	MWE	SDRAM 写使能	
228	PVSS	数字 I/O 端口地	
229	MCLK	SDRAM 时钟	
230	PVDD	数字 I/O 端口电源 3.3V	
231	MD8	SDRAM 数据总线	
232	MD7	SDRAM 数据总线	
233	PVSS	数字 I/O 端口地	
234	MD9	SDRAM 数据总线	
235	VDD	电源 2.5V	

续表

脚号	引脚符号	引脚功能	备注
236	MD6	SDRAM 数据总线	
237	PVDD	数字 I/O 端口电源 3.3V	
238	MD10	SDRAM 数据总线	
239	MD5	SDRAM 数据总线	
240	PVSS	数字 I/O 端口地	
241	MD11	SDRAM 数据总线	
242	MD4	SDRAM 数据总线	该集成电路为数字视频
243	PVDD	数字 I/O 端口电源 3.3V	(PAL/NTSC)处理器,采用
244	MD12	SDRAM 数据总线	QFP 封装,内部有输入接口
245	MD3	SDRAM 数据总线	电路、输出接口电路、I²C 总
246	PVSS	数字 I/O 端口地	线接口电路、MEMORY 控
247	MD13	SDRAM 数据总线	制电路、伴音 BBE+SRS 处
248	MD2	SDRAM 数据总线	理电路等画质音质改善
249	PVDD	数字 I/O 端口电源 3.3V	电路。
250	MD14	SDRAM 数据总线	实际应用在长虹 CHD-7
251	VSS	地	机芯、创维 6D72 机芯等机
252	MD1	SDRAM 数据总线	芯彩色电视机上
253	PVSS	数字 I/O 端口地	
254	MD15	SDRAM 数据总线	
255	MD0	SDRAM 数据总线	
256	PVDD	数字 I/O 端口电源 3.3V	

4. STR-W6756

脚号	引脚符号	引脚功能	电压/V	备注
1	D	场效应管漏极	270	该集成电路为开关电源厚膜
2	S/GND(外壳接地)	场效应管源极	0	块,采用 7 脚 TO-220 封装,启
3	S/GND	场效应管源极	0	动电压为 16.3~19.9V,工作温
4	VCC	启动电源	18.00	度范围为−20~+115℃,储存
5	SS/OLP	过负载端子	0.23	温度范围为−40~+125℃。
6	FB	反馈	1.18	此数据在创维 6P18 机芯彩
7	OCP/BD	过流端子	0.82	色电视机上测得,仅供参考。

此数据在创维 6P18 机芯彩色电视机上测得,仅供参考。
内部框图如图 1-49 所示

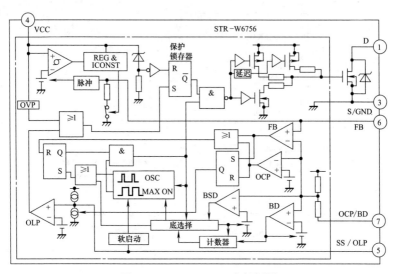

图 1-49　STR-W6756 内部框图

5. STV9306

脚号	引脚符号	引脚功能	电压/V	备　　注
1	SCL	I²C 总线时钟端	4.84	该集成电路为场输出电路,采用 15 脚封装,工作电源电压为 16~28V,工作温度范围为 -10~+70℃,储存温度范围为 -55~+150℃。此数据在海信 ST 机芯彩色电视机上测得,仅供参考。内部框图如图 1-50 所示
2	CRAMP	锯齿波形成端	3.38	
3	SDA	I²C 总线数据端	4.81	
4	CHOLD	锯齿波控制	2.62	
5	SYNC+OVERSINE	场脉冲输入	5.29	
6	VS	电源端子	27.00	
7	FLYBACK	场回扫脉冲输出	1.08	
8	GND	接地端子	0	
9	OUT	场输出	10.02	
10	VOPS	泵电源输出	27.00	
11	EWOUT	东西校正电压输出	13.52	
12	SENS2	反馈信号输入 2	10.01	
13	EWFB	枕校反馈输入	2.82	
14	SENS1	反馈信号输入 1	11.01	
15	BREATHING	高压校正输入	6.63	

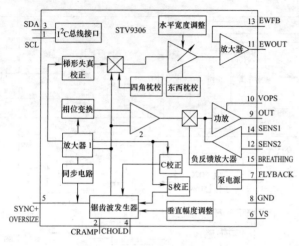

图 1-50 STV9306 内部框图

6. TMP88PS34N

脚号	引脚符号	引脚功能	电压/V	备注
1	VSS	地	0	
2	P40/PWM0	输入与输出口,本机用作地磁校正	4.97	该集成电路为微处理器,采用SDIP42脚封装,工作电源电压为4.5~5.5V,最大功率为400mW,工作温度范围为−30~+70℃,储存温度范围为−55~+125℃。
3	P41/PWM1	输入与输出口,本机用作＋B控制/60	0	
4	P42/PWM2	输入与输出口,本机用作＋B控制/50	0	
5	P43/PWM3	输入与输出口,本机用作YPBPR/VGA转换开关	0	
6	P44	输入与输出口,本机用作伴音制式1	4.97	
7	P45	输入与输出口,本机用作伴音制式2	0	
8	P46	输入与输出口,本机用作伴音制式3	4.97	此数据在海信 HDP2902G 高清彩色电视机上测得,仅供参考
9	P47	输入与输出口,本机用作复位输出	4.97	
10	P50/INT0/TC2	输入与输出口,本机用作待机	4.97	
11	P51/SCL1/SI1	时钟信号	3.11	

续表

脚号	引脚符号	引脚功能	电压/V	备注
12	P52/SDA1/SO1	数据信号	3.29	
13	P53/AIN0/TC1/INT2/SCK1/KWU0	输入与输出口,本机用作场计数	0	
14	P54/AIN1/KWU1	输入与输出口,本机用作自动频率微调	2.58	
15	P55/AIN2/KWU2	输入与输出口,本机用作键控 0	4.25	
16	P56/AIN3/KWU3	输入与输出口,本机用作键控 1	0	
17	P60/AIN4/Y/BLIN/KWU4	本机用作重低音静噪	0	
18	P61/AIN5/BIN/KWU5	OSD 蓝基色调色	0	
19	P62/GIN	OSD 绿基色调色	0	
20	P63/RIN	OSD 红基色调色	0	该集成电路为微处理器,采用 SDIP42 脚封装,工作电源电压为 4.5～5.5V,最大功率为 400mW,工作温度范围为 −30～+70℃,储存温度范围为 −55～+125℃。
21	P57/I	输入与输出口,本机用作 OSD 半透	0	
22	P64/R	红字符信号	4.97	
23	P65/G	绿字符信号	4.97	
24	P66/B	蓝字符信号	4.97	
25	P67/Y/BL	字符消隐	0	
26	P70/HD	行反馈信号	4.97	
27	P71/VD	场反馈信号	3.25	此数据在海信 HDP2902G 高清彩色电视机上测得,仅供参考
28	OSC1	字符振荡 1	4.97	
29	OSC2	字符振荡 2	4.97	
30	NC	空脚	0	
31	XTAL IN	晶振输入	2.25	
32	XTAL OUT	晶振输出	0	
33	RESET	复位	4.97	
34	P20/INT5/STOP	输入与输出口,本机用作 LED	0.3	
35	P30/INT3/RXIN	遥控接收输入	4.69	
36	P31/INT4/TC3	本机行计数	0	
37	P34/SCL0	输入与输出口,本机用作 NC	0	
38	P35/SDA0	输入与输出口,本机用作静噪	0	
39	VSS	地	0	
40	P32	输入与输出口,本机用作 I^2C OFF	4.97	
41	P33/TC4	输入与输出口,本机用作 S 端子检测	4.97	
42	VDD	电源	4.97	

7. TVP5147PFP

脚号	引脚符号	引脚功能	备　　注
1	VI_1_B	CVBS/Pb/C 模拟视频输入	该集成电路为视频前端处理器，它是一个具有五行梳状滤波器、兼容 PAL/NTSC/SECAM 制式的 30MSP 数字视频解码器，可用于 4∶3 或 16∶9、50Hz/60Hz 或 100Hz/120Hz 电视中。采用 80 脚 TQFP PowerPad 封装，工作电压范围分别为 IOVDD＝3.0～3.6V，DVDD＝1.65～1.95V，AVDD$_{33}$＝3.0～3.6V，AVDD$_{18}$＝1.65～1.95V，工作温度范围为 0～70℃。 　　实际应用在厦华 LC-27U16 液晶电视、海信 ASIC（HDP2902G）、创维 6M31 等机芯的彩色电视机上，内部框图如图 1-51 所示
2	VI_1_C	CVBS/Y 模拟视频输入	
3	CH1_A33GND	地	
4	CH1_A33VDD	电源 3.3V	
5	CH2_A33VDD	电源 3.3V	
6	CH2_A33GND	地	
7	VI_2_A	CVBS/Pr/C 模拟视频输入	
8	VI_2_B	CVBS/Y 模拟视频输入	
9	VI_2_C	模拟视频输入	
10	CH2_A18GND	地	
11	CH2_A18VDD	电源 1.8V	
12	A18VDD_REF	电源 1.8V	
13	A18GND_REF	地	
14	NC	空脚	
15	NC	空脚	
16	VI_3_A	模拟视频输入	
17	VI_3_B	模拟视频输入	
18	VI_3_C	模拟视频输入	
19	NC	空脚	
20	NC	空脚	
21	NC	空脚	
22	NC	空脚	
23	VI_4_A	模拟视频输入	
24	A18GND	地	
25	A18VDD	电源 1.8V	
26	AGND	模拟地	
27	DGND	地	
28	SCL	I²C 时钟输入	
29	SDA	I²C 总线数据	
30	INTREQ	中断请求	
31	DVDD	电源 1.8V	
32	DGND	地	
33	PWDN	掉电输入	

续表

脚号	引脚符号	引脚功能	备 注
34	RESETB	复位信号输入	
35	GPIO	可编程通用输入与输出端口	
36	AVID/GPIO	视频指示器输出/可编程通用输入与输出口	
37	GLCO/I²CA	同步锁相控制输出/I²C 地址	
38	IOVDD	电源 3.3V	
39	IOGND	地	
40	DATACLK	线路锁定数据输出时钟	该集成电路为视频前端处理器,它是一个具有五行梳状滤波器、兼容 PAL/NTSC/SECAM 制式的 30MSP 数字视频解码器,可用于 4:3 或 16:9、50Hz/60Hz 或 100Hz/120Hz 电视中。采用 80 脚 TQFP PowerPad 封装,工作电压范围分别为 IOVDD=3.0～3.6V、DVDD=1.65～1.95V、AVDD₃₃=3.0～3.6V、AVDD₁₈=1.65～1.95V,工作温度范围为 0～70℃。
41	DVDD	电源 1.8V	
42	DGND	地	
43	Y_9	Y/YCbCr 数字视频输出	
44	Y_8	Y/YCbCr 数字视频输出	
45	Y_7	Y/YCbCr 数字视频输出	
46	Y_6	Y/YCbCr 数字视频输出	
47	Y_5	Y/YCbCr 数字视频输出	
48	IOVDD	电源 3.3V	
49	IOGND	地	
50	Y_4	Y/YCbCr 数字视频输出	实际应用在厦华 LC-27U16 液晶电视、海信 ASIC(HDP2902G)、创维 6M31 等机芯的彩色电视机上,内部框图如图 1-51 所示
51	Y_3	Y/YCbCr 数字视频输出	
52	Y_2	Y/YCbCr 数字视频输出	
53	Y_1	Y/YCbCr 数字视频输出	
54	Y_0	Y/YCbCr 数字视频输出	
55	DVDD	电源	

续表

脚号	引脚符号	引脚功能	备　注
56	DGND	地	
57	C_9/GPIO	CbCr 数字视频输出	
58	C_8/GPIO	CbCr 数字视频输出	
59	C_7/GPIO	CbCr 数字视频输出	
60	C_6/GPIO	CbCr 数字视频输出	
61	IOVDD	电源 3.3V	
62	IOGND	地	
63	C_5/GPIO	CbCr 数字视频输出	
64	C_4/GPIO	CbCr 数字视频输出	该集成电路为视频前端处
65	C_3/GPIO	CbCr 数字视频输出	理器,它是一个具有五行梳
66	C_2/GPIO	CbCr 数字视频输出	状滤波器、兼容 PAL/NTSC/
67	DVDD	电源 1.8V	SECAM 制式的 30MSP 数字
68	DGND	地	视频解码器,可用于 4:3 或
69	C_1/GPIO	CbCr 数字视频输出	16:9、50Hz/60Hz 或 100Hz/
70	C_0/GPIO	CbCr 数字视频输出	120Hz 电视中。采用 80 脚
71	FID/GPIO	奇数-偶数场指示器输出/通用输入与输出口	TQFP PowerPad 封装,工作电压范围分别为 IOVDD =
72	HS/CS/GPIO	场同步输出/数字复合同步输出/可编程通用输入与输出口	3.0～3.6V、DVDD = 1.65～1.95V、$AVDD_{33}$ = 3.0～3.6V、
73	VS/VBLK/GPIO	场同步输出/VBLK 输出/可编程通用输入与输出口	$AVDD_{18}$ = 1.65～1.95V,工作温度范围为 0～70℃。
74	XTAL1	14.31818MHz 晶体振荡器信号输入	实际应用在厦华 LC-27U16 液晶电视、海信
75	XTAL2	晶体振荡器信号输出	ASIC(HDP2902G)、创维
76	PLL_A18VDD	电源 1.8V	6M31 等机芯的彩色电视机
77	PLL_A18GND	地	上,内部框图如图 1-51 所示
78	CH1_A18VDD	电源 1.8V	
79	CH1_A18GND	地	
80	VI_1_A	CVBS/Pb/C 模拟视频输入或模拟视频输出	

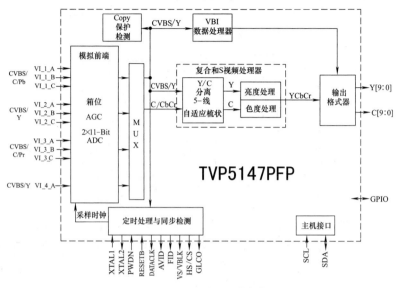

图 1-51 TVP5147PFP 内部框图

三、彩色电视机基本单元电路

彩色电视机主要由以下几个单元电路（如图 1-52 所示）组成：公共通道（包括高频调谐器、中放通道）、伴音通道、解码电路、同步分离和行场扫描电路、显像管供电电路及视放电路、电源电路及遥控电路组成。

1. 公共通道

公共通道是指图像和伴音信号共同经过的通道，包括高频通道和中频通道，其中高频通道主要由高频调谐器（高频头）组成；中频通道包括中放、检波、预视放电路、抗干扰电路、AGC 电路、AGC 延迟电路等。

公共通道这部分电路的主要任务是对天线接收到的高频电视信号进行选频、放大、变频、检波等处理后解调出彩色电视机全电视信号和第二伴音中频信号。其过程是：天线接收到射频（TV）信

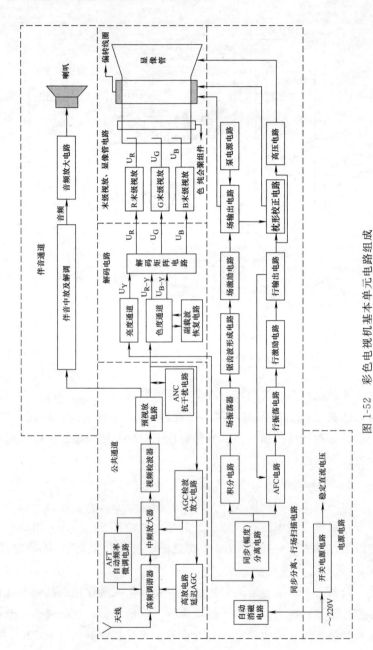

图 1-52　彩色电视机基本单元电路组成

号后，先经高频调谐器放大、混频（选台）变成中频彩色电视机信号（即 38MHz 图像中频信号和 31.5MHz 第一伴音中频信号），再经中频放大、视频检波分别得到 0～6MHz 彩色电视机全电视信号（该信号送到同步分离电路和解码电路）与 6.5MHz 第二伴音中频信号（该信号送到伴音通道）。

2. 伴音通道

伴音通道主要由伴音中放电路、鉴频电路、输出电路、扬声器等组成，伴音通道的主要任务是对 6.5MHz 的第二伴音中频信号进行放大、解调得到音频信号，然后对音频信号进行功率放大，放大后形成音频信号推动扬声器发出电视伴音。

3. 解码电路

解码电路主要由亮度通道、色度通道、副载波恢复电路和解码矩阵电路组成。这部分电路的主要任务是对彩色电视机全电视信号进行分离、解码、变换，还原出 R、G、B 三基色信号。

工作过程是：解码亮度通道从公共通道送来的 0～6MHz 全电视信号中分离出亮度信号，然后对它进行放大、延迟和高频补偿等处理后送至矩阵电路。亮度信号与色差信号同时送到矩阵电路进行混合，得到三基色信号 U_R、U_G、U_B，并分别加至显像管的三个阴极，控制发射电子，重现彩色电视机图像。

4. 同步分离和行场扫描电路

扫描系统：包括同步分离电路、场扫描电路、行扫描电路等（电路组成如图 1-53 所示），作用是通过行、场扫描电路向行、场偏转线圈提供幅度足够、线性良好的锯齿波输出电流，使 CRT 完成电子扫描形成光栅。

（1）同步分离电路　同步分离电路由噪声抑制、幅度分离、同步放大和积分电路等几部分组成，其主要作用是：从预视放输出的全电视信号中分离出行、场复合同步信号，并以此作为行、场扫描的基准信号，使它产生的行、场扫描信号与视频图像信号同步，以实际同步扫描获得稳定的图像。

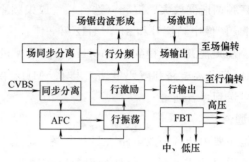

图 1-53　行/场扫描电路的组成框图

（2）场扫描电路　场扫描电路又称场偏转或垂直偏转系统，由场振荡电路、锯齿波形成电路、场激励级和场输出级组成，主要作用是：向场偏转线圈提供场频锯齿波电流，以形成水平交变磁场，使显像管内电子枪发出的电子束在垂直方向上偏转，实现场扫描。

（3）行扫描电路　行扫描电路是彩色电视机的重要电路，是故障率较高的电路，它长期工作在高电压、大电流状态，其功能是完成屏幕水平方向的扫描。行扫描电路主要由行振荡、行推动（行激励）、行输出级电路组成。

行振荡电路由行振荡器和外接的行振荡定时元件组成，该电路主要用来产生扫描电路所需要的扫描脉冲。只要给振荡器加上工作电压，振荡器便会起振，形成 500kHz 脉冲，此脉冲经行同步信号电路进行同频同相后进行分频，得到 15625Hz 行脉冲，该脉冲便是行扫描电路所需要的扫描脉冲，也是电台发送端的扫描脉冲。

行推动电路就是将行扫描脉冲进行放大，为行输出管提供足够大的行扫描激励脉冲。

行输出级电路由行脉冲放大电路、行锯齿波形成电路、行输出变压电路三部分组成。行输出电路首先对行脉冲进行放大，再由行输出管、行逆程电容、行二极管将行脉冲变成线性变化的锯齿波，以便通过行偏转线圈对电子束进行扫描。行输出变压电路是通过输出变压器初级电压的变化，在其次级绕组产生灯丝电压（不同的彩色电视机可能不同)、视放电路工作电压、加速极电压、聚焦极电压及阳极高压。

5. 显像管供电电路及视放电路

显像管电路 (显像管尾板电路)：它一般由矩阵及末级视放电路组成，其功能是将三个色差信号和亮度信号合成，还原为 R、G、B 三基色信号，放大后加至显像管三个阴极，控制显像管三个电子枪电子束的强弱。

显像管附属电路主要有光栅几何畸变校正电路、白平衡调整电路、色纯度调整电路及自动消磁电路。其目的都是减少各种失真及干扰，使彩色电视机显像管重现出逼真的彩色电视机图像。

6. 电源电路

电源电路一般由开关稳压电源电路构成，其作用是对市电进行整流和稳压，为电视机其他电路提供稳定的工作电压，即：采用开关稳压电源，220V 交流电直接加到整流电路，经整流滤波后获得约 300V 的直流电压，此电压送到开关振荡电路，开关振荡电路工作于开关状态，它输出矩形脉冲电压，经高频滤波后变成直流电压输出，供给各部分电路。

在自励式开关电源中，常用回扫变压器送来的行逆程脉冲作自励式开关的同步脉冲；在他励式开关电路中则以行逆程脉冲作为振荡源。

7. 遥控电路

彩色电视机遥控电路主要由红外遥控发射器、遥控接收头、微处理器 (CPU)、本机键盘、数/模接口电路、字符发生器、节目存储器及辅助电源组成 (如图 1-54 所示)。红外遥控发射器产生被指令调制的载有信息的红外线电磁波到遥控接收头，其调制方式为脉冲编码调制方式，即 PCM 调制方式。红外线遥控发射器实质上是一个键控指令脉冲发生器，通过红外发射二极管产生频率为 38kHz 的载波信号。遥控接收电路主要由遥控接收光电二极管、前置放大集成电路组成，来自遥控发射电路的载波红外信号，照到

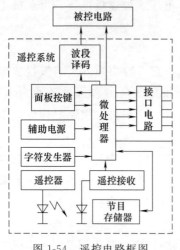

图 1-54 遥控电路框图

光电二极管上，激励产生光电流，此时光信号即被转化为电信号，送到微处理器（CPU），经载波放大、限幅、检波整形后，得到遥控编码脉冲，送到解码和控制电路。

微处理器是电视机系统控制电路的处理中心，一般由大规模集成电路组成。

面板控制电路主要用来进行本机控制，即通过电视机面板上的键盘操作完成控制。它是通过按下面板的控制键，产生二进制编码控制信号，直接送到微处理器进行解码，继而发出相应的指令。

数/模接口电路也称为数字模拟变换（D/A）电路。其作用是将 CPU 发出的载有各种控制指令信息的数字脉冲信息转换成被控电路所需要的模拟电压信号和电平信号，从而驱动被控电路进行相关动作。

课堂四 实物识图

一、常用元器件实物及封装

CMPAK-4(SMD)封装	
D²-PAK(TO-263)封装	

续表

DIP-8 封装	
DO-204AH 封装	
FLAT PACK 封装	
FO-229 封装	
HSOP 封装	
I²-PAK(TO-262)封装	
LQFP 封装	
SC70-6 封装	
SO-8 封装	
SOD-123 封装	
SOT-23 封装	

续表

SOT666 封装	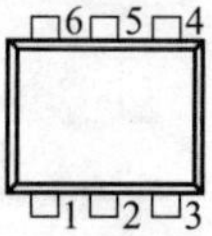
SUPER SOT-6 封装	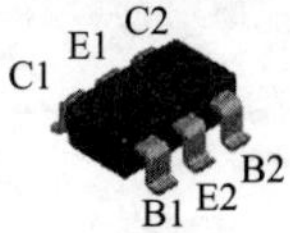
TO-220 封装	
TO-225AA 封装	
TO-247AC 封装	
TO-92 封装	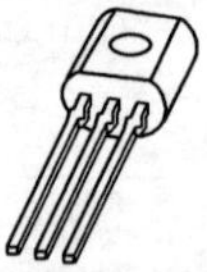

二、常用电路板实物

1. 长虹 CHD-10 机芯彩色电视机

（1）长虹 CHD-10 机芯彩色电视机数字板实物图如图 1-55 所示。

（2）长虹 CHD-10 机芯彩色电视机整机信号流程框图如图1-56 所示。

2. 康佳 ST 系列高清数字彩色电视机

康佳 ST 系列高清数字彩色电视机机型分别为 P28ST319、

图 1-55　长虹 CHD-10 机芯彩色电视机数字板实物图

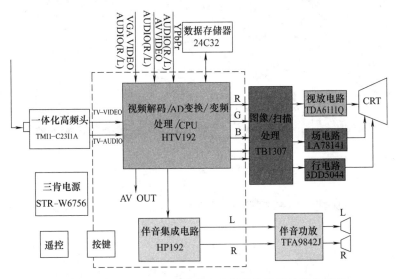

图 1-56　长虹 CHD-10 机芯彩色电视机整机信号流程框图

P29ST216、P29ST217、P29ST281、P29ST386、P29ST390、P30ST319、P32ST319、P34ST216、P34ST386、P34ST390、SP29ST391、SP32ST391 等。

（1）康佳 ST 系列高清数字彩色电视机数字板实物图如图 1-57 所示。

图 1-57　康佳 ST 系列高清数字彩色电视机数字板实物图

（2）康佳 ST 系列高清数字彩色电视机整机信号流程如图 1-58 所示。

3. 海信 ASIC 高清机芯彩色电视机

（1）海信 ASIC 高清机芯彩色电视机数字板（RSAG7.820.609）实物图如图 1-59 所示。

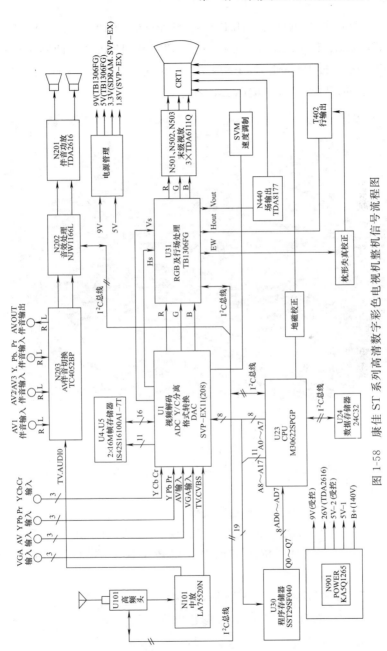

图 1-58 康佳 ST 系列高清数字彩色电视机整机信号流程图

ASIC 机芯机型有：HDP2833、HDP2869、HDP2877、HDP3033、HDP2902G、HDP2919CH、HDP2933、HDP2966、HDP2967、HDP2968CH、HDP2969、HDP2978M、HDP2978CH、HDP2988C、HDP3419CH、HDTV-2877、HDTV-3277CH、HDTV3278CH 等。

图 1-59　海信 ASIC 高清机芯彩色电视机数字板

（RSAG7.820.609）实物图

（2）海信 ASIC 高清机芯彩色电视机信号流程方框图如图 1-60 所示。

4. 创维 6D72 机芯彩色电视机

（1）创维 6D72 机芯彩色电视机数字板实物图如图 1-61 所示。

（2）创维 6D72 机芯彩色电视机数字板电路框图如图 1-62 所示。

5. 海尔 D29FA12-AKM 彩色电视机

（1）海尔 D29FA12-AKM 彩色电视机数字板实物图如图 1-63 所示。

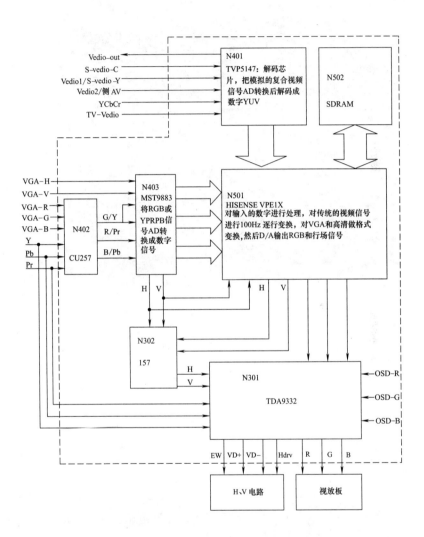

图 1-60 海信 ASIC 高清机芯彩色电视机信号流程方框图

图 1-61 创维 6D72 机芯彩色电视机数字板实物图

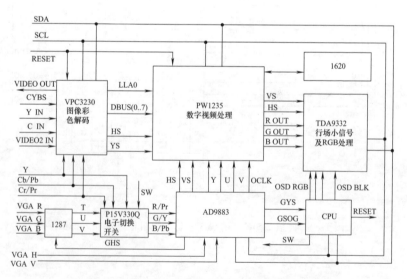

图 1-62 创维 6D72 机芯彩色电视机数字板电路框图

图 1-63 海尔 D29FA12-AKM 彩色电视机数字板实物图

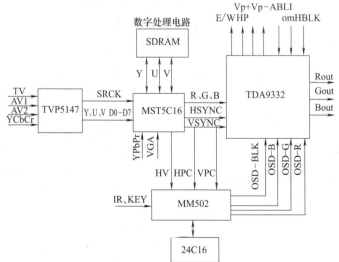

图 1-64 海尔 D29FA12-AKM 彩色电视机数字板信号框图

（2）海尔 D29FA12-AKM 彩色电视机数字板信号框图如图
1-64所示。

6. TCL MS21 机芯彩色电视机

该机芯主要采用飞利浦超级单片 TDA12063 和归一化行频处
理 MST5C16A 芯片，后端显示处理采用飞利浦的 TDA9332H（部
分机型采用 OM8380，两者可以直接代换）。目前，采用此系列机
芯的有 HD29A41、HD29A71I、HID29158HB、HID34158HB、
HID29181、HID34181、HID29A41A、HID29A61、HID29A71、
HID28B03I、HID29B03I、HID32B03I、HID34B03I、HID29B06、
HID34B06 等机型，以及乐华的 29A2P、29A3P、29V88P 等。

（1）TCL MS21 机芯彩色电视机数字板实物图如图 1-65
所示。

图 1-65　TCL MS21 机芯彩色电视机数字板实物图

（2）TCL MS21 机芯彩色电视机原理框图如图 1-66 所示。

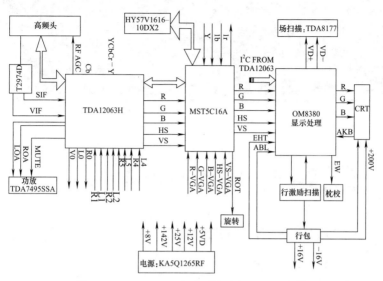

图 1-66 TCL MS21 机芯彩色电视机原理框图

Chapter 02

第二讲 —》 维修职业化课前准备

课堂一 场地选用及注意事项

一、维修工作台与场地的选用

（1）工作台可使用普通桌子或写字台，最好在桌子上平铺一块绝缘橡胶皮，既可以起绝缘作用，又可以起到电视机拆/装及翻板过程的防滑作用。同时在工作台的下面也垫上一块橡胶皮，以起到脚部与大地绝缘的作用，确保人身安全。

（2）在安装或维修电视机时，要扫清工作场地和台面，防止灰尘和金属件落入机内造成短路故障。

二、维修时注意事项

（1）注意人身安全。防止220V和高压触电。

（2）机壳后盖与视放电路板间距较小，拆取后盖时，应当采取向后平移方式，以避免与视放板相碰，造成显像管损坏。

（3）将电路板取出放于桌面时，要先把桌面上的东西清理干净，例如焊锡丝、工具等，以免会造成电路板短路。

（4）不能随意用大容量熔丝代替原熔丝或熔丝电阻。熔丝熔断，应查明原因，然后才能通电。

（5）在使用万用表或示波器检测时，应防止探头将集成电路或三极管两脚短路。在焊接集成电路时，也要防止两脚短路。

（6）使用示波器、扫频仪等仪器对彩色电视机电源电路进行检测时，彩色电视机一定要用隔离变压器。热底板的机器不论检测任何部位，都要加隔离变压器。

（7）用放电法检查高压时，不能在通电时放电，放电时，应当对显像管防爆箍放电。

（8）更换电解电容和晶体管时，应当注意引脚极性。

（9）行逆程电容不能做开路试验。

（10）没有找到故障点之前，不能随意调整机内可调元件（特别是中放电路中的中周）。

（11）故障为一条水平亮线时，应当调低加速级电压，将亮度降低，以免烧坏显像管。

（12）更换元件，焊接电路，应当在断电情况下进行。更换有极性的元件时，例如电解电容、三极管、二极管，要注意极性，不要装错。

（13）拆卸视放板时，应特别小心，严禁大角度左右上下摆动，应尽量向后平拉，这样才能避免显像管抽气嘴损坏。

（14）为取出电路板而拔下一些插接件时，要记住原来的位置，以免重装时插错。

（15）更换大功率管和稳压器时，原设计有散热片的，要装上散热片，有绝缘片的，不应当忘记装上绝缘片。在安装有金属散热板的三极管时，不要忘记装上它们与散热板之间的绝缘片；更换高频头时，其外壳端一定要焊好，因为它不仅是外壳屏蔽接地，也是电源与信号的公共接地。

（16）在拔下显像管管座时，要顺着显像管管颈的方向慢慢拔下；在插上显像管管座时，一定要所有引脚都入孔后才能慢慢推上。

（17）当发现彩色电视机中有冒烟、打火及怪声等情况时，应立即切断电源，以免产生更大的故障。彩色电视机出现一条亮线或一个亮点时，要立即关掉电源，或者随时将亮度调暗，以免荧光粉灼伤。

（18）维修过程中，应当避免螺钉、焊锡、导线头掉入机芯板内。

课堂二 工具检测

一、彩色电视机专用工具的选用

检修彩色电视机需要以下专用工具与自制工具。

1. 彩管复活仪

彩管复活仪（如图 2-1 所示）是用来复活老化彩色电视机显像管的工具。当彩色电视机亮度电路、视放电路及其他相关电路均正常，但显像管出现图像暗淡、散焦、清晰度变差及图像拖尾等现象时，一般为显像管老化所致。

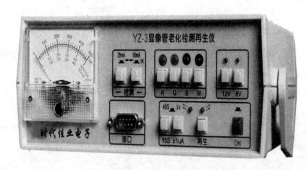

图 2-1 彩管复活仪

可采用以下方法自制一个复活仪，使显像管重新工作，效果较好。如图 2-2 所示，按此图进行制作，则能制作出彩管复活仪。图中 B2 可选用通用黑白机Ⅲ或Ⅱ型行输出变压器，其他元件按图中标注选用。

2. 行输出变压器测试仪

行输出变压器测试仪是用来测试行输出变压器是否存在匝间开

路或短路的自制工具，如图
2-3所示，即在 14 寸黑白电视
机行电路中分别接入电流表、
电压表和双刀双掷开关 K。测
试时，断开 K，打开黑白电视
机电源开关，将待测"彩色电
视机的行输出变压器"的初级
绕组（接主电源和行输出管集
电极的绕组）与测试线 a、b
相连，如果发现图中的电流表
指示为 23mA 左右，电压表指
示为 16V 左右，则说明被测行
输出变压器无故障。当电流表
指示数大于 200mA、电压指

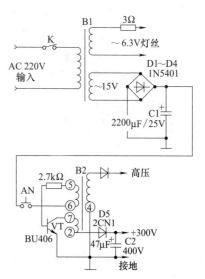

图 2-2　彩管复活仪电路原理图

示数低于 12V 时，则说明彩色电视机行输出变压器存在匝间交流
短路。

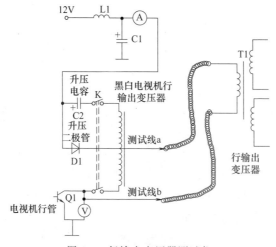

图 2-3　行输出变压器测试仪

3. 遥控器检验仪

遥控器检验仪是用来测量彩色电视机遥控器是否损坏的工具，

图 2-4　遥控器检验仪

如图 2-4 所示。当被修遥控器对遥控器检验仪发射信号，检验仪指示灯亮，则说明遥控发射器无故障，如指示灯不亮，则说明遥控发射器存在故障。同时也可用来检验遥控发射器是否修好。

4. 晶振检测仪

晶振检测仪是用来检测彩色电视机晶振性能好坏的自制工具。由于一般的万用表很难判断晶振的好坏，且劣质晶振充斥市场，更换晶振时，最好用晶振检测仪对晶振进行检测。

5. 高压电位器

高压电位器是一种用来校正彩色电视机聚焦电压和加速极电压的高阻值器件。该器件是旧式 JVC 电视机聚焦极电压和加速极电压的调整组件。如图 2-5 所示，该电位器有五个端子，①脚为高压输入，②脚为高压输出，③脚为聚焦电压输出，④脚为加速极电压输出，⑤脚接地。左上和右下两个调节柄分别用于调整聚焦电压和加速极电压。

6. 彩管消磁器

彩管消磁器是用来对显像管消磁，以保证显像管纯度的一种工具（如图 2-6 所示）。有成品彩管消磁器和自制彩管消磁器两种。自制消磁器可用黑白电视机的 18V 变压器，将其"E"形磁芯取下，重新卡在另

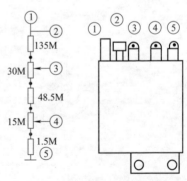

图 2-5　高压电位器的电路原理及外形图

一端，没卡磁芯的一端即呈现磁性，可对彩管进行消磁。

7. 存储器数据写入机

彩色电视机存储器数据写入机又称存储器复制仪（如图 2-7 所示），是更换彩色电视机存储器的必备工具。因为更换存储器时，一定要用已写入数据的存储器，市场上的新存储器一般为空白存储器，未写入数据，不能正常使用。使用该数据写入机，只要有一个带数据的存储器，就可以进行复制（对拷），将数据写入新购的空白存储器中。初学维修彩色电视机，应注意收集一些常用的存储器，如长虹、康佳、TCL、创维等厂家所使用的 24C02、24C04、24C08 等，以便维修时急用。注意新购存储器的容量要大，以防数据太大，拷贝不下。

图 2-6　彩管消磁器

图 2-7　彩色电视机存储器复制仪

8. 总线调整多功能仪

I^2C 总线调整多功能仪是一种维修彩色电视机 I^2C 总线的专用仪表，外形如图 2-8 所示，它具有四种功能，其使用方法如下。

（1）克隆各种工厂、用户遥控器的方法　将多功能仪的功能开关拨到"遥控器"挡，并在图中存储器位置插上一片 E^2PROM 存储器（24C02，随仪表附带数片）。将遥控器对准多功能仪红外线接收窗，按压被克隆遥控器的某一按键，如工厂模式进入键（即FAC 键），则被克隆遥控器发出一组红外线码，多功能仪首先将其接收。多功能仪上有 24 个克隆键，按压其中任一键都可以克隆并锁定所接收到的红外线码。根据需要，通过被克隆遥控器不同按键

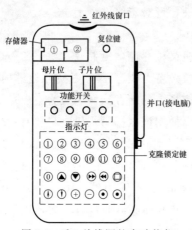

图 2-8　I^2C 总线调整多功能仪

的逐一发码，多功能仪可用不同的键逐一将其克隆并锁定。这样就可以将一个遥控器的数据存储在 24C02 内。

（2）已存储的工厂、用户遥控器数据信息的使用方法　多功能仪生产厂家已根据克隆遥控器的方法，将长虹、康佳、TCL、创维等数十种 I^2C 彩色电视机工厂、用户遥控器红外码数据信息克隆储存在随仪器所附的光盘里，只要让多功能仪与电脑连接运行，即可将已有数据读取到存储器内，再将存储器插到图中存储器的②处，多功能仪即具有某一型号工厂、用户遥控器的功能。

脱机复制存储器的方法：该多功能仪脱机（不需电脑及其他仪器配合）能独立复制 24 系列、25 系列、PCF859×系列等总线彩色电视机存储器，对所有总线彩色电视机使用的 E^2PROM 存储器基本上能适用。复制时操作简单，只要将有数据的"母片"和"子片"按要求装插在存储器①、②处，轻压复制开关，即可将"母片"数据复制到"子片"内。

电源及光盘软件使用方法：该多功能仪配带的光盘软件为全中文，并口连接，适应 Win98、XP、2000、NT 等操作系统；仪表的外形尺寸与一般遥控器的大小差不多，使用二节 5 号电池作电源，与普通遥控器耗电量相当，使用起来十分方便。

9. 数字 IC 测试仪

（1）外形与特点　数字 IC 测试仪是采用单片机技术的一种便携式仪器，外形如图 2-9 所示。其功能特点如下（以 LT-80C 通用数字 IC 测试仪为例介绍）。

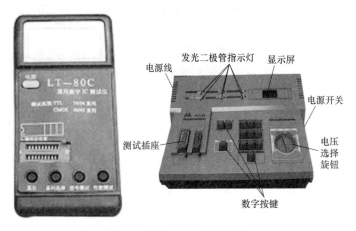

图 2-9 数字 IC 测试仪外形

① 能够准确、迅速地测量 TTL74/54、CMOS40/45 系列数字集成电路的好坏，自动识别不知名的集成电路并显示其型号。

② 仪器体积小、重量轻、携带使用方便，外壳采用工程塑料，与一般数字万用表大小相当，3 位大液晶数字显示清晰，并有蜂鸣器作为操作的提示声音。

③ 由一个 9V 叠层电池供电，并设一个外接电源插孔，其静态电流只有十几毫安。面板上有电源开关、一个 20 脚测试座、四个操作按钮，外观简洁美观。

④ 测量范围：TTL74/54 系列（包括 74、74S、74LS、74ALS、74AC、74ACT、74HC、74HCT、74F、74FHC，以及与上述型号相对应的 54 系列产品）、CMOS40 系列、CMOS45 系列。

（2）基本操作方法

① 接通电源，将待测 IC 芯片的①脚对准集成电路插座上的①脚恒定位置，再插入插座并锁紧。

② 连续按动"系列选择"键，从 LCD 显示屏上选出所需的系列号。

③ 按动"型号测试"键，对 IC 进行测试。如果 IC 性能合格，仪器将显示其型号，并鸣笛一声；如果 IC 未能通过测试，仪器将鸣笛三声，此时应从插座上取下 IC，检查引脚有无短路、断路及插座的接触不良等故障。如果排除上述问题后，IC 芯片仍不能通过测试，则说明此 IC 不合格。

④ 对多片同型号 IC 进行测量时，应先按"型号"测出首片型号，再按"性能测试"键，测余下的 IC。IC 性能合格，仪器将显示其型号；IC 性能不合格时，仪器将显示"999"，并鸣笛三声。

（3）使用时的注意事项

① 测量 IC 前，应清理引脚，排除可能造成接触不良的因素，并牢记"对号入座"，避免 IC 插反。

② 对于不知名的数字集成电路，可以按 74、40、45 三个系列分别进行测试，最终将测出它的型号。

③ 仪器长期不用，应打开后盖，取出电池，避免电池液流出腐蚀仪器。

10. 集成电路测试仪

检修不通电的印制电路板时，对一块有故障的电路板而言，通电检查是不安全的，甚至是不可能的。而多功能的 ATE 系统和传统的测试设备，如示波器、数字电压表，只有在通电的前提下才能着手检查维修。此外，使用传统测试设备，维修人员必须具备足够的电路知识和齐全的设备操作说明书。然而，集成电路测试仪却可以方便而又有效地对不通电的电路板进行故障检查维修。集成电路测试仪是一种检测集成电路的专用仪器，根据其功能特点的不同，通常可分为两大类，一类为集成电路在线检测仪，另一类为集成电路离线检测仪。

（1）集成电路在线检测仪　在不通电的前提下，对模拟数字电路进行快速、高效益的故障检修。即使是新学者，也容易学会操作。不必接计算机，40 路双测试夹，单机即可操作。适合于所有形式的电子部件（含元器件）的检测维修，能检修没有电路图的电路板。提供自动 *U-I* 阻抗曲线比较的功能，自动判别部件的好与坏。自动显示故障点，用 PASS/FAIL 指示。图 2-10 所示为集成电路在线检测仪外形。

图 2-10　集成电路在线检测仪外形

检测 IC 时，除了测试夹提供快捷的连接外，测试仪本身可以自动确定并显示 IC 引脚的序数目，或是维修人员逐脚地转换检验或自动地顺序扫描所有的引出脚。当采用比较模式时，另一个测试夹夹到性能良好的 IC 上，测试仪将自动地同时扫描两个 IC，并进行比较，当扫描某一引脚两者的参数差异超过临界值时，扫描随之停止，并显示出故障的位置。

（2）集成电路离线检测仪　就目前市场而言，集成电路离线检测仪主要分为两大类，一类为桌上型数字集成电路测试仪，另一类为掌上型数字集成电路测试仪。该测试仪具有对器件好坏判别、型号判别、老化测试、器件代换查询、内部 RAM 数据修改及 EPROM、EEPROM 器件读出写入等功能。

图 2-11　桌上型数字集成
电路测试仪外形

桌上型数字集成电路测试仪外形如图 2-11 所示，其功能及应用如下。

① 功能概述。

a. 器件好坏判别：当不知被测器件的好坏时，仪器可判断其好坏。

b. 器件型号判别：当不知被测器件型号时，仪器可依据其逻辑功能来判断其型号。

c. 器件老化测试：当怀疑被测器件的稳定性时，仪器可对其进行连续老化测试。

d. 器件代换查询：数字集成电路测试仪可显示有无逻辑功能一致、引脚排列一致的器件型号。

e. 内部 RAM 数据修改：ICT-33C 可从键盘对自己内部 RAM 中的数据进行随机修改。

f. EPROM、EEPROM 器件读入：ICT-33C 可将 64KB 以内的 EPROM、EEPROM 器件内的数据进行读入并保存。

g. EPROM、EEPROM 器件写入：ICT-33C 可将内部 RAM 中的数据写入到 64KB 以内的 EPROM、EEPROM 器件中，并自动校验。

② 应用。

a. 判别器件好坏（以测试 74LS00 为例）。自检正常后，液晶显示屏显示"PLEASE"，此时再输入"7400"，接着将被测器件 74LS00 放上锁紧插座并锁紧，如图 2-12 所示，按下"好坏判别"键，若显示"PASS"，并伴有高音提示，则表明器件逻辑功能完好，黄色 LED 灯点亮；若显示"FALL"，同时有低音提示，则表示器件逻辑功能失效，红色 LED 灯点亮。

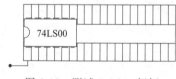

图 2-12　测试 74LS00 好坏

b. 判别器件型号。将被测器件插于锁紧插座并锁紧，按"型号判别"键，仪器显示 P，此时再输入被测器件引脚数目，然后按"型号判别"键。若被测器件功能完好，且其型号在本仪器容量以内，则仪器将直接显示被测器件的型号；若被测器件已损坏，或其型号不在本仪器测试容量以内，仪器将显示 OFF，并伴有低音提示，随后再显示"PLEASE"。

进行型号判别时输入的器件引脚数目必须是两位数，若被测器件只有 8 个引脚，则要输入 08。当被测器件是 EPROM、EEPROM 时，不能进行型号判别。由于本仪器是以被测器件的逻辑功能来判定其型号的，因此当各系列中还有其他逻辑功能与被测器件逻辑功能完全相同的其他型号时，仪器显示出的被测器件型号可能与实际型号不一致，这取决于该型号在测试软件中的存放顺序。出现这种现象时，说明仪器显示的型号与被测器件具有相同的逻辑功能。

c. 器件老化测试。输入器件型号，将器件放上锁紧插座并锁紧，按"老化"键，仪器即对被测器件进行连续测试。此时键盘退出工作，若用户想退出老化测试状态，只要松开锁紧插座即可，此时仪器将显示 FALL，同时键盘恢复工作。对多个相同型号的器件进行老化测试时，每换一个器件都要重新输入型号。

d. 器件代换查询。输入元器件的型号后，按"代换查询"键。如果在各系列内存在可代换的型号，则仪器将依次显示这些型号，以后每按一次"代换查询"键，就换一种型号显示，直至显示 NO DEVICE；如果不存在可代换的型号，则直接显示 NO DEVICE。

e. EPROM、EEPROM 器件写入、读出。

Ⅰ. 全片读入操作。全片读入即将被测器件中的全部数据读入到仪器内部，具体做法是：首先将被测器件放上锁紧插座并锁紧，再输入被测器件的型号，然后按"读入"键，使仪器进入读/存状态。读入完成后，显示屏显示"END"。

Ⅱ. 部分读入操作。部分读入即将被测器件中的部分数据（非全部数据）读入到仪器内部，具体做法是：首先将被测器件放上锁紧插座并锁紧，再输入被测器件的型号，按"F1/上"键，输入四位起始地址，按"F2/下"键，输入四位结束地址，按"F1/上"键，输入四位存放的起始地址。接着按"读入"键，使仪器按指定地址进行读/存，读入完成后显示"END"。

部分读入操作过程中，若有地址输入错误的情况，可用"编辑/退出"键来结束。

Ⅲ. 全片写入操作。全片写入即将被测器件全部空间写完，具体做法是：首先将擦除完毕的被测器件放于锁紧插座上并锁紧，再输入被测器件的型号，按"写入"键，仪器显示 UP1-L1，表示仪器默认的编程电压为 1 挡（12.5V）、编程速度为 1 挡（最高速）。若用户对这两个参数不作修改，再次按"写入"键，仪器即进行写入操作，显示器显示变化的地址和数据；若用户对编程电压或编程速度要作修改，可在仪器显示 UP1-L1 时，依次按"F1/上"和"F2/下"键进行修改。写入完成后，仪器自动进行校验，若完全正确，显示 PASS；若不正确，显示比较出错的地址、数据，然后显示 FALL。

Ⅳ. 部分写入操作。部分写入即将被测器件的部分空间写入，具体做法是：首先将擦除完毕的被测器件放于锁紧插座上并锁紧，再输入被测器件的型号，按"F1/上"键，输入四位起始地址，按"F2/下"键，输入四位结束地址，按"F1/上"键，输入被测器件的四位起始地址。接着按"写入"键，显示 UP1-L1，请参阅"全片写入"。

Ⅴ. 人工比较。将被测器件放上锁紧插座并锁紧，输入其型号，再按"比较"键，仪器自动将内部数据与被测器件中的数据进行比较，完全正确时显示 PASS，不正确时先显示比较错误的地址、数据，再显示 FALL。

Ⅵ. EPROM 器件查空操作。将被测器件放在锁紧插座上并锁紧，输入其型号，按"查空"键，仪器将对其进行查空检查，若是空的（全为 FF），显示 EPY，反之，显示 NOEPY。

对 EEPROM 器件进行写入操作时只需按一次"写入"键，仪器即按固定速度进行写入。

Ⅶ. 对仪器内部 RAM 中的数据进行修改。按"编辑/退出"键，仪器显示"PED—"，此时输入四位地址，仪器将显示该地址的数据，显示格式为：DDDD——DD（DDDD 为地址，DD 为数据），此时若要改变数据，直接输入两位新数据即可。编辑方式时可用 F1、F2 键使地址值减一或增一，若要重新输入新地址，按"编辑/退出"键，仪器回到"PED—"显示状态，此时可输入新地址。若要退出编辑状态，可连续按"编辑/退出"键，仪器显示

PLEASE。

二、彩色电视机元器件检测训练

（一）常用电子元器件的检测

1. 电阻的检测

（1）固定电阻器的检测 在被测电阻有其他电阻并联的情况下，在路测得该电阻的阻值应小于其标称阻值。若测得电阻值等于或大于其标称电阻值，则可判断该电阻阻值变化增大，或该电阻已开路损坏，而要准确判断电阻是否开路、短路还是变值，必须将电阻脱焊，然后根据被测电阻标称的大小选择量程，将两表笔（不分正负）分别接电阻器的两端引脚即可测出实际电阻值，然后根据被测电阻器允许误差进行比较。若超出误差范围，则说明该电阻器已变值；若测得阻值为无穷大，则说明此电阻器已开路。如图 2-13 所示。

图 2-13 固定电阻器的检测

※**知识链接**※ ①测试时应将被测电阻器从电路上焊下来，至少要焊开一个头，以免电路中的其他元器件对测试产生影响；②测试几十千欧以上阻值的电阻器时，手不要触及表笔和电阻器的导电部分，反之，会造成误差。

(2) 消磁电阻的检测　消磁电阻用在彩色电视机显像管的消磁回路中，常温下，其阻值较小（十几至几十欧），当其温度上升时，阻值急剧增大（可达到几百千欧）。消磁电阻损坏后，通常会产生两种故障：一种是消磁电阻的热敏性能下降或短路，导致不能在通过大电流后阻值急剧增大，大电流的持续时间超过延时熔断器的延时时间，产生熔断器过流熔断的现象；另一种是开路，导致消磁线圈不能产生交流磁场，从而出现荧光屏有色斑甚至彩色易位的现象。

判断消磁电阻是否正常的方法如下。

① 静态测试法。将万用表置于 $R \times 1$ 挡（或 $R \times 10$ 挡），然后在常温下测出消磁电阻的阻值；若实测阻值与标称值的相差值在 ±2Ω 内，属于正常；若测出的阻值小于标称值 8Ω 或大于标称值 50Ω，说明消磁电阻性能不良或已损坏。

② 动态测试法。

a. 直接加电测试法。先在冷态测出消磁电阻的标称值，然后将消磁电阻的两脚迅速插入 220V 电源插座后拔出，测出热态电阻值，再与冷态标称电阻值比较。若与冷态标称值相比明显增大且外壳发热，说明消磁电阻性能良好；若阻值不变且外壳也不发热，说明性能差或已损坏。

b. 烘烤测试法。先测出消磁电阻冷态时的电阻值，然后加热（用电烙铁或电吹风）消磁电阻，用万用表（$R \times 100$ 挡）测试电阻的阻值。若加热后，阻值不断增大，说明消磁电阻性能良好；若阻值增加很少或不变，则说明消磁电阻性能较差或损坏。

③ 灯泡测试法。先将其拆下，并与一个 100～150W 的灯泡串联，再接入交流 220V 的市电中。此时观察，若灯泡马上点亮，然后又逐渐熄灭，则说明正常；若灯泡不能点亮，或点亮后又不熄灭，则说明该消磁热敏电阻已损坏。

※**知识链接**※　消磁电阻的阻值是一种随电压、温度变化的电阻器件，所以在常温不加电的情况下测量是不准确的，必须拆下消磁电阻进行测量（这里注意一定要拆掉消磁电阻，而不是拔掉消磁线圈）。

（3）压敏电阻的检测 如图 2-14 所示，首先将万用表挡位调整到欧姆挡，然后根据压敏电阻器的标称阻值调整量程，并进行零欧姆校正（调零校正），再将万用表表笔分别接在压敏电阻两引脚上，若测量压敏电阻两引脚之间的正、反向绝缘电阻均为无穷大，说明该压敏电阻器正常；若测得电阻很小，则说明其漏电流大或已损坏，不能使用。

图 2-14 检测压敏电阻示意图

（4）熔断电阻器的检测 一旦熔断电阻器开路，其表面会出现烧焦或发黑的故障现象，对于出现这种现象的熔断电阻器无需检测，可判断已损坏。对于表面无任何痕迹的熔断电阻器好坏的判断，可用万用表进行检测。

将熔断电阻器一端从电路上焊下，使用万用表 $R \times 1$ 挡测量其电阻值。若测得电阻值为无穷大，则说明此熔断电阻器已失效开路；若测得的阻值与标称值相差很大，则说明该熔断电阻器已变值，不能再使用。

2. 电容器的检测

（1）电容常见故障的检测方法 电容的常见故障主要有短路击穿、漏电、内部开路、介质损耗增大或容量减少、失效及引线接触不良等。使用万用表检测：若正反向漏电电阻为零，则说明该电容内部存在短路故障，出现此类故障的原因主要是使用电压超过该电容的耐压值或接入电路时，电容的正、负极接反造成的；若表针摆动幅度很小，则说明该电容容量减少，出现此类故障主要是因为电容使用时间过久或密封不好造成的；若表针摆动所示漏电电阻在几十千欧以下，则说明该电容漏电严重，出现此类故障主要是由于电容使用时间过长，介质老化或电容长期存放不用，其内部的介质得不到补充所致。通常除电解电容以外，一般被测电容的阻值都很大，在几十兆欧或几百兆欧以上，若小于几兆欧，则说明该电容漏电严重。

（2）电解电容的检测 对电解电容的检测应包括对其正、负极的鉴别和性能好坏的判别。

① 鉴别电解电容的正、负极。对正、负极标志脱落的电容，可使用指针式万用表来鉴别，具体方法是：假定黑表笔相接的为正极，红表笔相接的为负极，同时观察并记住表针向右摆动的幅度，并对电容充分放电；然后将两表笔对调重复上述测量。比较两次测量结果，表针最后停留的摆幅小的那次对其正、负极的假设是对的，即黑表笔相接的为正极，红表笔相接的为负极。

② 检测电解电容的性能。检测方法如图 2-15 所示，将黑表笔与电容的正极相接，红表笔与电容的负极相接。若表针迅速向右摆动，并缓慢返回至某阻值位置不动，此时表针所指示的电阻值越大表示电容的性能正常，漏电电流越小；若表针指示为零或摆动不大，说明该电容性能不良，有可能内部已断路或电解质已干涸而失去容量。

（3）小容量固定电容检测方法 小容量固定电容的电容量在 $1\mu F$ 以下时，因容量太小，用万用表进行测量时，很有可能无法估测出其电容量，而只能定性地检查是否有漏电、内部短路或击穿现象。具体方法是：将万用表置于 $R \times 10$ 挡，将红、黑两表笔不分正负任意与电容的两个引脚相接，若测得其阻值为无穷大，则说明

电容性能正常状态   电容性能不良状态

图 2-15　检测电解电容的性能方法图

该电容的性能为正常；若测得的阻值很小或阻值接近零，则说明该电容漏电损坏或内部击穿。对容量在 5000pF 以下的小容量电容，判断其是否正常时，可用一个同型号完好的电容去替换以判断其好坏，也可使用专门的测试仪器如 RLC 测试仪或 Q 表等测量其是否完好。

3. 电感器的检测

（1）普通电感器的检测　电感器的电感量通常是用电感电容表或具有电感测量功能的专用万用表来测量的，普通万用表无法测出电感的电感量。普通的指针式万用表不具备专门测试电感器的挡位，只能大致测量电感器的好坏，其方法如下。

① 用指针式万用表检测电感器。

a. 首先将指针式万用表调到欧姆挡的 $R \times 1$ 挡，然后将万用表黑红两表笔分别与电感器的两引脚相接（测量电感器两端的正、反向电阻值），正常时表针应有一定的电阻值（即应接近 0Ω）指示，如果表针不动，说明该电感器内部断路；如果表针指示不稳定，说明电感器内部接触不良；如果表针阻值很大或为无穷大，则表明该电感器已开路。对于具有金属外壳的电感器，如果检测的振荡线圈的外壳（屏蔽罩）与各引脚之间的阻值不是无穷大，而是有一定电阻值或为零，则说明该电感器存在问题。

※**知识链接**※ ①电阻值与电感器绕组的匝数成正比，绕组的匝数多，电阻值也大；匝数小，电阻值也小。一般高频电感器的直流内阻在零点几到几欧姆之间，低频电感器的内阻在几百至几千欧姆之间，中频电感器的内阻在几到几十欧姆之间。②测试时要注意，有时电感器圈数少或线径粗，直流电阻很小，即使用 $R \times$ 1 挡进行测试，阻值也可能为零，这属于正常现象。

b. 将万用表置于 $R \times 10k$ 挡，检测电感器的绝缘情况，测量线圈引线与铁芯或金属屏蔽之间的电阻，均应为无穷大，反之，该电感器绝缘不良。

c. 查看电感器的结构，好的电感器线圈绕线应不松散、不会变形，引出端应固定牢固，磁芯既可灵活转动，又不会松动等，反之，电感器可能损坏。

② 数字式万用表检测电感器。采用具有电感挡的数字万用表来检测电感器是很方便的，将数字万用表量程开关拨至合适的电感挡，然后将电感器两支引脚与两支表笔相连即可从显示屏上显示出该电感器的电感量。若显示的电感量与标称电感量相近，则说明该电感器正常；若显示的电感量与标称值相差很多，则说明该电感器有问题。

※**知识链接**※ 在检测电感器时，数字万用表的量程选择很重要，最好选择接近标称电感量的量程去测量，反之，测试的结果将会与实际值有很大的误差。

（2）偏转线圈的检测 偏转线圈的常见故障是断路或短路。由于行偏转线圈和场偏转线圈都分别由两个线圈组成，故用万用表测量每个线圈的阻值是否相同，可以大致判断偏转线圈是否有故障，但偏转线圈局部短路，有时很难用万用表测量出来。

① 断路的偏转线圈。当偏转线圈出现断路时，断头处一般在偏转线圈的外面或引出线的地方，此时只需将断头处重新焊接好即可。

② 短路的偏转线圈。当偏转线圈出现短路时，是很难发现在

什么部位的，此时应观察偏转线圈与显像管管颈接触部分的绝缘层是否被磨掉，如果被磨掉，则需重新涂上绝缘漆，再轻轻拨动该部分的线圈，使绝缘漆渗入线圈里面，如还没发现短路点，可不断按捏偏转线圈，使短路部位的线圈松弛，然后测量其两个线圈的阻值是否相同，若阻值相同，说明原短路的地方已经分开。这时把偏转线圈放入绝缘漆里几分钟，让绝缘漆渗入短路的地方，取出烘干后，把偏转线圈套进显像管管颈，按原来的位置转动 180°放置（以改变原短路部位与管颈的接触位置，防止再次产生短路现象）后，将偏转线圈的引出线对调即可。

4. 二极管的检测

二极管与三极管都是半导体器件，它的质量好坏直接影响着彩色电视机的质量，所以对半导体器件的检测是至关重要的。

（1）普通二极管的检测

① 极性的判断方法。用万用表 $R \times 100$ 挡或 $R \times 1k$ 挡测量二极管两端的电阻值。如果阻值较小，表明为正向电阻值，此时黑表笔所接触的一端为正极，而红表笔接触的一端为负极；若测得的阻值很大，则表明为反向电阻值，此时红表笔所接触的一端为正极，黑表笔所接触的一端为负极。

② 二极管好坏的判断方法。判断二极管的好坏，可通过万用表检测二极管正、反向特性来进行判断。在没有万用表的场合下，也可用干电池、扬声器（或耳机）与二极管串联来进行判断。

a. 用万用表判断二极管好坏的方法。用万用表 $R \times 100$ 或 $R \times 1k$ 挡测量二极管的正反向电阻，连接方法如图 2-16 所示，锗管的正向电阻为 1kΩ 左右，硅管的正向电阻为 5kΩ 左右，反向电阻接近于无穷大。一般在测量正向电阻时，表针只要不摆到 0 值，其阻值越小越好，而反向电阻越大越好。若正向电阻为无穷大或接近无穷大，如图 2-17 所示，则说明二极管内部断路；若反向电阻过小或近似于零，则说明二极管已被击穿。内部断路和短路的二极管都不能使用。

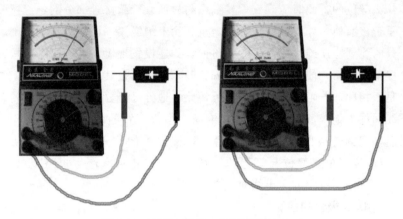

图 2-16　万用表测量二极管示意图（一）

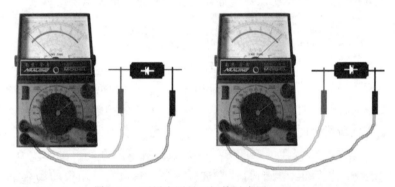

图 2-17　万用表测量二极管示意图（二）

b. 用绝缘电阻表测量二极管反向击穿电压的方法。测量时将二极管的负极与绝缘电阻表的正极相接，二极管的正极与绝缘电阻表的负极相接，如图 2-18 所示。摇动绝缘电阻表手柄（应由慢逐渐加快），待二极管两端电压稳定而不再上升时，此电压值即为二极管的反向击穿电压。

（2）稳压二极管的检测　用万用表电阻挡测量稳压二极管的方法与普通二极管一样，将万用表置于 $R \times 1k$ 挡，将红黑表笔分别与稳压二极管的两电极相接进行测量，然后互换两表笔再测量一次，比较

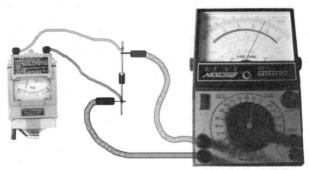

图 2-18　用绝缘电阻表测量二极管反向击穿电压示意图

两次测试的结果。若正向电阻值很小而反向电阻值很大，则说明此稳压二极管性能良好；若正、反向电阻值均很大或很小，则说明此稳压二极管开路或已被击穿短路，不可使用；若测得正、反向电阻值比较接近，则说明该稳压二极管已经失效不能再使用。

> ※知识链接※　使用万用表检测稳压二极管时，应注意万用表的电池电压不能大于被测稳压二极管的稳压值。

（3）双向开关二极管的检测　双向开关二极管具有双向导电性，截止状态下双向都不导通，主要应用于彩色电视机的过压保护电路中。判断双向开关二极管性能是否正常时，用万用表电阻挡 $R \times 10k$ 挡检测，正常时其阻值应为无穷大，反之，则说明该双向开关二极管已损坏。

（4）普通发光二极管的检测　普通发光二极管（LED）主要用于显示指示灯或数码管。利用指针式万用表可大致判断普通发光二极管的好坏。方法是：将万用表置于 $R \times 10k$ 电阻挡进行测量，正常时，二极管正向电阻值为几十欧至 $200k\Omega$，反向电阻的值为无穷大。若正向电阻值为 0 或为无穷大，而反向电阻值很小或为 0，则说明该发光二极管已损坏。也可利用机内 12V 电源串联 $1.2 \sim 2k\Omega$ 电阻点亮发光二极管进行检测，能发光即为正常。

（5）红外发光二极管的检测　红外发光二极管主要用于彩色电

视机遥控器上。对其检测方法与普通发光二极管相同。也可用光敏二极管检测红外发光二极管有无红外线发出。方法是：先在遮光状态下测出光敏二极管反向阻值，然后接收红外线，若此时阻值有明显降低，则说明该红外发光二极管有红外光发出。

（6）光敏二极管的检测　光敏二极管用于彩色电视机的遥控器接收器上。可用手电筒光线投向光敏二极管使其阻值发生变化的方法进行检测。方法是：将万用表置于 $R \times 1k$ 电阻挡，将黑表笔接地，红表笔测在路反向电阻，正常时，强光照射其阻值下降 10kΩ，无光照上升 100kΩ。

5. 三极管的检测方法

（1）普通三极管的检测

① 判别三极管电极的方法。

用万用表 $R \times 100$ 或 $R \times 1k$ 量程挡测量三极管三个电极中任意两个电极间的正、反向电阻值。将其中表笔接某一电极，另一表笔先后与另外两个电极相接，若测得阻值均很小，则开始表笔所接的那个电极为基极 b。此时，观察红表笔若接的为基极 b，则可判定该三极管为 PNP 型管；若黑表笔接的是基极 b，红表笔分别与其他两极相接触并且测得的阻值较小，则可判定该三极管为 NPN 型管，而且所测的两个电阻值会是一个大，一个小，在阻值小的一次测量中，与红表笔相接的引脚为集电极 c，在阻值较大的一次测量中，与红表笔相接的引脚为发射极 e。

※**知识链接**※　彩色电视机开关管一般采用大功率晶体三极管（包括 PNP 型和 NPN 型管），脚位排列是固定不变的，其排列的一般规律是：塑封管的引脚排列顺序，当管子的标注字符面向测量者时，三个引脚位排列顺序分别为基极、集电极和发射极；对于金封管的引脚排列顺序，当管子的引脚面向测量者时，基极、发射极和靠近的安装孔构成等边三角形，其脚位排列顺序分别为基极（上位）、发射极（下位）和集电极（安装孔，就是外壳）。图 2-19 所示为两种三极管的引脚排列顺序图。

② 已知晶体三极管类型和电极，检测 NPN 三极管的方法。

将万用表置于 $R \times 100$ 挡或 $R \times 1k$ 量程挡，将黑表笔与三极管的基极相接，红表笔分两次与三极管的集电极和发射极相接，对其进行测量。如果两次测得的电阻值都较小，然后将红表笔与基极相接，将黑表笔分两次分别与集电极和发射极相接。如果两次测得的电阻值较大，则说明该三极管性能正常，反之，说明有可能已损坏。

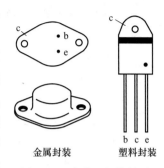

图 2-19 两种三极管的引脚排列顺序图

③ 已知晶体三极管类型和电极，检测 PNP 三极管的方法。

检测方法和程序与检测 NPN 三极管一样，不同的是两表笔与电极相接不同。将红表笔与基极相接，将黑表笔分两次先后与三极管的集电极和发射极相接。如果测得阻值都较小，再将黑表笔与基极相接，将红表笔分两次先后与其余两个电极相接。如果两次测得的阻值都很大，则说明该三极管性能正常，反之，说明有可能已损坏。

（2）开关管是否损坏的判别　判别普通开关三极管质量的方法是：用指针式万用表测量开关三极管三脚之间的正、反向电阻值，测量正向电阻时，应将万用表拨到 $R \times 10$ 挡，测量反向电阻时，应将万用表拨到 $R \times 1k$ 挡，然后进行检测。例如测量 NPN 型三极管，将万用表两表笔分别接到晶体三极管的发射极和集电极上，不管表笔的极性如何，对调测量两次，正常时，读数应很大，反之，说明被测的晶体三极管漏电。由于 NPN 管与 PNP 管的极性相反，所以检测 PNP 管时，只要将万用表的表笔对调检测即可。

判别达林顿开关三极管的方法是：由于达林顿开关三极管的 e-b 极之间包含多个发射结，所以在检测时必须选用高精度指针式万

用表并使用 $R\times10k$ 挡进行检测，该挡可提供较高的测试电压。因为 $R\times1k$ 挡的电池电压仅为 1.5V，很难使管子进入放大区工作，所以不宜用作测量达林顿管的放大能力。

特别是检测大功率达林顿开关三极管时，由于大功率达林顿管多为改进型管，在普通达林顿管的基础上增设了保护功能，如续流二极管、泄放电阻等元器件，所以在检测时，应将这些元器件对测量数据的影响加以区别，以免造成误判。其检测方法是：

① 将万用表拨至 $R\times10k$ 挡测量管子的 b、c 极之间 PN 结的电阻值。对于正常的管子，应能明显测出具有单向导电性能，正、反向电阻值应有较大的差异。反之，说明性能不良。

② 大功率达林顿管的 b-e 之间有两个 PN 结，并且接有电阻（假设为 R1、R2），正向测量时，其阻值为 b-e 结正向电阻与 R1、R2 并联的结果；当反向测量时，因发射结截止，其阻值为 R1＋R2 两个电阻之和，一般为几百欧姆，并且不随电阻挡位置的变换而改变。

有些大功率达林顿管还在 R1、R2 上并联了二极管，这种管子在反向测量时，其值就不是 R1＋R2 的阻值之和，而是一个并联电阻值，即：R1＋R2 与两个二极管正向电阻之和。

(3) 带阻尼开关三极管损坏的判别　判别带阻尼开关三极管是否损坏的方法是：检测带阻尼的开关三极管时（图 2-20 所示为带阻尼晶体三极管的等效电路图），只需单独测量其各电极之间的电阻值，即可判断管子是否正常。可采用指针式万用表，将万用表置于 $R\times1k$ 挡进行检测。在已知极性的情况下，其检测方法和步骤如下（以 NPN 型进行说明）。

① 将红表笔接 e，黑表笔接 b，所测得的值相当于测量大功率管 b-e 结的等效二极管与保护电阻并联后的阻值。由于等效二极管和保护电阻的正向电阻均较小，其并联电阻也较小；再将两表笔对调，则测得的是大功率 b-e 结等效二极管的反向电阻值与保护电阻的并联阻值。由于等效二极管的反向电阻值较大，所以，此时测得

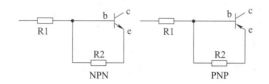

图 2-20　带阻尼三极管等效电路图

的阻值即是保护电阻的值，此值一般为几十欧姆左右。

②　将红表笔接 c 极，黑表笔接 b 极，此时相当于测量管内大功率 b-c 结等效二极管的正向电阻，阻值较小；再将两表笔对调，则相当于测量管内大功率管 b-c 结等效二极管的反向电阻，其阻值应为无穷大。

③　将红表笔接 e，黑表笔接 c，相当于测量管内阻尼二极管的反向电阻，其阻值一般较大或接近无穷大；再将两表笔对调，则相当于测量管内阻尼二极管的正向电阻，测得的值应该较小，一般在几十欧姆之内。若测量的结果与估计值相差较大，则说明被测管性能不良。

（4）行输出管的检测方法　彩色电视机常用的行输出管有三种类型。第一种类型的检测方法与普通三极管相同；第二种类型为带阻尼 NPN 型三极管，这种管子在 c-e 之间连接有一阻尼三极管，测量此类管子时，黑表笔接 e，红表笔接 c，测得的电阻是阻尼三极管的正向导通电阻，反过来测量则为无穷大；第三种类型为带阻尼及电阻 NPN 型三极管，由于 b-e 之间加上了一个 40Ω 左右的电阻，因此在黑表笔接 b，红表笔接 e 时，测得的电阻应为 10～30Ω，而对换两表笔再测量时，测得的电阻应为 40Ω 左右。

6. 场效应开关管的检测

检测场效应开关管极性的方法是：将万用表的电阻挡量程拨至 $R×1k$ 挡，分别测量三个引脚之间的电阻，若某脚与其他两个引脚之间的正反向电阻值均为无穷大，则说明此脚为 G 极，其他两脚为 S 极和 D 极。然后用万用表测量另外两脚的电阻值一次，交换两表笔后再测量一次，其中阻值较低的一次，黑表笔接的是 S 极，红表笔接的是 D 极。

检测场效应开关管好坏的方法是：先将万用表电阻挡量程拨至 $R \times 1k$ 挡，用黑表笔接 D 极，红表笔接 S 极，用手同时触及一下 G、D 极，场效应开关管应呈瞬时导通状态，即表针摆向阻值较小的位置，再用手触及一下 G、S 极，场效应开关管应无反应，即表针在回零位置不动，反之，说明该管存在质量问题或损坏。

目前一些大屏幕彩色电视机均采用大功率场效应管作为开关管，如 K1180、RFP50N06、12N60D1 等，这些管子都是 N 沟道绝缘栅型管。检测时，应将万用表拨到 $R \times 10k$ 挡，用黑表笔按住漏极 D，用红表笔按住源极 S，阻值应为无穷大，呈阻断状态。此时短接一下漏栅极，再短接一下源栅极，阻值应变为无穷大。

7. 晶闸管的检测

（1）单向晶闸管的检测

① 单向晶闸管三个引脚极性的判别。一般情况下，单向晶闸管按 K、A、G 的引脚顺序排列，实际使用时应进行检测，检测的方法也比较简单。由于单向晶闸管的 G、K 极之间只有一个 PN 结，因此它们之间的正反向电阻和普通晶体二极管一样，而 A、K 极之间的正反向电阻均应很大，根据这个原理就可以判别出各引出端的极性。

判别方法如下：

a. 将万用表置于 $R \times 10k$ 挡，用红、黑两表笔分别测量任意两引脚之间的正反向电阻直至找出读数为数十欧姆的一对引脚，它们分别是 G、K 端，剩下的一引线端即为阳极 A。

b. 再判断门极（G）和阴极（K），即用万用表测量 G、K 之间正反向电阻（这一点与一般晶体三极管不一样，晶闸管 G、K 之间的正、反向阻值相差不一定很大），其中阻值较小的，即黑表笔所接电极为门极（G），红表笔所接的为阴极（K），如图 2-21 所示。

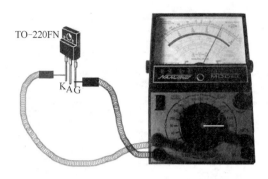

图 2-21 单向晶闸管三个引脚极性的判别

② 单向晶闸管质量的判别。将万用表置于 $R \times 10$ 挡，黑表笔接 A 端，红表笔接 K 端，此时万用表指针应不动，如有偏转，说明晶闸管已被击穿。用短线瞬间短接阳极（A）和门极（G），若万用表指针向右偏转，阻值读数为 10Ω 左右，说明晶闸管性能良好。

③ 晶闸管触发能力的检测。

a. 晶闸管触发电流大小判别。将万用表分别置于 $R \times 10$、$R \times 100$、$R \times 1k$ 等挡，用黑表笔接 A 端，红表笔接 K 端，用导线在 A、G 之间接通一下，万用表指针立即偏转，说明晶闸管导通能力正常。如果在使用高阻挡（如 $R \times 1k$ 挡）时，晶闸管仍能触发导通，表明该晶闸管所需的触发电流较小。

b. 小功率晶闸管触发能力的判别。如图 2-22 所示是一种测量小功率晶闸管触发能力的电路。使用指针式万用表，将表笔置于 $R \times 1$ 或 $R \times 10$ 挡，检测步骤如下。

按图中所示，先断开开关 S，此时晶闸管尚未导通，测出的电阻值较大，表针应停在无穷大处。然后合上开关 S，将门极与阳极接通，使门极电位升高，这相当于加上正向触发信号，因此晶闸管应导通，万用表的读数应为几至十几欧。此时，再把开关 S 断开，若读数不变，则表明此晶闸管触发性能良好。注意：图中开关可用一根导线代替，导线的一端接于阳极上，将另一端去触及门极时相

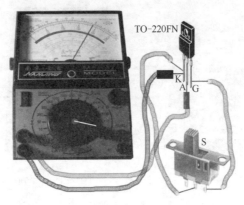

图 2-22   测量小功率晶闸管触发能力电路

当于开关闭合。

　　c. 大功率晶闸管触发能力的判别。由于大功率晶闸管的导通压降较大，加之 $R \times 1$ 挡对上图电路进行检测时，晶闸管不能完全导通，同时在开关断开时晶闸管还会随之关断。因此，在检测大功率晶闸管时，应采用双表法，即把两块万用表的 $R \times 1$ 挡上面串联两节 1.5V 电池，再把表内电池电压提升到 4.5V 左右。

　　(2) 双向晶闸管的检测

　　① 双向晶闸管引出脚极性的判别。双向晶闸管的引脚一般情况下是按 T1、T2、G 的顺序排列的，但并不能以此进行确认依据，实际使用时应根据检测进行确定。其方法是：用万用表的 $R \times 100$ 挡分别测量晶闸管的任意两引出脚之间的电阻值，正常时一组为几十欧姆，另两组为无穷大，阻值为几十欧姆时表笔所接的两引脚为 T1 和 G，剩余的一脚为 T2，然后再判别 T1 和 G。假定 T1 和 G 两电极中的任意一脚为 T1，用黑表笔接 T1，红表笔接 T2，将 T2 与假定的 G 极瞬间短路，如果万用表的读数由无穷大变为几十欧姆，说明晶闸管能被触发并维持导通。再调换两表笔重复上述操作，若结果相同，说明假定正确。如果调换表笔操作时，万用表瞬间指示为几十欧姆，随即又指示为无穷大，说明原来的假定是错

误的，因为调换表笔后，晶闸管没有维持导通，原假定的 T1 极实际上是 G 极，而假定的 G 极实际上是 T1 极，如图 2-23 所示。

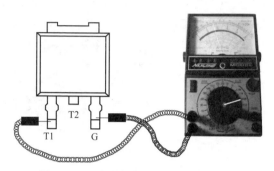

图 2-23 双向晶闸管引出脚极性的判别

② 双向晶闸管质量的判别。

a. 使用万用表 $R \times 1$ 挡，将红表笔接 T1，黑表笔接 T2，此时万用表指针不动。用导线将晶闸管 G 端与 T2 短接一下，若万用表指针偏转，则说明此晶闸管性能良好。

b. 使用万用表 $R \times 1$ 挡，将红表笔接 T2，黑表笔接 T1，用导线将 T2 与 G 短接一下，若万用表指针发生偏转，则说明此双向晶闸管双向控制性能完好，如果只有某一方向良好，则说明该晶闸管只具有单向控制性能，而另一方向的控制性能已失效，如图 2-24 所示。

检测晶闸管时应注意的事项：由于晶闸管的工作电流随管子的型号不同而不同，所需触发电流也不相同。当对功率较大的单、双向晶闸管进行检测时，若 $R \times 1$ 挡或 $R \times 10$ 挡均不能触发导通，可在黑表笔接线中串接一节 1.5V 干电池（一般万用表电池为 1.5V），串接的干电池应与表内电池串联，使电压增加到 3V，这样一般能触发导通。

8. 集成电路的检测

（1）不在路检测 不在路检测就是在集成电路未接电路之前，将万用表置于电阻挡（如 $R \times 1k$ 或 $R \times 100$ 挡），红、黑表笔分别

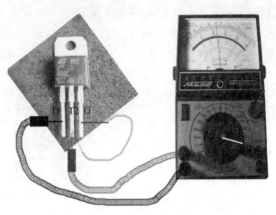

图 2-24　判别双向晶闸管的质量

接集成电路的接地脚，然后用另一表笔检测集成电路各引脚对应于接地引脚之间的正、反向电阻值（如图 2-25 所示），并将检测到的数据与正常值对照，若所测值与正常值相差不多则说明被测集成电路是好的，反之，说明集成电路性能不良或损坏。

（2）在路检测　在路检测就是使用万用表直接测量集成电路在印制电路板上各引脚的直流电阻、对地交直流电压是否正常来判断该集成电路是否损坏。常用的几种测量方法如下。

① 直流电阻检测法。采用万用表在路检测集成电路的直流电阻时应注意以下三点：

a. 测量前必须断开电源，以免测试时造成电表和组件损坏。

b. 使用的万用表电阻挡的内部电压不得大于 6V，选用 $R \times$ 100 或 $R \times 1k$ 挡。

c. 当测得某一引脚的直流电阻不正常时，应注意考虑外部因素，如被测机与集成电路相关的电位器滑动臂位置是否正常、相关的外围组件是否损坏等。

② 直流工作电压检测法。直流工作电压检测法是在通电情况下，用万用表直流电压挡检测集成电路各引脚对地直流电压值来判断集成电路是否正常的一种方法。检测时应注意以下三点：

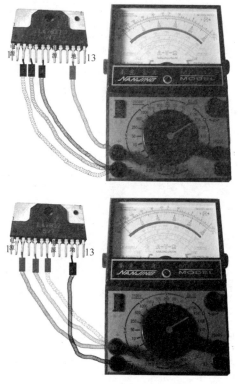

图 2-25　不在路检测集成电路

　　a. 测量时，应把各电位器旋到中间位置，如果是电视机，信号源要采用标准彩条信号发生器。

　　b. 对于多种工作方式的装置和动态接收装置，在不同工作方式下，集成电路各引脚电压是不同的，应加以区别。如电视机中的集成电路各引脚的电压会随信号的有无和大小发生变化，如果当有信号或无信号都无变化/变化异常，则说明该集成电路损坏。

　　c. 当测得某一引脚电压值出现异常时，应进一步检测外围组件，一般是外围组件发生漏电、短路、开路或变值。另外，还需检查与外围电路连接的可变电位器的滑动臂所处的位置，若所处的位置偏离，也会使集成电路的相关引脚电压发生变化。在检查以上均无异常时，则可判断集成电路已损坏。

③ 交流工作电压检测方法。采用带有 dB 插孔的万用表，将万用表拨至交流电压挡，正表笔（指针式为黑表笔，数字式为红表笔）插入 dB 插孔；若使用无 dB 插孔的万用表，可在正表笔中接一个电容（0.5μF 左右），对集成电路的交流工作电压进行检测。但由于不同的集成电路其频率和波形均不同，所以测得数据为近似值，只能作为掌握集成电路交流信号变化情况的参考。

（3）代换法　代换法是用已知完好（有的还要写入数据）的同型号、同规格集成电路来代换被测集成电路，利用此方法可以判断出该集成电路是否损坏。

9. 微处理器的检测

彩色电视机微处理器集成电路的关键测试点主要是电源（V_{CC}/V_{DD}）端、RESET 复位端、X_{IN} 晶振信号输入端、X_{OUT} 晶振信号输出端及其他线路输入、输出端。可在路进行检测，其方法是：将万用表置于电阻挡（如图 2-26 所示）或电压挡（如图 2-27 所示），红、黑表笔分别接集成电路的接地脚，然后用另一表笔检测上述关键点的对地电阻值和电压值，然后与正常值对照，即可判断出该集成电路是否正常。

※**知识链接**※　微处理集成电路的复位电压有低电平复位和高电平复位两种形式。低电平复位：即在开机瞬间为低电平，复位后维持高电平；高电平复位：即在开机瞬间为高电平，复位后维持低电平。

10. 光电耦合器的检测

彩色电视机中，光电耦合器主要应用在稳压控制电路和待机电路中。判断光电耦合器是否正常时，最好采用代换法进行检查。无论原机采用何种型号 4 脚封装的光电耦合器，通常可用 PC817 或 TLP621 来代换。

光电耦合器内部是由一个发光二极管和一个光敏晶体管构成

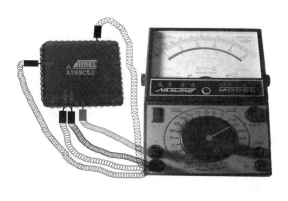

图 2-26　微处理器关键点电阻检测

图 2-27　微处理器关键点电压检测

的，在检测时，可使用万用表电阻挡，通过测试光敏三极管受光时阻值下降的现象来判断其功能，阻值下降得越多说明三极管输出能力越大。测试需要两块万用表，方法如图 2-28 所示：红外发光二极管的正向电流可由另一块万用表 b 的电阻挡输出电流提供（一般万用表 $R \times 10$ 挡可输出数毫安到几十毫安电流，足够发光二极管正常工作），测试中说明，脚 1 与脚 2 之间有二极管单向导电特性，脚 3 与脚 4 之间不通；脚 1、2 与万用表 a 接通后，脚 3、4 间可测到阻值，并开始导通。

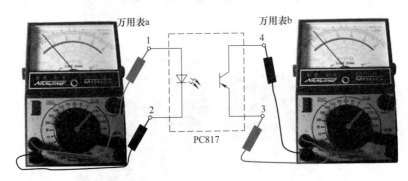

图 2-28　检测光电耦合器示意图

11. 变压器的检测

（1）变压器的检测

① 外观检查。首先观察变压器外形是否有明显异常现象，如：线圈引线是否断裂、脱焊；绝缘材料是否有烧焦痕迹，铁芯紧固螺杆是否松动；硅钢片有无锈蚀；绕组线圈是否外露等。

② 绝缘性测试。用万用表 $R \times 10k$ 挡分别测量铁芯与初级、铁芯与各次级、初级与各次级、静电屏蔽层与初次级、次级各绕组间的电阻值。正常时万用表指针均应指在无穷大位置不动，反之，说明变压器绝缘性能不良。

③ 绕组局部短路故障的检测。变压器绕组漆包线若绝缘性能不良，易发生局部短路故障。局部短路必会使得绕组的直流电阻值减少。可测量绕组的实际电阻值并与正常电阻值进行比较来判别是

否发生局部短路。

（2）行输出变压器的检测　彩色电视机行输出变压器长期工作在高电压、大电流、高频率的脉冲开关状态下，对其绝缘强度的性能要求特高。当绕组绝缘不良时，很容易造成击穿短路。行输出变压器一旦损坏，将导致整机不能正常工作，行扫描电流异常，开机烧熔丝，损坏开关电源稳压管、开关管及电源厚膜块等。以下介绍实际维修中的具体方法，供同行参考。

① 直观检测方法。

a. 观察行输出变压器的外观及附件是否完好齐全，有无烧焦、裂缝、针孔、气泡、发热现象，并查看壳体封装是否严密、磁芯是否规整，行输出变压器有无拉弧、打火、臭氧气味。有其中之一现象则可判断为行输出变压器损坏。

b. 检查接口处的气隙是否适中。可多看几个，并进行鉴别，如果气隙参差不齐，则说明该产品电气参数控制技术薄弱，工艺欠佳。

c. 检查粘接是否牢固，高压线外皮有无破损，高压帽是否富有弹性且气密性好。

d. 检查聚焦加速电位器接触是否可靠，左右旋转时手感是否良好，各绕组和脚的距离、位置是否与原机要求的一致。

② 电阻检测法。在不开机状态用万用表 $R \times 1k$ 挡在路测量行输出管集电极对地的正、反向阻值，一般情况下正向测试时电阻为 $4 \sim 6k\Omega$，反向测试时电阻为 $10 \sim 20k\Omega$ 左右，如果行输出管集电极对地电阻基本正常，说明与行输出变压器相关的易损元器件，如行输出管、阻尼二极管、行逆程电容、S校正电容等无明显的击穿短路性故障，故障出在行输出变压器本身。

③ 电压检测法。当行输出变压器的高压绕组局部短路后，绕组回路的电流增大。其结果必然使短路绕组的电动势与低压绕组相互感应并叠加，使逆程脉冲电压升高，整流后的直流电压也随之升高。

检测时，用万用表直流电压 250V 挡测量行输出管集电极电压，其应当接近供电电压值（一般为 110V 左右），如果行输出变压器有故障，行输出管集电极电压偏低，则大多是行输出变压器存在短路性故障，但也有极少数是行振荡频率偏移、行激励脉冲不对引起的。

④ 电流检测法。当行输出变压器内部出现匝间短路时，将出现交流短路现象，从而使行输出管电流增大。若使行输出级工作在直流状态，因不存在交流短路，行输出管电流必然减少，从而判断出存在匝间短路故障。具体的操作方法如下。

a. 测量行输出管集电极电流的大小（正常行输出管集电极电流多在 270~350mA 之间；37cm 彩色电视机略小一些，在 230mA 左右，51cm 或 56cm 彩色电视机稍大一些，在 340~420mA），以判断其工作正常与否。断开行偏转线圈（注意：此时应同时拔下显像管尾板，以防止过亮的亮度烧伤显像管荧光粉），测一次行输出管集电极电流（如图 2-29 所示，由于电流可能大于 500mA，可采用 5A 挡进行测量），此时电流值要小得多（一般为 95mA 左右）；如果电流值明显偏大，则多半是由于行输变压器有故障；如果电流基本保持不变，应视情况进一步查找原因。

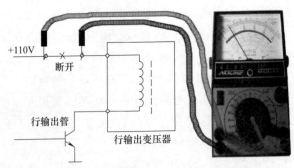

图 2-29　测行输出管集电极电流

b. 测行输出变压器的空载电流大小，断开行偏转线圈与彩色电视机主板的连线（或直接拔掉行偏转线圈的插头），用吸锡烙铁吸掉除行输出变压器初绕组的其他各引脚上的焊锡。目的是将这些引脚与彩色电视机主板脱开，只保留一次绕组。然后将置于直流电流挡的万用表串入行输出管集电极电路，开机加电，测量行输出管的集电极电流。正常时，此电流值应在 $40\sim65mA$。如果测得的空载电流值大于正常值较多，则说明行输出变压器有匝间短路性故障存在。

⑤ 短路检测法。用导线将行推动变压器的初级瞬间短路一下，如短路时主电源电压不上升，仍然为 50V 左右，则故障多半是行输出管异常所致，如短路时主电源电压上升至正常值，则可判定行输出变压器内部存在短路现象。

※**知识链接**※　注意只能瞬间短路行推动变压器的初级而不能短路次级。若将次级短路，虽然也能达到迫使行输出停振的目的，但这样操作的危害是加大了行推动级的负载电流，会烧毁行推动管或限流电阻。

⑥ 外接低压电源检测法。

a. 断开行输出变压器的 110V 的供电支路，将限流电阻从电路板上焊开一端即可。

b. 备好一只输出电压为 30V、输出电流大于 1A 的直流稳压电源，将其负极与彩色电视机主板地相接，正极接万用表的红表笔，万用表的黑表笔则直接接在行输出变压器的供电输入脚上，其余引脚保持与原机相接不变。万用表要选用直流电流挡，且挡位要大于 1A。

c. 断开彩色电视机主机电源，再开 30V 直流低压供电电源，观察万用表指针指示的电流值大小。正常情况下，电流应小于 100mA，如果实测值大于 100mA，则可确定行输出变压器的某些绕组有匝间短路故障。

⑦ 电感模拟检测法。大多数彩色电视机的主电路供电电压为 110V，其行输出变压器一次绕组在 100 匝左右，电感量均在 3～

5mH 之间。因此，可以自制一个电感线圈来替代行输出变压器一次绕组装入电路进行试验。

⑧ 电感测量检测法。直接将彩色电视机的行输出变压器从电路板上焊下，用电感表单独测量其一次绕组的电感量是否在正常范围内，一般彩色电视机行输出变压器的初级电感量一般在 3~5mH之间。

⑨ 温度检测法。开机几分钟后，关机检查行输出变压器的温度。正常时，行输出变压器工作温度不高，若用手摸行输出变压器感觉较热甚至烫手，可断定该行输出变压器内部短路损坏。

（3）电源变压器的检测　检测电视机电源变压器可通过观察变压器的外貌来检查其是否有明显的异常现象：如线圈引线是否断裂、脱焊，绝缘材料是否有烧焦痕迹，铁芯紧固螺杆是否有松动，硅钢片有无锈蚀，绕组线圈是否外露等。

还可以用万用表 $R \times 10k$ 挡分别测量铁芯与初级、初级与各次级、铁芯与各次级、静电屏蔽层与初次级、次级各绕组间的电阻值，万用表指针均应指在无穷大位置不动，否则，说明变压器绝缘性能不良。

检测判断电源变压器是否有短路性故障的简单方法是测量空载电流。存在短路故障的变压器，其空载电流值将远大于满载电流的10%。当变压器短路严重时，变压器在空载加电后几十秒钟之内便会迅速发热，用手触摸铁芯会有烫手的感觉。此时不用测量空载电流便可断定变压器存在短路点。

（4）脉冲变压器的检测

① 检测绕组的通断。将万用表置于电阻挡（具体量程挡位视情况而定），按照开关电源变压器的各绕组的引脚排列图，逐组进行通断检查，若发现该通的绕组不通，则大多是引脚断裂或接触不良造成的，可视情况进行适当修理。注意，测量线圈通断时，应将被测脉冲变压器从印刷板上取下进行测量。

② 检测绕组线圈有无短路。实践表明，对于脉冲变压器的短路故障，可用万用表电阻挡进行测量。测试时，应选择适当的电阻挡，使测得的电阻值在中值附近，根据绕组的匝数及使用的线径，查出漆包线每米的欧姆值，计算绕组的电阻值，再与测试的电阻值进行比较，就能判断出绕组是否有短路现象。但是，这只能算作粗略测试，有些脉冲变压器由于匝间绝缘层击穿或层间绝缘击穿，电阻值仍相差不多，因此就不可能测准。

以彩色电视机开关电源变压器为例，其检测方法如图 2-30 所示，用万用表分别测量各绕组之间、各绕组与磁芯之间的绝缘电阻值。由于开关电源变压器各绕组之间在正常时的电阻值很大，用普通万用表 $R \times 10\mathrm{k}$ 或 $R \times 100\mathrm{k}$ 挡测量应为无穷大。如果电阻值小或为零，则说明被测开关电源变压器绝缘性不好，有漏电或短路（击穿）故障。

图 2-30　用万用表检测彩色电视机开关电源变压器

③ 检测绕组线圈有无开路。对于脉冲变压器线圈的开路现象，可用万用表的电阻挡测量同一绕组的两端引脚，如果发现电阻值很大或时大时小，则说明被测线圈有断路或接触不良现象；如果电阻值很小，则说明被测线圈基本上是正常的。

④ 检测脉冲变压器的绝缘性能。用万用表电阻挡测量脉冲变压器的一二次侧绕组之间、一次侧绕组与铁芯之间、二次侧绕组与铁芯之间的绝缘电阻，从而判断所测变压器的绝缘性能是否良好。

例如：用万用表 $R \times 10\mathrm{k}$ 挡测量电源变压器的绝缘电阻应在

100MΩ 以上（测量时应注意外电路对电阻值的影响）；用万用表 $R \times 10k$ 挡测量行推动变压器的绝缘电阻应为无穷大，若阻值不为无穷大，万用表指针稍向右摆动，则说明被测行推动变压器绝缘性能不良或已经损坏。

⑤ 判别一、二次侧绕组。对于一、二次侧绕组不清的行推动变压器，可根据一次侧绕组电阻大，二次侧绕组电阻小的特点加以判别。具体方法如图 2-31 所示，将万用表置于 $R \times 1$ 挡，先用两表笔任意接行推动变压器某一侧的两引脚，测出一个电阻值，然后测出另一侧两引脚间的电阻值。对比两次测得的电阻值，其中阻值大的一个绕组为一次侧绕组，而阻值小的一个绕组为二次侧绕组。

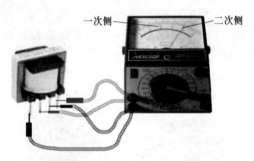

图 2-31 判别行推动变压器的一、二次侧绕组

12. 偏转线圈的检测

偏转线圈分行偏转线圈和场偏转线圈两种，它们同绕在一个磁环上。用万用表通常可以区分出行、场偏转线圈，一般情况下，场偏转线圈的电阻值要大于行偏转线圈，行偏转直流电阻在 1Ω 以下，而场偏转线圈直流为几欧姆（并联型）或几十欧姆（串联型）。若测量阻值大则说明是开路；若检测的为并联型偏转线圈，由于两组线圈相并联，在测试时如只有一级线圈开路，则无法测出开路的结果（但直流电阻会变大，如果不注意这一点会得到错误的检测结果）；若检测的为线圈匝间短路故障，直观检查线圈的匝间短路比较困难，通过测量直流电阻往往也很难发

现，这时可使用相同的偏转线圈进行测量比较就方便多了；若偏转线圈出现松动，则可以观察出来；若偏转线圈的角度不正常，则可以观察光栅来发现。

13. 晶振的检测

石英晶体是一种品质因数很高的晶体振荡器。当怀疑它性能异常时，可使用万用表来加以判断。方法是：用万用表 $R \times 10k$ 挡测量石英晶体的两端时，表针指示应为无穷大，若为零或阻值较小，则说明该石英晶体有可能已损坏；若检测的石英晶体存在开路的故障，则只能采用代换法检测。

14. 滤波器的检测

（1）陶瓷滤波器的检测　在彩色电视机电路中，陶瓷滤波器的功能是完成 6.5MHz 第二伴音中频陷波和 4.43MHz 陷波。判断陶瓷滤波器是否正常时，用万用表 $R \times 10k$ 挡测量陶瓷滤波器的三个引出端。若测量其电阻值均为无穷大，则说明该陶瓷滤波器性能正常；若不为无穷大，则说明有可能已损坏。但当陶瓷滤波器出现断路损坏的故障时，使用万用表则无法判断出来。

（2）声表面波滤波器的检测　声表面波滤波器在彩色电视机中可用于形成较特殊的中放特性曲线。判断声表面波滤波器是否正常时，用万用表 $R \times 10k$ 挡测量其输入端引脚①、②，输入端引脚③、④，以及引脚①、⑤和引脚①、③的极间电阻，其均应无穷大；若测得上述任意两引脚之间的电阻很小，则说明其内部电极已被击穿短路，应予以更换。

15. 延时线的检测

判断亮度延时线和色度延时线是否正常时，用万用表 $R \times 1$ 挡，测量延时线各引脚间的电阻。若测得亮度延时线输入与输出脚之间的电阻值为几十欧，则说明其正常；若测得色度延时线各引脚的电阻值为无穷大，则说明其正常。

16. 扬声器的检测

伴音通道正常情况下，将音量调到最大位置时，声音应洪亮，没有明显的失真，且扬声器中不应出现交流哼声。当彩色电视机出现无伴音时，在关机的情况下，将万用表置于 $R \times 1$ 欧姆挡，检测扬声器电阻。若碰触时扬声器发出"喀喀"声，且测得阻值为 8Ω，表明扬声器完好；若无声或声音很小，则表明扬声器损坏或性能不良。常见的有扬声器引线锈断造成无声。

※**知识链接**※　①检测扬声器所用万用表，应为 500 型之类电阻挡内阻较小、输出电流较大的万用表，其他型号的万用表（如数字万用表）用于此法检测未必都有效。②判断扬声器是否损坏最简单的方法是：用一节五号电池，把扬声器的两根线在电池两头碰触，若能发出响声，则说明扬声器正常。

（二）专用电子元器件的检测

1. 高频头的检测

高频头是彩色电视机中较昂贵的器件，当确认高频头有故障时，一般修复方法是将其换新。其实电子调谐高频头的故障有时仅是个别电容、电阻或晶体管失效引起的。实践表明，只要设法在原机上拆开高频头两边屏蔽盖，认真对照电路图进行分析检测判断，把损坏的元器件找出来，是完全可以修复的。

判断高频头是否损坏的方法主要有两种：

（1）检查高频头是否导通，打开接收机电源开关，观察监视器屏幕的噪声强度；接着关掉电源再断开接收机的输入电缆，然后再打开，观察监视器的噪声强度，如果前后比较变化小或相同，则说明高频头已损坏。

（2）在输入端的插头座芯线上测量输入电压是否正常，若正常，再在电缆内外导体和接收机壳间用导线短接，将万用表串接于电缆芯线和接收机输入插座芯线之间，开机测量电流是否正常。若电流与标准值不符，则说明高频头已损坏。

2. 显像管的检测

彩色电视机显像管故障通常为外部损伤或自然老化及管子慢

性漏气造成的"中毒"老化所致。外部损伤具体表现为管颈开裂、玻壳或管颈部位漏气、接触不良、管内打火及灯丝开路等，当出现上述故障时，通常需要更换显像管。可通过以下方法来进行判断。

（1）将万用表置于 $R \times 1$ 挡，将红、黑表笔分别接灯丝两引脚测其阻值，正常值应为 10Ω 左右，若测得阻值为零，则说明灯丝已断。

（2）给显像管通电时，观察管颈尾部的灯丝是否发亮，若灯丝不亮，则可进一步测灯丝两端的电压，如果电压正常，说明灯丝已损坏。

（3）当打开电视机后发现显像管尾部严重跳火，并伴随有紫光，同时出现"呼呼"的声音，表明显像管有严重漏气现象。

（4）若在开机后看到显像管管颈处有少量的蓝色或淡紫色的光出现，有时严重，有时缓慢，则表明显像管存在漏气而导致显像管的真空度不良。

（5）当发现显像管早衰时，就可能是显像管有慢性漏气的故障，致使阴极"中毒"，降低发射电子的能力，使图像清晰度下降，聚焦不良。

显像管自然老化或"中毒"老化具体表现为屏面图像变淡、聚焦变差、亮度变暗和偏色等。若为白平衡受到破坏（例如红色电子枪老化），则会出现偏青；若为绿色电子枪出现老化，则会发生偏紫；若为蓝色电子枪老化，则会出现偏黄。判断彩色电视机显像管是否老化时，应先拔掉显像管的管座，仅给灯丝加上 $6.3V$ 的额定电压，其余的电极均处于断路状态，预热几分钟后，将万用表置于 $R \times 1k$ 挡，黑表笔与管的调制栅极相接，红表笔分别与管的红、绿、蓝三个阴极相接进行阻值的测量。若测得阻值小于 $10k\Omega$（但要防止阴极和栅极短路而出现的低阻值），则为正常；若测量阻值大于 $100k\Omega$，则说明严重老化；若在 $10k\Omega$ 和 $100k\Omega$ 之间，则说明显像管老化但不严重。

※知识链接※ 由于显像管的管颈比较"娇气",因此维修检测时不要让它受到外力的冲击,以免造成漏气或断裂而造成显像管报废。另外,彩色电视机显像管的管颈有粗细之分,代换时应注意。

3. 显像管管座的检测

显像管管座用于连接显像管与电路板,彩色电视机显像管的管座会由于工作电压较高而出现氧化拉弧现象,因此要求其性能要比黑白显像管管座高。判断彩色电视机显像管插座是否存在异常,可使用两种方法进行测试加以判断。第一种方法是:测试各引脚与该脚对应的插孔的阻值,将万用表置于 $R \times 1$ 挡,找一根大头针或细铁丝插入要测试的插孔,然后一表笔与大头针相碰,另一表笔与对应地引出脚相碰,观察表头指示,正常阻值应为零,若测得阻值忽大忽小不稳定,则说明该脚存在锈蚀或接触不良,应处理后再上机使用;第二种方法是:测试各电极间的绝缘电阻,将万用表置于 $R \times 10k$ 挡,分别测试相邻两脚间的绝缘电阻,正常阻值应为无穷大,若测得阻值不是无穷大,则说明插座内部有锈蚀现象,或者有灰尘和毛刺,必须进行处理后才能使用,以免对电路产生新的故障;若测得某两脚间的电阻值较小或为零,则说明两脚内可能因严重锈蚀、灰尘或毛刺而造成短路,此种情况的危害更大,应考虑予以更换。

彩色电视机实际维修中,管座本身故障用万用表很难检查出来,往往是通电时才出现,不通电时管座本身正常,故用替代法是最有效的检查手段。显像管管座常见故障表现为氧化漏电,当出现下列故障现象时,便可怀疑是管座故障所引发的。

(1) 开机后较短的一段时间内工作正常,但几分钟后图像变得模糊不清,也有的是开机后出现的图像就模糊不清。这种故障现象是由管座聚焦极氧化漏电造成的。

(2) 开机后出现的光栅中常带有某一基色,不一会光栅便自动消失。这种故障现象是由管座内部各极的氧化漏电造成的。

（3）开机后很长时间才出现光栅。这种故障现象是管座加速极氧化所致。

※**知识链接**※ 由于显像管管座的型号较多，代用时应注意。在检测过程中拔下管座时注意安全，以免损坏显像管。

课堂三 拆机装机

一、前后壳的拆装

彩色电视机通常有个比较大的后盖和前框，用几颗螺钉固定在一起，因此在拆装的时候，要注意不能用蛮力打开或合上机壳。拆装步骤如下。

首先关掉电源开关，拔掉彩色电视机电源插头和天线，然后用十字螺丝刀卸下后盖与前框的四个角、上部、底部、左部、右部的固定螺钉，以及卸下后部输入、输出端子板上的所有固定螺钉，即可卸下机外壳，如图2-32所示。

螺钉

图2-32 前后壳的拆卸

安装彩色电视机的后盖时按拆卸相反的步骤进行。

拆装机壳应注意以下事项：

（1）在取下后盖之前，应检查清楚所有的固定螺钉是否都卸下来了。如果太紧，打不开，一定是还有螺钉或卡扣没有松开，要再仔细找找。

（2）在取出后盖时，要注意机壳后面的天线输入插座和荧屏、视屏输入插座和内部是否有牵连；还应注意，电源线、天线与电路板是连接在一起的；拉开机壳时，部分电视机电路板与机壳之间有电线相连，要注意不要拉坏，最好先拆下机壳上固定的电路板。

（3）拉开或合上机壳时要拿稳机壳，不要脱手掉下，否则容易砸到显像管管颈。

（4）为避免遗失，凡卸下的螺钉和其他东西切不可随意乱丢，均应放在一个固定的地方或用小纸盒暂存。

二、显像管的拆卸

首先将整机面朝下置于软垫上；移去后盖；再移去托架和机芯，拔下阳极帽；松开消磁线扎，取下消磁线圈；旋转套筒，取下组合螺钉和消磁线扎。如图 2-33 所示。

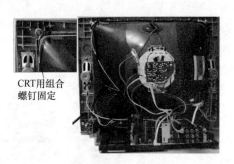

CRT用组合
螺钉固定

图 2-33　显像管的拆卸

三、显像管管座的拆装

显像管的管座受潮、老化会造成聚焦电压漏电，导致彩色电视机在开机后，图像模糊不清，但会有声音，要过一段时间慢慢地会好（大概 10～20min），这种现象特别是在阴雨潮湿的时候更为明显，要更换显像管插座才能解决问题。拆装管座所需要的工具有焊台（架）、吸锡枪、注射器针头、助焊剂、焊丝、镊子、小改锥等。操作步骤如下。

（1）首先，拔下视放板（印制电路板）上的接地端，以及上面的多个插件。然后，把管座的视放板从显像管上轻轻拔下来。

（2）接下来，用小改锥撬开聚焦极的盖子，并焊下聚焦连线，用电烙铁加热将引脚附近的焊锡熔化，再用注射器针头（大小根据引脚的粗细决定），插入电路板使引脚插入针头里，一直旋转，把烙铁拿开，就这样把每一个引脚都这样处理后，即可卸下损坏的管座。

（3）最后，换上新的同型号管座即可。

注意：

① 从显像管上拔下视放板时，要垂直用力，不要左右晃动，显像管的尾部很脆弱，很容易漏气。

② 分离焊盘时，注意不要让发热的电烙铁划伤、划断电路板。

四、彩色电视机显像管磁偏转线圈组件的拆装

彩色电视机显像管磁偏转线圈组件主要包括磁环组件和偏转线圈（如图 2-34 所示）。对它们的拆装与其他部件相比有些特殊，这是由于组装件与彩管的配合定位等都有比较严格的要求，否则将造成光栅失真和影响彩管的会聚和色纯，使图像质量严重下降。因此，在对磁环组件和偏转线圈进行拆装的过程中，应注意做好定位标记。下面简要介绍典型磁环组件和偏转线圈的拆装步骤。

（1）磁环组件的拆卸步骤　磁环组件拆卸步骤是：首先将紧固环上的螺钉拧松，再用双手抠住磁环骨架的前端，控制力度（采取缓加、缓减的用力方式），同时适当地左右转动，最后往管颈的后方用力取下即可。

※**知识链接**※　① 为了防止拆卸过程中发生意外（例如掉到地上），造成磁环错位，最好是用一块胶布把磁环组件加固一下。

② 若单是为了检修偏转线圈，往往不用拆卸下磁环组件，这样的话，由于对偏转线圈组件的分解和装配就必须得在彩管上进行，因此不方便也很困难。比较起来，一同将它们取下来，脱离彩管进行维修操作要好些。

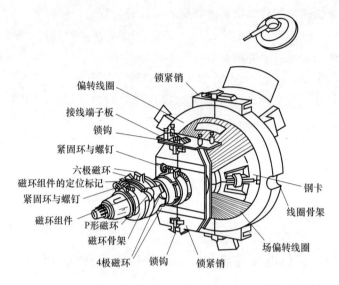

偏转线圈
锁紧销
接线端子板
锁钩
紧固环与螺钉
六极磁环
磁环组件的定位标记
紧固环与螺钉
磁环组件
P形磁环
磁环骨架
4极磁环
锁钩
锁紧销
钢卡
线圈骨架
场偏转线圈

图 2-34　彩色电视机显像管磁偏转线圈组件结构图

（2）偏转线圈的拆装步骤

① 从接线端子板上焊下偏转线圈组件到电路板上的行、场输出 4 根引线，并作好标记。

② 松开偏转线圈的固定螺钉。

③ 双手卡住偏转线圈骨架的前沿，采用与拆卸磁环组件的用力方式和动作姿势，缓缓地将其从管颈上取下来。

④ 偏转线圈的安装方法按与拆卸相反的步骤进行即可。

注意：

① 对于骨架上粘有小磁块的偏转线圈，在拆卸时，应对场偏转线圈中两个磁环在骨架上的位置做好标记。

② 在拆装过程中，为了防止金属工具损坏线圈上的漆包线，可用一根竹筷子自制成楔子形的竹签子。例如，若发现偏转线圈与两个楔子有粘连现象，则及时用竹签子在粘连处捅一捅，使其分离。

③ 装配行偏转线圈时，上下绕组不要互相越过骨架分界线及弄散线圈。

④ 拆装过程中弄掉的粘在偏转上的小磁块必须要复原，在某些部位还要贴上胶布。

⑤ 三个橡胶楔子的位置是由厂方通过专业调试确定的，它们对偏转线圈组件起支撑和定位的作用，并在上面用胶带加固。检修时，通常不宜拆动。若发现有松动，应用胶带在原处将其重新加固。

五、高压帽的拆装

在更换彩色电视机显像管或更换行输出变压器时，都需要拆装彩色电视机显像管的高压帽。拆装步骤如下。

（1）首先，为了保证人身安全，以及避免损坏元器件，在要拆下高压帽时，要先利用串有 $1M\Omega$ 左右电阻的连线将阳极高压帽对地进行放电，然后用导线进行短路放电。

（2）用刀片切开高压帽尾管（不要齐根剪断，这样可避免高压帽越换越短）。

（3）取出烧坏的高压帽和卡簧。若高压嘴及周围无石墨层部分的污垢不多，则可用酒精棉花清洗；若污垢较厚，则可用锋利刀片类工具刮除；若高压嘴有锈迹，应用细砂纸（320 号以上）把高压嘴周围打磨干净。然后将高压嘴里面的残留物彻底清除干净，并用电吹风加热将高压嘴及附近的水分除尽。

（4）把阳极引出线和高压嘴接好，同时还要将阳极引出线的专用橡皮保护帽套好，密封严紧，并压实即可。

※**知识链接**※　由于高压帽阳极能产生二万多伏高压，因此在拆卸高压帽前，应先对高压嘴进行放电；安装高压帽应保证密封严实，以使 X 射线的泄漏降到最低程度。

六、场偏转线圈的拆卸

（1）焊下接线端子板上的行、场线圈引线，并注意按绕组引线的头、尾和组别做好标记。

（2）将偏转线圈骨架上的 4 个锁钩往中间用力推，再顺势把端子板往上提，即可取下偏转线圈。

（3）把偏转线圈向上举起，从下面用烙铁对固定胶加热，待胶熔化，胶液流尽（可滴到一块玻璃板上，以备安装时用）。然后用工具铲断残留的胶丝，使场偏转线圈与骨架彻底分离。

（4）用螺丝刀（螺钉旋具）撬下两个磁芯钢卡，并轻轻撬动磁芯，即可将场偏转线圈分解成上下两半，如图 2-35 所示。

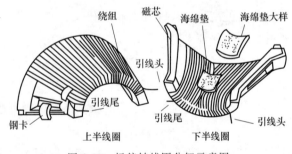

图 2-35　场偏转线圈分解示意图

注意：

① 用烙铁对固定胶加热时，必须从下面加热，若从上面加热，则胶液会流到偏转线圈里面的缝隙里，从而造成故障。

② 场偏转线圈的海绵垫具有绝缘、支撑、定位等作用，通常不要拆动它。

彩色电视机显像管的偏转线圈组件包括行场偏转线圈、色纯度调节及会聚调节磁环组件几个部分。

七、扬声器的拆卸

用螺丝刀将固定扬声器的螺钉拧下，如图 2-36 所示。

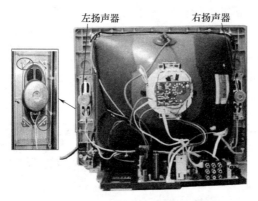

左扬声器　　　　右扬声器

图 2-36　扬声器的拆卸

八、机芯板的拆卸

向上拉动托架两侧上的弹簧扣，向后移动取出托架组件，如图 2-37 所示。

机芯板

弹簧扣

图 2-37　机芯的拆卸

九、操作显示板的拆装

操作显示板包括操作显示电路板和操作板按键。对其拆卸可按以下步骤进行。

（1）首先应拔下操作显示板与主板相连的信号线及电源接插件，然后将主电路板拉出，再卸下操作显示电路板的四颗固定螺钉，即可拆卸下操作显示板的电路板，如图 2-38 所示。

（2）卸下操作功能按键板以及电源开关按键的五处固定螺钉，即可拆卸下所有操作按键板。如图 2-39 所示。

图 2-38　拆卸操作显示电路板示意图　　　图 2-39　拆卸操作按键板示意图

（3）安装操作显示板按与拆卸相反的顺序进行即可。

Chapter 03

第三讲 ——➤
维修职业化课内训练

课堂一 维修方法

一、通用检修思路

（一）彩色电视机维修前的准备工作

（1）维修前最好能准备好被检修彩色电视机的图纸资料，即原理图及印刷线路板图等，了解电视机的电路工作原理、信号流程与变化情况，各部分电路供电情况和正常状态下各点的工作电压和波形，使维修有正确的依据。

（2）准备必要的测试仪器、工具及易损备用元件。如：万用表、彩条信号发生器、示波器等；电烙铁、尖嘴钳、斜口钳、大小长短不同的十字螺丝刀、一字螺丝刀、无感螺丝刀、镊子、焊锡丝和镜子等；常用的大功率三极管、各种小功率三极管、二极管、稳压管、电阻、电容，常用集成电路、行输出变压器、高频头、导线等。电视机维修前的工具齐全会给维修工作带来很大的方便。备用器件多，灵活运用代换法，为迅速排除故障创造条件。

（3）维修前向用户了解电视机损坏的经过，以及用户的接收条件（含天线位置、电网电压、周围电气设备等）及市电电网波动情况和故障出现前后的征兆等，这有助于对故障的判断。

（4）在打开电视机后盖及拆卸机器的某一部件时，必须弄清它的装配结构，必要时要做记录，不要盲目拆卸，造成损坏。

（5）准备好必要的维修工具及仪器、仪表，如万用表等。有条件时则可准备彩色电视机图像信号发生器及扫频仪和示波器。

（二）彩色电视机检修的基本原则

1. 先调查后熟悉

当用户送来一台故障机时，首先要询问产生故障的前后经过以及故障现象。并根据用户提供的情况和线索，再认真地对电路进行分析研究，从而弄通其电路原理和元器件的作用。

2. 先机外后机内

对于故障机，应先检查机外部件，特别是机外的一些开关、旋钮位置是否得当，外部的引线、插座有无断路、短路现象等。当确认机外部件正常时，再打开机器进行检查。

3. 先机械后电气

着手检修故障机时，应先分清故障是机械原因引起的，还是由电气毛病造成的。确定各部位转动机构无故障后，再进行电气方面的检查。

4. 先静态后动态

所谓静态检查，就是在机器未通电之前进行的检查。当确认静态检查无误时，再通电进行动态检查。如果在检查过程中，发现冒烟、闪烁等异常情况，应立即关机，并重新进行静态检查，从而避免损坏。

5. 先清洁后检修

检查机器内部时，应着重看看机内是否清洁，如果发现机内各组件、引线、走线之间有尘土、污垢等异物，应先加以清除，再进行检修。实践表明，许多故障都是由脏污引起的，一经清洁故障往往会自动消失。

6. 先电源后机器

电源是机器的心脏，如果电源不正常，就不可能保证其他部分的正常工作，也就无从检查别的故障。根据经验，电源部分的故障率在整机中占的比例最高，许多故障往往就是由电源引起的，所以先检修电源常能收到事半功倍的效果。

7. 先通病后特殊

根据机器的共同特点，先排除带有普遍性和规律性的常见故障，然后去检查特殊的电路，以便逐步缩小故障范围。

8. 先外围后内部

在检查集成电路时，应先检查其外围电路，在确认外围电路正常后，再考虑更换集成电路。如果确定是集成电路内部问题，也应先考虑能否通过外围电路进行修复。从维修实践可知，集成电路外围电路的故障率远高于其内部电路。

9. 先直流后交流

这里的直流和交流是指电路各级的直流回路和交流回路。这两个回路是相辅相成的，只有在直流回路正常的前提下，交流回路才能正常工作。所以在检修时，必须先检查各级直流回路，然后检查交流回路。

10. 先检查故障后进行调试

对于调试与故障并存的机器，应先排除电路故障，然后进行调试。因为调试必须在电路正常的前提下才能进行。当然有些故障是由调试不当而造成的，这时只需直接调试即可恢复正常。

> ※**知识链接**※　因彩色电视机的电路相当复杂，若分析判断失误，就要走很大的弯路，还很有可能将故障现象扩大。因此，在检修过程中切忌抱有侥幸心理，心浮气躁，盲目乱拆乱焊。

二、通用检修方法

（一）检修的方法

彩色电视机维修人员除应掌握电视技术方面的理论知识和所维修彩色电视机的工作原理外，还必须掌握彩色电视机维修的基本方法。

1. 直观检查法

直观检查法就是不通过仪器而直接用眼睛看、耳朵听、鼻子闻来判断故障部位或故障元器件，是一种以人为主，建立在电视原理基础上的彩色电视机故障判定方法。直观检查法包括看、触、嗅、听四种故障判定方式："看"，解决的是人眼所能及的直观故障，例如无光栅、无伴音、指示灯不亮、无彩色、无字符、无图像等；"触"，指通过手与元器件的接触感觉，对故障进行判定，通常用于电路中有元器件冒烟或过流损坏的故障判定；"听"，指通过聆听机内发出的异常声响，来进行故障判定；"嗅"，指通过机内出现的异味进行故障判定，例如行输出变压器击穿、电阻烧毁、高压帽打火等明显的异味。

直观检查法包括外观观察、机芯电路元器件观察及通电后对故障现象的观察三种形式。

（1）外观观察 外观观察主要观察显像管和机壳外部，通过外观观察，可对显像管和机壳外部损伤程度做出明确判定。外观观察还可发现缺件、断线、插头松动、熔丝管烧毁及机器维修、保养的状况等。

（2）机芯电路元器件观察 观察电路元器件时，主要检查电路中有无元器件存在明显损坏现象，通过对元器件的观察，可以直观迅速地判定故障部位。例如：观察电阻的表面是否有发黑、发黄或变色痕迹，若有，则可判定该电阻已损坏；观察电容顶部是否出现鼓包、开裂，表面是否发黑，引脚是否会有电解液的白色或绿色痕迹，若有，则可判定该电容存在漏电的故障；观察厚膜电路表面是否出现裂痕等现象，若出现，则可判定其已损坏；观察大功率元器件引脚是否存在脱焊等，从而找出导致热稳定性差的原因。

（3）通电后对故障现象的观察 通电观察针对的是人眼所能看见和人耳所能听见的故障。通过观察故障现象对于许多故障部位的判定可起到事半功倍的效果。例如在检修无光栅故障时，首先应查看电源指示灯的发光情况，若电源指示灯不发光，则说明故障多在电源电路或其负载电路；若电源指示灯闪烁发光或发光暗，则大部分是电源或其负载异常所致；若红色电源指示灯发光，则说明彩色电视机市电输入和 5V 供电电路基本正常；若绿色电源指示灯发光，则说明故障主要在扫描电路、视频放大电路、显像管电路。又例如若观察到荧光屏四周有色斑，则可判定主要是晶体管消磁电路或晶体管异常；若观察到水平一条亮线，则说明场扫描电路或其供电异常。而偏色故障，无论缺色或补色，都应该对视频放大电路或晶体管电路进行检查。当出现无操作菜单时，则主要是菜单字符显示电路异常所致。

而在通电后，通过听机内有无异常声音，也可快速判断许多常见故障的原因及部位。例如：若听到机内发现"唧唧"声，则说明故障有可能出现在开关电源的负载或开关电源自馈电电路（部分彩色电视机还包括主开关电源的稳压控制电路）；若在开机瞬间听到有"唧"或"吱"的一声，随后消失，则可判定大部分是由于负载过流或主电源的稳压控制电路异常，导致主电源进入过流或过压保护状态；若听到发现"兹兹"声，同时画面上出现干扰，则有可能是行频脉冲触发电路异常，没有行频触发信号送到主电源，导致该电源工作在低频自由振荡状态，或是开关电源的调频调宽电路异常，导致开关电源内阻大两种情况造成的；若听到连续的"嗒嗒"声，则说明主要是负载异常，引起微处理器进入软件保护功能所致；若听到机内发出"叭、叭"的打火声，则可判定是行输出变压器对接地部件打火、显像管的高压嘴打火、显像管内部极间打火或行偏转线圈对地打火几种情况所致。

2. 电压测量法

电压测量法是利用万用表对怀疑点进行电压的大小和正常数据的测量，根据比较结果确定故障点。采用电压测量法时需要注意：一是测主电源和其他电路的电压时，必须选择正确的接地，应将负表笔夹在底板（公共地）上，正表笔测量各点电压；二是采用指针型万用表测电压前，需选择好挡位，以免损坏万用表，测量用的万用表应选高内阻的（20kΩ以上），以免测量时，万用表内阻改变电路的工作状态，引起测量误差；三是测电压时不要引起短路。

当无法判断电路工作是否正常时，测量点应选可疑电路的关键点电压，每测一个电压就使故障范围缩小一点，最后抓住故障点。电压测量法除用来测量直流工作点外，还可测量交流电压。电视机的图像信号、伴音信号、行、场扫描的振荡波形，虽然是非正弦信号，但都可用万用表的交流电压挡估测其电压值，以判断信号波形的有无。

※知识链接※ 采用电压测量法对彩色电视机故障进行维修时，对信号处理电路的故障判定，要注意静态（无信号）和动态（接收信号）两种不同的情况。

3. 电阻测量法

电路中的许多元器件都可以用测电阻的方法来判断它们的好坏，如集成电路、三极管、二极管、电容器、电阻、电感线圈、变压器等。电阻测量法分在路电阻测量和断开电阻测量两种方式。与电压测量法一样，采用电阻测量法对故障进行维修时，也应当以正常状态下的标称电阻作为参考电阻。在测量三极管、二极管时，可直接测其 PN 结的正、反向电阻的阻值，或发现 b-e、b-c 结阻值相差得太多，或 c-e 结阻值过小，多为被测三极管损坏。对于快速二极管其正向阻值要小于普通二极管的阻值，为了防止受其他相关电阻、电容的影响，应采用 $R \times 1$ 挡进行测量。

※知识链接※ 必须注意的是，在路测量电阻必须在断电后进行，特别是当被测元器件两端有存电的电容，需对该电容放电后再测电阻，以免损坏万用表或危害人身安全。

4. 电流测量法

电流测量法就是通过检查被测电路电流的大小来判断故障部位

所在的方法。彩色电视机维修中，它主要用来测量晶体管、集成电路、部分电路及整机工作电流。该方法用来判断行输出电路是否存在过流现象比较实用。行输出工作电流较大，通常在 $250\sim500\mathrm{mA}$ 之间，电流大小与显像管尺寸、亮度、对比度大小和冷态/热态有关，测量时通常采用 1A 电流挡。若没有大电流挡的万用表，可采用间接测量法，即在行输出供电回路中串联取样电阻，测出电阻两端的压降，再换算出电流大小。

※知识链接※　测量电流时，应注意万用表电流的量程，以防烧毁万用表。

5. 波形测量法

波形测量法就是利用示波器，对电视机相关电路的脉冲信号进行测量。波形测量法适合电路结构较复杂的彩色电视机故障维修。利用波形测量法对电视机进行故障判定，能提高故障判定的准确性。

6. 代换法

代换法就是用同规格正品元器件对所怀疑的元器件进行替换。由于代换法维修对故障部分仅是怀疑而已，并没有完全锁定故障在所替换的元器件上，因此代换法换下的元器件并不一定存在故障，彩色电视机维修中，代换法只在故障存在不确定性的情况下使用。例如：对电容性能不良进行判断；对一些不易判断的芯片进行判断；由于末级视频放大器 R、G、B 3 个通道是完全相同的，因此在怀疑一个通道的元器件异常时，可采用另两个通道的元器件进行代换检查等。

※知识链接※　在对芯片采用代换法时，应使用芯片插座，以免损坏芯片引脚或线路板。

7. 温度法

温度法就是通过监测一些元器件的温度是否过高来判断电路是否正常工作的方法。彩色电视机维修中，该方法主要用于晶体管过载、穿透电流过大、电解电容漏电或介质损耗增大、集成电路内部元件损坏、变压器绕组局部短路、漏电、负载过量等情况的检测。通电后，若短时间内开关管或行输出管出现温度过高的现象，则说明电源电路或行输出电路存在功耗大或者过流现象。另外，温度法也可广泛应用在判断场输出、视放末级等电路异常造成的故障。

※知识链接※　在采用温度法进行检测时，应注意安全，特别是在触摸高压元件时，应在断开电源时进行，以免发生触电危险。

8. 干扰法

干扰法就是将万用表或其他器件产生的杂波信号输入到被检测的电路，通过荧光屏的反映情况，直观、快捷地判断故障部位所在的方法。实际维修中，经常采用该方法来检修水平一条亮线和偏色等故障。检测时，若为指针式万用表，则将万用表置于 $R \times 10$ 或 $R \times 100$ 挡，红表笔接地，用黑表笔点击需要输入干扰信号的地方；若为数字万用表，则应将万用表置于"二极管"挡，黑表笔接地，用红表笔点击需要输入干扰信号的部位。

※知识链接※　采用干扰法检修的过程中，在使用万用表时，红表笔点击需要输入干扰信号的部位时，点击的速度要快，以免损坏万用表。

9. 注入信号法

在检测图像、伴音信号放大电路故障时，可使用注入信号法。注入的信号可以由电视信号发生器产生，如高频图像信号、中频图像信号、视频信号、伴音信号等，可分别用来检查公共通道、图像中放、色度解码电路及亮度通道、伴音通道等电路的工作是否正常。

10. 调试法

调试法指通过调试恢复电视机原有工作状态，也可用于对故障范围进行确定。调试法通常用于光栅白平衡和会聚调试。

11. 开、短路法

电路中某些元件或单元电路，属于辅助电路或开、短路后，不影响电路的工作状态和造成其他元件损坏。

（1）短路法　短路法就是将某些关键点人为短接，通过观察其反应，从而确立故障范围的一种方法。如：电视无蓝色，先用起子在蓝阴极对地短路，仍无蓝色可判为管座和彩管损坏；蓝回扫线不明显很微弱则是彩管老化；有明显的蓝回扫线出现则是蓝激励电路问题。拔掉尾板插排线，调高加速极，回扫线呈白色，则是驱动块部分的问题，反之是尾板蓝视放的问题。接着对地短路基极若无蓝回扫就判为是视放管基极到彩管阴极的故障。

（2）开路法　开路法就是将某些接口或电路中某个关键点断开，通过观察断开后彩色电视机的反应，从而确定故障范围或故障点的一种方法。如：电源中遇到保护故障，可断开保护检测电路与保护执行电路的连接，进行故障判断；检查是否因按键短路或严重漏电导致控制失效，此时可将按键与 CPU 的接口电路断开，然后试机就能确定。

（二）检修的基本程序

一个合格的电器维修工作者，在进行维修之前，首先要向用户做调查，还要亲自观察故障现象，然后根据故障现象判断故障的大致部位，并对该部位用仪表进行测量和观察，最后找出故障点，排除故障。掌握正确的检修程序会使检修工作起到事半功倍的效率。检修彩色电视机的基本程序如下。

1. 询问用户，了解情况

主要是向用户询问电视机发生故障前后的基本情况。包括：用户电视机维修情况；电视机出故障前后的市电变化情况；故障现象、故障发生过程、故障出现时间等。通过对上述情况的调查，可基本上掌握电视机的故障情况，从而确定重点观察部位，为进一步判断故障提供依据。

2. 实际观察

在对控制按钮调试的同时观察包括光栅、图像、试听伴音等，在观察过程中，如果发现图像或伴音出现某种故障时，要利用电视机外部旋钮，边调节边观察，看故障变化情况，以帮助分析，判断故障真伪，缩小检修范围。例如：行、场均不同步，可通过调整行频、场频电位器，确定故障在同步分离部分还是在 AFC 部分或在积分电路；又如场幅窄、线性不好、声音失真等故障，均可使用调节旋钮来帮助分析，判断故障所在。如果发现某一故障的产生部位有几个可能时，还应进一步检查，以便缩小故障范围。

3. 结合故障现象，确定故障范围

电视机中某个元器件或某个部分电路出故障，最终会通过故障现象表现出来。通过将故障现象与电路联系起来，分析、判断故障可能发生的部位。利用逆向推理方法，完全可以依据电路原理，结合故障现象，对故障范围进行确定。彩色电视机实际维修中，一种故障现象可能由几种原因引起。例如，造成行幅度不足的原因有：支流供电电压过低；行输出锯齿波电流幅度不够；调宽线圈电感量太大或行频过高等。因此，要准确地确定故障所在部位，应采用多种检修手段，采用不同的维修方法对故障点进行进一步的确定。

4. 维修换件，排除故障

经过观察、通电调试、分析、检修等基本检修程序确定故障点后，接下来即对故障部位进行修复，更换损坏的元器件，以排除故障，恢复功能。在修复、调整、更换损坏的元器件的过程中，应按要求和规范操作。例如：不能随意用大容量熔丝代替原熔丝或熔丝电阻；熔丝熔断，应查明原因，才能通电；未找到故障点之前，不能随意调整机内可调元件（特别是中放电路中的中周）；更换电解电容和晶体管时，应当注意引脚极性；更换大功率管和稳压器时，原设计有散热片、绝缘片的，应重新安装好；拆卸视放板时，应特别小心，严禁大角度左右上下摆动，应尽量向后平拉，避免显像管抽气嘴损坏；更换元件或焊接电路应在断电情况下进行等。

三、专用检修方法

（一）显像管检修的基本方法

（1）电压法　电压法是从显像管的外部检测其各引脚电压值的一种常用的方法，将所测得的显像管各极电压值，与电路原理图所标出的额定电压值比较分析，从而判断显像管是否存在故障或已损坏。

具体测试方法是：一是在路测量，即在显像管的在路工作状态下测量主要电压值；二是开路测量，即将显像管座拔下，测其管座上各脚空载电压值，再与在路测量值进行分析比较，从而判断显像管的故障部位及故障性质。

如在路测量显像管的聚焦极电压只为几十伏或高达万伏，但拔下显像管座测量都恢复正常，说明显像管内部聚焦极与其他极存在碰极或漏电现象。利用电压法测量显像管时，通常测量灯丝电压、阴极电压、加速极电压、聚焦极电压和阳极高压等几个关键电压值。

（2）电阻法　电阻法也是测量显像管的一种常用方法。主要用来测量显像管电极是否漏电或碰极，测量行、场偏转线圈是否开路或短路以及显像管的阴-栅电阻是否正常。

（3）电流法　电流法主要用来测量显像管的灯丝电流和阳极电流。若测得显像管的灯丝电流明显低于额定值，说明显像管已明显衰老，若测得灯丝电流为零，则说明灯丝已开路。

用电流法测量显像管的阳极电流相对复杂一些。其具体方法是：确保显像管的各极电压正常，将显像管的亮度调至最大状态，并输入一静止稳定信号，用万用表的电流（μA 或 2.5mA）挡进行测量，红表笔接显像管行输出高压帽内的电极，黑表笔接显像管后侧高压嘴内电极，加电开机，记下电流表的读数。一般情况下，黑白显像管的阳极电流正常值应为 $100\mu A$ 以下，彩色电视机显像管阳极正常电流值应为 $280\sim550\mu A$，若与正常值相差 5% 左右，则说明显像管存在衰老现象；若测得的电阻值为零，则说明阳极已开路。

（4）电击法　电击法是修复显像管碰极、开路故障的常用方法。修复显像管磁极故障时，由于这些碰接点必然存在一定碰接电阻，当高压冲击电流流过这些碰接电阻点时，势必产生高温，使碰接点的金属残渣、毛刺发生气化或熔化，从而消除碰极点。

修复开路性故障时，也是采用高压电击法，由于开路点一般距离较近，高压以打火形式在两开路点间形成电弧，电弧产生高温，使开路点两端的金属熔化变软而搭连到一起，使开路点重新接通。

（5）倒装法　对于热碰极故障的显像管可采用此法进行修复。其具体方法是：显像管加电一段时间后，将其取下倒置 $180°$ 后再安装固定到机壳上，使因热膨胀而位移的电极下垂方向发生改变，恢复显像管正常工作。

（6）激活老炼法　激活老炼法是通过外部临时电路，将显像管阴极加热，使显像管阴极表面氧化层剥离脱落，从而提高显像管阴极发射能力的一种方法。

（7）拍击振动法　该法是消除显像管电极间存在颗粒状导电残渣碎屑而造成电极间短接的一种方法。具体方法是：将显像管荧光屏朝下放置，用手或橡皮锤轻轻拍打显像管颈部和锥体部，让残渣碎屑因振动而脱落至荧光屏前缘处，从而排除显像管电极间的短路故障。

（8）借用对比法　借用对比法是利用故障机与正常机进行对比，验证显像管是否损坏或损坏部位的一种方法。各取一只正常显像管与故障显像管，将故障显像管的管座及高压引线拔下，临时插装到正常显像管上，通电试机进行观察，从而判断故障部位。

（9）重新调校法　重新调校主要是调节显像管加速极、聚焦极电压不正常，白平衡异常等引起的光栅变暗、清晰度下降、白平衡不良等故障。通过重新调校，使显像管工作于最佳状态。

（10）肉眼观察法　该法是最为直接的一种方法，通常观察以下几个方面。

一是观察显像管的灯丝是否点亮及亮度是否正常（彩色电视机显像管有三组灯丝）。

二是观察显像管管颈内电极是否呈黑色或灰白色。

三是观察管颈内是否涨漫一层雾。

四是观察显像管尾颈部是否有紫色闪光或白色烟雾。

五是观察显像管尾部是否有裂纹，高压嘴内是否有氧化锈蚀，石墨层是否接地良好。

（二）直观法判别显像管是否衰老

电视机正常使用多年后其显像管会自然老化，现介绍几种判别显像管的直观方法。

（1）首先接通电视机的电源，将其对比度旋钮开至最大，而将亮度旋钮开至最小，然后慢慢调大亮度，当亮度慢慢增加到一定程度时，若发现屏幕图像发生黑白颠倒，即原来的白色变成了黑色，而原来的黑色却变成了白色，而且亮度已开到最大程度时屏幕光栅或图像仍然较暗，则说明该电视机的显像管已基本老化，应进行复活或换新。

（2）若开机后，光栅较长时间才出现，光栅较暗，调大亮度后出现散焦，图像模糊，对比度淡薄，有时出现负像；而且随着使用时间的延长，每次开机光栅的出现愈来愈严重。检查相关电路均无故障，测显像管各极工作电压均正常时，可判定该显像管已经衰老。

（3）对于彩色电视机显像管，除出现上述的现象外，还会出现色纯不良，彩色电视机不鲜艳及串色等现象。一般当显像管中一个阴极或两个阴极衰老时，背景底色会偏向于另外两种基色的合成色（如红枪衰老，背景底色偏青；蓝枪衰老，背景底色偏黄；绿枪衰老，背景底色偏紫；红、蓝枪衰老，背景底色偏绿等）。

（三）电视机显像管的代换方法

彩色电视机显像管损坏后，若不能修复就要进行代换。

（1）场地与工具的准备：在彩色电视机显像管代换前要选择容

易进行操作和能够进行可靠保护的场所，准备好各种器材和必要的工具，特别是拆卸专用螺丝刀和专用件的工具一定要准备好。

（2）代换新管的准备：首先应按照上述介绍的显像管代换条件来选择代换的新管，最好选择相同型号的彩色电视机显像管对原显像管进行替换安装，特别是带高清电路（如图3-1所示）的彩色电视机必须采用高清显像管替换。因新旧管子型号相同、参数相同，所以一般不需要改动原机电路。当然不同厂家、不同参数的彩色电视机显像管也可以代换使用，但更换时比较麻烦，有许多因素需要考虑。如各极电压、偏转角度、偏转线圈、引脚的位置、外形尺寸以及各电压下的电流值等。有时电视机电路还必须根据显像管参数的情况作较大的变动或是调整。就是选用同型号的管子时，也要注意核对各引脚和有关的参数。特别是聚焦极电压必须满足新管的要求，反之，会造成严重的散焦，影响清晰度。

高清板

图 3-1　带高清电路的彩色电视机主板

（3）拆卸旧管的准备：通常三枪三束彩色电视机显像管大都采用蓝电子枪在上面的方向进行安装，也有的电视机采用蓝枪在下的安装方法，至于单枪三束和自会聚彩色电视机显像管大都采用红枪在右面对荧光屏的安装方法，当然也不排除个别机型在左边的安装方法。拆卸显像管时最好事先做好记录。

更换彩色电视机显像管时，其具体操作步骤如下。

（1）拆卸显像管时，将电视机的显像管管面向下放置，管面和工作台之间垫上软垫，防止损伤和碰坏显像管管体，在电视机外壳和桌面之间的四个角或两边垫上适当物品，防止拆松紧固螺钉时，电视机外壳脱落或碰坏显像管或其他元器件。另外，还要记录好管颈上附件和电视机底盘之间的连线位置。

（2）取下显像管与电路板之间的所有连接插件。包括显像管管座、会聚板插头、第二阳极高压帽、偏转线圈插头、自动消磁线圈插头、磁屏蔽罩和显像管锥体石墨层接地线插头以及其他需要拆下的各种接插件。如果连接线不是插接头，而是采用焊接线，就要逐一将连接焊线焊下，并做好标记和记录，以备安装新管时使用。另外，要特别注意在取下第三阳极高压帽时，一定要先用一个 $20\Omega/2W$ 左右的电阻将高压嘴对地彻底放电。

（3）取下显像管周围妨碍操作的各种元器件和支架组件，包括机器底盘、高频头电子选频器、会聚板等以及这些部件的安装支架。

（4）取下显像管管颈上的有关元器件，包括偏转线圈、会聚线圈、会聚电路板、会聚磁环插板、色强磁环等（如图3-2所示），取出元器件要从管座方向一个一个地拆下来并按顺序放置。若新显像管配有相同的偏转线圈则就不需要拆卸

图 3-2　取下显像管管颈
上的有关元器件

这类附件。

（5）取下锥体上的自动消磁线圈及磁屏蔽罩。

（6）松开显像管的紧固螺钉，用双手托住屏幕对角耳环处小心地将显像管从机壳中取出，将显像管放置在垫以软物的桌面上，并且管面要向下放置，不要横放。

（7）对新显像管进行外观检查，看有无裂纹，有无划伤，显像管的荧光面上有无损坏和斑痕、气泡等。确定完好无损后，按与拆卸时相反的顺序和步骤进行安装，注意安装时管面不要沾染尘埃，紧固螺钉时要用力均匀，不要用力过猛，防止碰损显像管。

（8）新管安装后，要首先全面检查引线接法、电路改动、灯丝引脚等是否正确，高压帽是否装好，接插件是否插上。

（9）检查确认无误，加电试验，如屏幕上的场幅度、场线性不正常，可适当调整相应的电位器予以校正；如光栅有散焦，可通过调整聚焦电位器，使图像最清晰；如色纯、会聚、白平衡不良，应对其进行调整。

【维修笔记】（1）拆卸旧彩管之前，应将显像管内存储的高压放掉（由于石墨层的电容作用，显像管上的高压会保留很长的时间），其方法是：将电视机关掉，万用表置 1k 电阻挡将一支万用表表笔一端接彩管外面的接地线，另一支表管（采用长表笔）一端从高压帽下面慢慢伸向高压嘴，能听到"叭"的一下打火声，稍停后再这样放电一二次，确认高压已放掉再进行下一步。

（2）更换时要将高压放尽，才能拆去彩管，反之，受到高压电击，会造成很大的损失。

（3）安装新显像管时，要小心，不要划伤屏面；不能用手搿或直接提显像管管颈；不要调动色纯磁环等附件的位置。

（四）更换彩色电视机显像管的注意事项

更换显像管时应注意以下几点：

（1）用型号不同的管子代换，首先要根据原机所用管子的型号，弄清其详细参数。若无法查到原资料，也可对原机灯丝电压、阳极高压、各栅极电压等进行实测，了解原管的会聚方式，测出偏转线圈的电感和电阻。弄清全部数据之后，与代换管的参数进行对比。然后具体考虑应变动的电路及元器件，以保证代换管的正常工作状态。

（2）在代换中尽管其他方面有相同或较多相似之处，但显像管的应用制式不同，往往会由此而产生莫尔效应，直接影响图像质量，所以对于不同制式的显像管并非都具备互换性。

（3）各国生产的彩色电视机显像管型号甚多，规格各不相同，只要是代换管与原管型号稍有差别，就不能简单地直接进行代换，必须对整机或某些元器件进行必要的改动，以满足代换管工作参数的要求。

图 3-3　显像管玻璃壳锥体部位内外壁均涂有石墨导电层

（4）由于显像管玻璃壳锥体部位内外壁均涂有石墨导电层（如图 3-3 所示），它相当于一个电容器，电视机工作时，此电容已被高压充电。在拆卸显像管的高压帽时，应将电视机关掉，使高压放尽，以防电击。

（5）在更换显像管时要特别注意代换管的规定电压范围，当一致时可以直接代换，当电路工作动态范围不能满足显像管要求时，可对电源电压进行小范围的适当调整（一般变化的最大调整量不超过电源电压的 8%），但是调整后不能影响电路各个环节的安全保护设定状态与安全工作条件，应满足机芯电路和显像管规定的典型技术条件，不能影响整机的合格技术指标。

（6）换用的新显像管各极工作电压应使用额定值，不应使用极限值或超过极限值。特别是灯丝电压必须按额定值工作，反之，会缩短显像管寿命，甚至损坏显像管。

（7）换用显像管时，引脚不能搞错，反之，会因所加电压不对致使显像管损坏。

(8) 调制极（也称栅极或门极）不能施加对阴极为正的电压。

(9) 第二阳极高压的高低直接影响偏转灵敏度及光栅幅度和亮度，其高压愈高，偏转灵敏度愈低，此时光栅变窄，亮度提高。高压太高时，会造成跳火及引起元器件损坏。

(10) 调整显像管亮度时，光栅亮度不宜开得太大，尤其是不要停留在一条亮线或一个亮点上，反之，会使荧光粉烧坏，形成暗斑。

(11) 在实际操作中，注意搬动彩色电视机显像管时，应双手托住屏幕对角处，轻拿、轻放，屏幕朝下搁置在软垫上。由于管颈玻璃较薄，彩色电视机显像管较重，切忌用单手握着管颈搬动，以免管颈断裂。引脚中间排气处要防止碰撞，以免排气管破裂而漏气。

（五）显像管管颈粗细不同代换的注意事项

现今我国电视机中使用的显像管，按管颈粗细一般有 $\phi 20\text{mm}$、$\phi 22.5\text{mm}$、$\phi 28.6\text{mm}$、$\phi 29.1\text{mm}$、$\phi 36.5\text{mm}$ 等多种不同规格。除 $\phi 36.5\text{mm}$ 以上管颈外，其他多为常用管型。当更换粗细不同的显像管管颈时，应注意以下几个方面。

(1) 由于管颈粗细不同，所需的偏转功率也不同，且和偏转角度大小有关。细管颈所需偏转功率一般小于粗管颈。如果管颈的尺寸已经确定，当其偏转角由 $70° \sim 90° \sim 110°$ 递增时，则其偏转功率的变化规律为 $1:1.65:2.5$。

(2) 粗管颈所需偏转线圈的电感量比细管颈小，但需要的行电流较大。另外，细管颈彩管的帧偏转线圈多为并联使用。

(3) 当粗管颈换用细管颈时，注意管板一定要更换，偏转线圈要配套使用，消磁线圈要作相应改动，另外还要换用与之相适应的行回扫变压器，改变供电电压，改动逆程电容和光栅校正电路以及调整色纯、会聚和亮平衡等。

（六）彩色电视机开关电源检修的基本方法

1. 感官诊断法

感官诊断法就是维修人员利用自己的眼、耳、鼻、手等感觉器官，来判断故障所在部位及其产生原因的方法。所采用的步骤和方法主要有以下几种。

（1）问　就是通过询问用户，了解电视机的使用时间和发生故障的过程，以及是否被他人检修过等情况，掌握发生故障原因，可以减少检修的盲目性，少走弯路。

（2）看　打开机壳，观察电源电路各元件有无异常现象。若色彩有异常，多为故障所在。如：熔丝管正常为透明，若变为黄色，则为短路过流；金属膜电阻一般为红色，若变为黑色，则属于烧毁的征兆；电路板出现黑点或起泡，则属于线路损坏短路，塑料件变形则属于温度过高等。

※**知识链接**※　对于开关电源中色环电阻烧坏变色的情况，更换新电阻的方法可采用查阅电路图资料的方法进行确认，若无资料，则重点观察第三道色环的颜色，第三道色环为红色，烧坏后容易变成黑色，第三道色环为橙色或黄色则容易变成白色或无色（与金膜颜色相同），实在不能确定的情况下，可采用先用大电阻进行代换，加负载开机，再逐渐换小，直到找到合适的电阻。

在彩色电视机开关电源中大多使用带有四道色环的电阻：其中第一、二环分别代表阻值的前两位数；第三环代表倍率；第四环代表误差。很多初学者记不住色环的含意，其实只要记住棕1，红2，橙3，黄4，绿5，蓝6，紫7，灰8，白9，黑0，就能记住一、二道色环所代表的值，再记准记牢第三环颜色所代表的阻值范围（金色：几点几欧，黑色：几十几欧，棕色：几百几十欧，红色：几点几千欧，橙色：几十几千欧，黄色：几百几十千欧，绿色：几点几兆欧，蓝色：几十几兆欧，即欧姆级的为金黑棕，千欧级的红橙黄，兆欧级为绿蓝），再将前两环读出的数"代"进去，这样就可很快地读出电阻值。

至于第四环颜色所代表的误差，即：金色为 5％，银色为 10％，无色为 20％。可简化为金 5 银 10 无 20。

（3）听　在接通电源后听其声音，正常的彩色电视机将音量电位器关闭后是无声的。如开关电源发出"兹兹"叫声，则可能是机内存在过流过压现象或开关电源振荡频率过高，使开关电源负载过重。

（4）闻　即用鼻子闻其气味，如开机后有焦糊味，可能是大功率电阻或大功率晶体管烧坏所产生的一种气味；若出现鱼腥味（臭氧味），一般是高压部件绝缘击穿或逆程电容容量变小、开路，造成高压打火。

（5）摸　让待修机工作片刻，再切断电源，用手去触摸机内各元器件，感觉其冷热程度，从而判断被检查的元器件有无过热现象，以此去推测故障部位。彩色电视机中的大功率开关管、大功率电阻、行输出变压器在正常工作时应有温热或烫手现象。

2. 现象分析法

现象分析法就是从开机瞬间室内照明灯的闪烁，电视机红、绿发光二极管的亮灭及机内响声等现象来分析和判断开关电源是否有故障。正常情况下，在开机瞬间，由于消磁电路的工作电流较大，如果室内供电电源的线径较细，则开机时室内的白炽灯泡会闪烁一下；开机时继电器的触点在闭合时应有"喀"声；若行扫描电路工作正常，高压刚加到显像管高压嘴上时会有"沙"的一声，同时电视机的红、绿发光二极管也应有规律地发光。若开关电源有故障，则会出现下列现象。

（1）开机时室内白炽灯闪烁一下，但电视机内无任何反应，则是交流熔丝损坏或电源开关管损坏。

（2）若开机时机内有"喀"声，红色发光二极管亮，但不熄灭，则为开关电源电路有故障。

（3）开机时红色发光二极管只是亮一下即熄灭，绿色发光二极管亮一下也熄灭,则为开关电源电路有故障,引起保护电路动作。

3. 低电压假负载法

低电压假负载法就是维修开关电源时,将负载全部用刀片划开,在主负载供电组电源(＋B端,其他低电压输出端电源不管)上接上一个40～150W的灯泡作假负载(大屏幕彩色电视机开关电源的输出功率在150W以上,有的可达250W。若采用100W以下的灯泡作假负载,对并联型开关电源来说负载过轻,会使主输出电压上升,引起误判),并采用低压供电安全方式,将供电电源经一自耦变压器降至70V左右进行维修(一般的开关电源,在70V左右的供电电压就能正常起振工作,有的稍高一点),这种维修方法可完全避免因电路存在隐患而再度损坏元件的情况出现。如图3-4所示为常用降压供电电路图,图3-4(a)为调压器降压供电,图3-4(b)为灯泡串联降压供电。

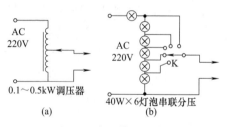

图 3-4 降压供电电路图

※**知识链接**※ 采用此法进行检修时,可慢慢调整自耦变压器的输出电压,开关电源的输出电压应固定在其预设的电压值上不变,如果开关电源的输出电压随输入电压的变化而变化,则表明其稳压部分存在故障。

4. 短接短路法

当开关电源不能正常稳压时,可采用此法进行快速判断,方法是:将光电耦合器热地端的两控制脚短路,如果电路进入停振状态,则表明故障在取样比较部分,重点检查比较IC和光电耦合器。

另外，短路行信号法也是一种比较实用的短路检修方法。方法是：短路行激励变压器次级绕组，或直接短路行输出管基极和发射极（视电路板的具体结构而定），使行负载处于轻载状态，可迅速判断行输出电路引起的开关电源故障。

※**知识链接**※　此法并未切断行电路有源供电，这与切断开关电源主输出电压负载是不同的。对于直接稳压型开关电源采用此法可不接假负载，主输出电压不会出现明显变化；而对于间接稳压型开关电源不接假负载，主输出电压将明显升高，容易引起误判。

5. 关键参数测量法

检修开关电源有许多定性的关键参数，初学者应有一个大概的了解，这些关键参数对于不同的开关电源不是精确的，只是一些大概性的数据，不能以此为依据，只能作为一种范围性的数据，读者应灵活使用这些数据。此法就是对这些参数进行测量，从而确定故障部位的一种方法。这些数据主要有：

（1）开关管集电极（或源极）电压一般为实际输入交流电压（包括降低输入的电源）的 1.4 倍，若是，则说明开关电源的整流、滤波电路基本正常，反之，应检查整流滤波电路。

（2）开关管基极应有 0.6V 左右的启动电压。若无启动电压，检查启动电路（通常为启动电阻）；若有启动电压但为正值电压，说明开关管未起振。

（3）调整输入电源变压器，若输入电压在 70～150V 之间还未起振，则应检查正反馈电路。

（4）一般来说，开关电源输入电压升至 160～180V 时，输出电压便达到并稳定在正常值上，不再随输入电压的升高而升高。若输出电压不能稳定，应检查稳压电路，如采样、基准、比较放大、光电耦合器和脉宽控制电路等部分；若输入电压高至 240V 左右，各输出电压还不能保持正常值，应重点检查稳压电路，如采样、基准、比较放大、光电耦合器和脉宽控制电路等部分。

6. 仪表检测法

（1）电阻检测法　利用万用表欧姆挡测量电路中的可疑元件及集成电路各引脚的对地电阻，将所测得的数据与正常值进行比较，即可判断元件的好坏。检查方法有两种：即在路检测和脱焊检测。在路电阻检测法，就是在电路板上直接测量元件的电阻值。脱焊电阻检测法，就是将元件从电路板上焊下来，再进行电阻测量。前者，由于被测元件接在整个电路之中，在分析测试结果时，应考虑所测数值受其他并联支路影响的因素。而后者虽然操作比较麻烦，但测量的结果准确可靠。电源厚膜集成电路取下后，通过测量相应引脚的电阻值及各脚与地脚之间的正、反向电阻，也可以大致判断其是否有故障。

（2）电压检测法　利用万用表测量电路或电路中元件的工作电压，将测得数值与正常值进行比较，如相差较大，则说明存在故障。检测的方法也有两种，即静态测量法和动态测量法，在实际检修中，可根据具体情况采用。

静态电压测量法是在彩色电视机不接收信号（将电子调谐器置于无电台的频道）的情况下进行测量；而动态电压测量法是在彩色电视机正在接收电视节目时进行测量。相对而言，由于静态测量法不受接收信号强弱的影响，其准确性要高一些。

为了缩小故障范围，迅速找到故障部位和故障元件，使用电压法检测时，应将电路中的关键点电压作为检测重点。如＋B电压，目前 $25\sim34$in 彩色电视机的＋B电压一般为 $115\sim140$V。若实际测得数值偏差较大，可再检测相关的电路和元件，即可查找到故障原因。

当＋B电压等于零时，则可判断故障出在开关稳压电源部分。因为如果开关稳压电路工作正常，即使负载电路严重短路，在电源开启的瞬间＋B电压也可测出一定的值。检修时应按以下步骤进行检测。首先测量整流输出端 300V 左右的电压是否正常，若此电压正常，则可能是开关电源电路某元件损坏或线路开路，若整流输出端电压为零，则可能是熔丝管熔断，或整流滤波电路存在故障，一般是整流二极管损坏或滤波电容、热敏电阻、消磁线圈短路。

当＋B电压低于115V时，则可能是电源部分有故障或负载电路有故障。首先断开行输出管 c 极，若＋B电压能恢复正常，说明故障出在行输出电路。如果断开行输出管 c 极，＋B电压仍然很低，应首先检测＋B对地直流阻值，如果正常，则可判断故障出在开关稳压电源，大多为整流二极管损坏或滤波电容失效。

（3）电流检测法　电流检测法是利用万用表测量待修机关键部位的工作电流，及各局部电路的电流和电源负载电流来判断故障。

电流检测既可直接测量，也可间接测量，一般采用间接测量法，即通过测量回路中某一电阻上的电压降估算出电流量，再通过电路流程的推测，即可找到故障点。

7. 分段检测法

分段检测法是对涉及范围较大的故障，采取拔掉部分转插件和电路板，或将电路板上的某个元件断开来缩小故障范围。此法适应于大电流短路性故障的检测，如开机即烧断熔丝管，就可以采用分段检测法进行检查，当切断某电路时，短路现象消失，则可判断故障出在该电路上。

8. 假负载检测法

假负载检测法是检修开关电源的常用方法之一，采用此法，能迅速地将负载端（过流、过压）保护电路引起电源保护（外电源自身保护电路）与电源电路故障加以区别。检修时，先焊开主输出直流电压的负载，然后接通电源，若主输出直流电压恢复正常，则是负载端存在故障；若主输出电路不能恢复正常，则是开关电源电路存在故障。

9. 升、降温检测法

升、降温检测法，就是对被怀疑的元器件进行升温或降温处理，使那些热稳定性差的元件或击穿电流大的晶体管等所存在的软故障充分暴露出来。

升温，就是当故障出现时，用电烙铁靠近被怀疑的元件，如果故障加重，则说明故障源就是该元件；降温，就是在故障重现时，用棉花蘸无水酒精对被怀疑元件进行降温，若故障减轻或消失，则说明故障就是该元件不良引起的。

※**知识链接**※　采用电烙铁加热升温时，电烙铁不要紧靠被加热的元件，同时，其温度变化不得超过元件的允许范围，反之，会烧坏元器件。

课堂二 检修实训

一、偏色的检修技巧实训

（一）偏色故障的检修方法

引起偏色故障的原因有：白平衡不良（白平衡电位器接触不良）；三个电子枪老化程度不一致；三个视放管中有一个特性变差。检修时可按以下步骤进行：

（1）首先观察彩色电视机偏色是在光栅亮度高时还是在光栅亮度低时发生的，若在光栅亮度高时偏色，则重点调整其相应基色的亮平衡电位器；若在光栅亮度低时偏色，则应重点调整相应基色暗平衡电位器。注意：调整前应在所调电位器上做好记号，若调整不起作用或作用很小，应将其恢复到原来位置，以保证下一步检修的质量。

（2）检测视放管是否损坏。若用万用表测不出相应偏色视放管损坏，可采用更换相应的视放管进行判断；若代换视放管后，故障消失，则说明相应的视放电路存在故障。一般情况下所换视放管参数应与原视放管参数一致；有时，新的视放管与旧视放管在技术参数上会存在一定的差异，若参数稍有差异，可通过微调相应的亮平衡电位器达到满意效果。

（3）检测相应视放管的集电极电压是否正常。若正常，则说明视放管集电极到显像管阴极开路或管座接触不良，修复故障部分即可；若测得集电极电压不正常，则检测相应视放管基极电压是否正常。若正常，则说明视放管损坏；若不正常，则检测解码输出至视放管基极有无断路或元器件损坏；若无断路和元器件损坏，则说明解码集成电路损坏。

（4）检查三个视放管集电极的负载电阻和显像管参数是否正常，若不正常，则检查视放管负载电阻和显像管，并进行相应的调整。

（二）偏色故障的维修案例

1. 创维 29T68HT 彩色电视机偏色

开机观察图像无红色，此时检测视放板红枪阴极电压是否正常。若阴极电压为 175V 左右，说明红枪没有工作，此时检测数字板上三基色放大块 ICM09（LM1269）红基色输出 20 脚电压是否正常（正常值为 2V）。若 20 脚无电压但 18、19 脚蓝绿基色输出电压失常，则问题出在 LM1269 上。更换 LM1269 后故障即可排除。LM1269 相关电路如图 3-5 所示。

※知识链接※　该机型有时视放板有脱焊现象，故障现象也是偏色。

2. 海尔 D29MT1 彩色电视机图像偏色

首先检测 R、G、B 输出是否正常，若正常，则检查 CRT 板上各枪电压，若电压分别约为 183V、158V、182V，则判定白平衡参数需要调整，此时进工厂模式，选第三屏调整亮、暗平衡的参数。

二、回扫线的检修技巧实训

（一）回扫线故障的检修方法

电视机回扫线故障是电视机的常见故障，引起该故障的原因很

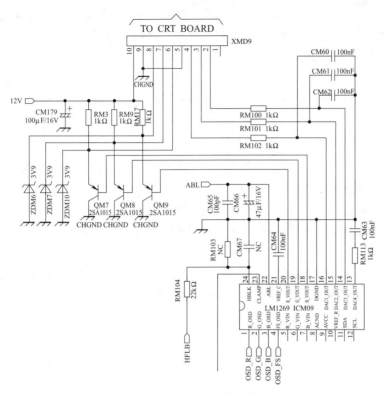

图 3-5 LM1269 相关电路

多，如场消隐电路、自举升压电路、场反馈电路、场输出级电路、亮度信号处理电路、视放矩阵处理电路、存储器电路、显像管电路及显像管本身存在故障均可能导致此类故障。

（1）在无信号输入时，荧光屏上出现十几条较稀的回扫线（一般在荧光屏的上半部分）；而在有信号输入时回扫线会伴随电台信号的强弱而变化，有些台只有几条回扫线或几乎看不见回扫线。此现象一般是场消隐信号丢失，此时检查场消隐电路是否有问题。

（2）满屏回扫线，在屏幕亮度较低时较明显；而在亮度较高时，则不易观察到回扫线；在转换频道瞬间能看到白光栅或黄光栅回扫线，则为加速极电压过高（加速极电压正常时，在转换频道节目瞬间，屏幕应为黑屏），此时调整加速极电位器即可。若加速极电压过高无法下调，则为行输出变压器加速极调节电路损坏，必须更换行输出变压器。

（3）图像亮度低但可调，同时伴有聚焦不好，加大亮度，回扫线严重（即：在亮度、对比度较低时，则无回扫线，而且图像很灰暗；而亮度越高、对比度越大时，则回扫线越明显，甚至会出现单色的回扫线），则为显像管衰老。

（4）屏幕上部有几条或十几条回扫线，且随图像画面而变化。此故障一般发生在场电路。

（5）亮度失控或调整对比度无明显变化，图像色彩很淡或几乎看不到图像，甚至呈单色光栅。此故障一般是视放电路有问题或显像管阴极与灯丝相碰。

（6）屏幕呈很亮的白光栅、无图像，亮度不可调，此故障一般是三个视放管饱和导通。检修时可检查亮度通道（或 ABL 电路、解码电路）、末级视放或显像管电路本身。

（二）回扫线故障的维修案例

1. TCL 乐华 RK34NED 彩色电视机有信号时部分频道上部有回扫线，有的台没有；个别台中部有两条回扫线，无信号时却是全屏回扫线

根据现象分析，此故障可能是场扫描时间过长所致。检修时可按以下方法进行：

（1）测场输出正、逆程电源输入端＋15V 及＋45V 电压是否正常。

（2）检查逆程电源滤波电容 C460（100μF/25V）是否正常。

（3）检查＋45V（场逆程电源）电源限流电阻 R443（0.68Ω/1W）及 R461（3.3Ω）是否有问题。

（4）检查场块 TDA8354Q 及外围阻容元件是否有问题。

（5）检查总线存储器数据是否出错。

此例为存储器 PCF8598E 不良所致，更换存储器后开机即能进

行初始化，重新调整为原正常数据，校正光栅几何失真后，故障排除。存储器 PCF8598E 相关电路如图 3-6 所示。

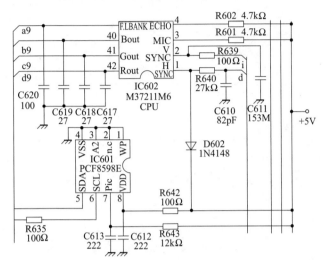

图 3-6　存储器 PCF8598E 相关电路

2. 海尔 HA-2169A 型彩色电视机开机正常，但收看几十分钟后，图像逐渐增大，调整亮度和对比度无作用，满屏有回扫线

根据现象分析，此故障可能是行输出变压器提供给显像管的加速极电压偏高。检修时可按以下方法进行：

（1）检测显像管的各极工作电压。若测显像管的加速极电压（580V）偏低仅为 100V，而显像管的三个阴极电压也偏低正常值（正常值为 130V），则说明故障在视放供电电源部分。

（2）测视放电源电压是否正常（正常值应为 180V），若视放电源电压偏低，则检查视放电源电路中滤波电容 C552（22μF/250V）、整流二极管 VD552（EUIC）等元件是否有问题。

此例为 VD552 热稳定性变差而引起，更换 VD552 后故障即可排除（若没有同型号的，作为应急时，可用 RUI 进行代换）。VD552 相关电路如图 3-7 所示。

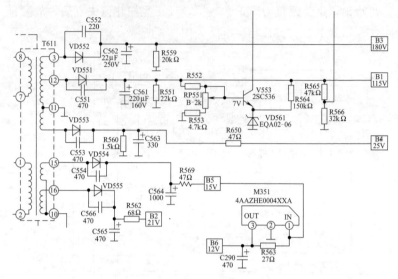

图 3-7　VD552 相关电路

3. 创维 34TPHD（6M20 机芯）型彩色电视机白回扫线

此故障应重点检查视放电路。首先检测视放块 TDA6111 各脚电压是否正常，若供电 6 脚无电压，而电源到视放板的 200V 电压正常，则检查视放块 TDA6111 及外围元件是否有问题。

此例为 6 脚外围电阻 R967 烧坏、C911 短路引起，更换两个元件后故障即可排除。TDA6111 相关电路如图 3-8 所示。

三、跑台的检修技巧实训

（一）跑台故障的检修方法

电视机面板按键漏电、电视机中放中周损坏、图像中频回路失谐、AFT 回路失谐和高频头变频部分有问题、高频头损坏或调谐供电（33V）故障，都会引起跑台故障。

检修时首先选中一个电台，检测高频调谐器的调谐电压，若调谐电压稳定不变，频道调好后又自动跑掉，则为高频调谐器性能不良，应具体检查：调谐电压 33V 供电电路是否正常；调谐电压三

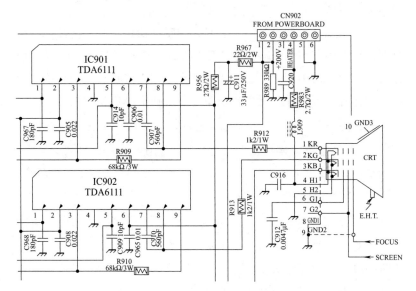

图 3-8 TDA6111 相关电路

极管是否损坏；调谐三极管集电极到调谐器 VT 端子的调谐电压平滑滤波阻容是否损坏。若上述部位均正常，则应检测 AFT 端电压是否正常，若测得 AFT 端电压不稳定，则说明故障部位在调谐电压形成电路和 AFT 电路中。应具体检查：中放电路的 AFT 中周是否损坏或需要调整；AFT 电压有无元器件性能不良。按照上述步骤对故障部位及易损元器件逐一进行排查，通常可以排除故障。

（1）出现缓慢跑台，即：开机图声正常，但收看一段时间后图声逐渐变差，且出现不同步，最后图声整机不工作。此故障一般是因 AFT 中频回路失谐导致本振频率偏移造成同步检波回路失谐，其故障原因是 AFT 中周损坏或 AFT 回路谐振电容变质。

（2）开机出现跑台，几十秒钟后图声正常。此故障一般是因图像检波中周质量已变差，应更换图像检波中周。检修时，观察必须仔细，所谓声音、图像正常，是指声音、图像不失真，否则说明图像中周不正常。

(3) 出现严重跑台故障，且只能用手动微调选台。此故障一般是图像检波中周与 AFT 中周均不良所致。应同时换下，更换时应先换上图像检波中周，后进行手动选台，选出节目后再微调检波中周，使伴音最大，并且无失真现象，然后换上 AFT 中周。

> ※知识链接※　若更换后出现频率偏移，使图声中某一个变差，甚至出现不同步，伴音失真或无伴音，说明 AFT 中周的谐振频率和图像检波中周的谐振频率相差过大，此时调整 AFT 磁芯故障即可排除。

(4) 收看一段时间后某一频段会出现无光栅、无伴音、无图像，但关机一段时间后再开机正常，收看一段时间后故障重现。此故障一般发生在高频头变频部分，主要是高频头的这一频段的变容二极管出现问题，更换高频头即可排除故障。

(5) 遥控或调谐均能接收到图像和伴音，收看一段时间后图像调谐状态发生偏移，造成图像扭曲或不能收看，严重时甚至跑到另一个台，重新调整后可以收看，但一段时间后，上述故障现象又出现。此故障一般调谐电压 VT 不稳定、自动频率微调电压 AFT 偏离、高频头有故障。

(二) 跑台故障的维修案例

1. 创维 5T20 机芯彩色电视机开机后出现跑台现象，自动搜台时不存台

根据现象此故障一般发生在中频鉴频和 AFT 电路。检修时，首先检查 CPU (TMP87CK38N) 的 13 脚 AFT 电压是否正常（正常值应为 2.5V），若 13 脚电压约为 5.5V，则测解码 IC201 (TB1240) 的 1 脚 (AFT 输出端) 电压是否正常，若 1 脚电压高达 8.75V，近似于电源电压，则判断 IC201 的 1 脚和 3 脚 (电源脚) 内部存在短路。更换 TB1240 故障即可排除。相关电路如图 3-9 所示。

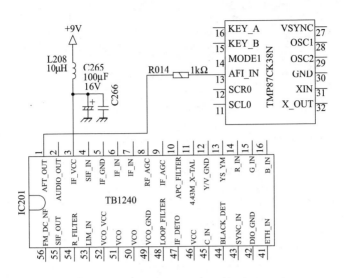

图 3-9　TB1240 相关电路

2. 康佳 T2979D1 彩色电视机所有频段都出现规律跑台

（1）首先检测调谐电路的供电是否有问题，可在电视接收一个节目时，用万用表监测高频头 BT 端电压是否正常，若该电压有时偏高有时偏低，则检测 VD670 两端电压是否正常，若 VD670 两端电压始终都很稳定，则说明调谐电路的供电无问题。

（2）检查高频头是否有问题。可把 C103 通往高频头 BT 端的一端悬空，用 10kΩ 可调电阻从整机＋12V 处引入一个合适的电压给 BT 端供电，观察电压与现象的变化。若电压很稳定，且也不逃台，则说明高频头正常。

（3）检查调谐电压形成电路。若测 V670 的 b 极电压正常，则检查电路中 C671、C672 是否漏电，V670（BSX20）是否良好。

本例故障为 V670 虚焊造成调谐电压忽高忽低引起，重新补焊后故障即可排除，如图 3-10 所示。

3. 海信 HDP2111G 彩色电视机开机后图闪，出现跑台

出现此类故障时，首先微调图像看故障变化情况。若微调后有

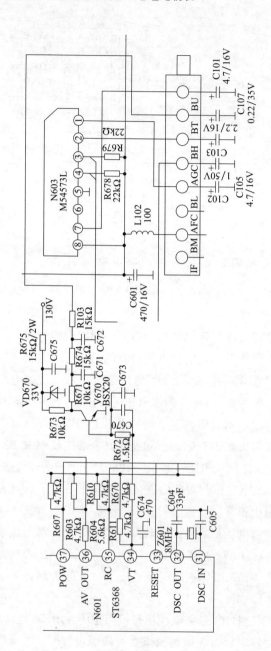

图 3-10　V670 相关电路

较差的图像，且彩色电视机不稳定，则检查中周（ST6019）是否有问题。若正常，则检查 IC201（LA75503）的供电是否正常。若测 5 脚供电电压仅为 3.5V 左右，则检查前级供电电路是否有问题。实际维修中因主芯片 IC100 供电三极管 V101 性能不良而引起此类故障有所存在，相关电路如图 3-11 所示。

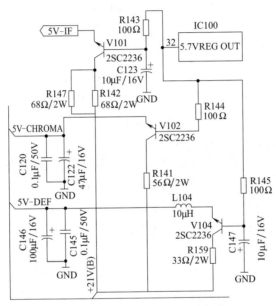

图 3-11　IC201 前级供电电路部分

四、无光栅、无伴音、无图像的检修技巧实训

无光栅、无伴音、无图像故障是彩色电视机最常见的故障，以下介绍无光栅、无伴音、无图像故障的检修方法与检修实例。

（一）无光栅、无伴音、无图像故障的检修方法

电视机"无光栅、无伴音、无图像"的故障原因很多，如电源电路、行场扫描电路和微处理电路等出现故障时，都可能导致"无光栅、无伴音、无图像"。检修时首先应弄清楚主副电源的来源和

开关机控制电路的关系：对于采用独立副电源，开关机采用控制主电源市电供电的电视机，检修无光栅无伴音故障时，应先检查指示灯是否点亮，微处理器是否进入开机状态，再检查开关电源有无电压输出，如果无电压输出，故障部位在开关电源部分，如果有电压输出，故障部位在行输出部分；对于副电源取自主电源，开关机采用控制行振荡电路供电或降低电源输出电压的彩色电视机，应先检查主电源电路，再检查微处理器控制和行输出电路。

（1）开机无光栅、无伴音、无图像，电源指示灯不亮，且开机烧熔丝。此故障一般是开关电源中存在短路性故障，检修时应先用观察法进行检查，然后采用电阻法进行检查。主要检查元件有：整流二极管、滤波电容，电源开关重点查整流二极管、滤波电容、电源开关管、消磁回路、开关变压器。

检修方法如下：先拔掉电源插头，检查限流电阻及消磁回路热敏电阻是否正常。若损坏，则予以更换；若热敏电阻正常，则拔掉消磁线圈，用 $R \times 1k$ 挡测量交流输入端电阻。若测得阻值为 0，则说明整流元件及其并联电容、电源滤波网络存在短路或开关变压器匝间短路。若测得阻值为 $10 \sim 20k\Omega$，则说明电源滤波电容、开关管及其并联电容发生短路。若检查上述部位均无异常，则说明是其他原因引起继发性元件损坏所致，更换故障元件后，再通电，恢复电源的正常连接即可。

（2）开机无光栅、无伴音、无图像，但电源指示灯亮，也不烧熔丝。此故障一般发生在行扫描电路、控制电路，或是显像管及外围电路与伴音电路同时发生故障引起的。检修中应首先观察显像管灯丝是否发光来进一步判断故障的具体部位。检修方法如下。

① 观察显像管灯丝是否发光，若灯丝发光，则检查伴音、视放、彩色电视机等电源电压是否正常。若正常，则说明伴音功放、扬声器、显像管及外围电路存在故障；若电源电压不正常，则说明供电电路有关元器件存在异常。

② 若显像管灯丝不发光，则检查行输出变压器有无高、中、

低压输出。若有输出，则说明灯丝供电电路存在故障；若无输出，则检测行输出管上有无＋B电压。若无＋B电压，则检测行输出管集电极对地电阻，集电极与＋B电压间有无断路；若有＋B电压，则检查X射线保护电路是否处于保护状态。若处于保护状态，则说明逆程电容开路或X射线保护电路存在故障；若未处于保护状态，则检测行输出管基极电压是否正常。若基极电压正常，则说明行输出管损坏；若基极电压异常，则应进一步检测行激励基极电压是否正常。若行激励基极电压正常，则说明行激励管损坏；若不正常，则说明行振荡器及有关元器件损坏。更换行振荡器或修复损坏的元器件即可排除故障。

（3）开机无光栅、无伴音、无图像，电源指示灯不亮，但不烧熔丝。此故障一般发生在开关电源或是开关电源负载电路存在短路。检修时，可在关机状态下检测＋B输出端的对地电阻值来进行判断：若阻值接近于零，则问题出在负载或保护电路；若阻值正常，则问题是开关电源未起振造成的。也可断开开关电源与其主要负载（行输出级）之间的连接，在主电源输出端接入一个60W的灯泡作假负载，再测＋B电压是否正常。若＋B电压正常，则故障出在行输出级电路；若＋B电压偏高或偏低，则故障出在开关电源部分。

（4）开机无光栅、无伴音、无图像，机内有"兹兹"声。

电源电路、行电路、控制电路有问题均会导致此故障发生。

① 电源电路有"兹兹"声，则故障可能是开关稳压电源＋B电压负载过载或短路。当负载过载或短路时，开关稳压电路仍能振荡，但因失去行逆程脉冲的同步控制使振荡频率下降，人耳能听到开关电源的脉冲变压器发出的振荡的"兹兹"声。

电源电路故障的原因：熔丝电阻开路，开关管集电极上无电压（正常值应为300V）；启动电阻开路，开关电源不起振，输出＋B电压为0V；开关管损坏，开关电源不起振，输出＋B电压为0V；开关变压器正反馈绕组或反馈网络开路开关电源不起振，输出＋B

电压为 0V；＋B 电压过高，过压保护电路动作，输出电压为 0V。

② 行电路故障的原因有：行输出管或某一逆程电容击穿短路；行激励管损坏，行激励变压器开路，行激励级或行输出级的供电回路故障；行偏转线圈或行输出变压器的某绕组局部短路；与行振荡器有关的电路或组件故障使得无行振荡信号。

③ 控制电路故障的原因有：待机控制使电视机处于待机状态，微处理器损坏，使各种参数处于最小值；微处理器供电回路及其他外围电路故障。

> ※**知识链接**※　当开关电源负载电路发生短路故障时，开关电源振荡频率降低或行振荡频率降低，产生"兹兹"叫声。根据机内发出声音的不同，可以大概判断出电路故障部位。若发出低沉叫声或尖叫声，多是行输出电路有短路故障所致；若开机听到"吱"的一声，且声光整机不工作，则常见为保护电路动作所致；行部的问题（如行变，行输出管，逆程电容）声音连续不断；电源有时也有这样的情况，声音是隔一阵吱一声。

（二）无光栅、无伴音、无图像故障的维修案例

1. TCL HID29166P 型彩色电视机，无光栅、无伴音、无图像，电源指示灯亮

出现此故障可按以下步骤进行判断：

（1）开机检测行推动 Q401 基极和集电极电压是否正常，若电压不正常（正常为 4V），则检测视放供电电压是否正常。

（2）若视放供电电压不正常（正常为 200V），则检测 IC301 正负供电电压是否正常。

（3）若 IC301 正负供电电压为 14V，则脱开视放板测量视放电压是否正常。

（4）若视放电压正常，则检查行线性电容 C411（334）是否正常。

实际维修中因 C411 失效而引起此类故障有所存在。TCL

HID29166P 扫描电路相关部分如图 3-12 所示。

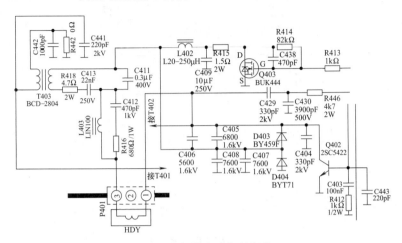

图 3-12 扫描电路相关部分

2. TCL NT29M95 型（NX56B 机芯）彩色电视机，无光栅、无伴音、无图像，电源指示灯亮

出现此故障可按以下步骤进行判断：

（1）打开机壳，脱开行负载，检测 C855 两端电压是否正常。

（2）若电压不正常，则检查稳压环路中的电阻 R839（82kΩ）是否正常。

实际维修中因 R839 损坏而引起此类故障有所存在。TCL NT29M95 稳压电路相关部分如图 3-13 所示。

3. 海尔 25T9G-S 型彩色电视机，无光栅、无伴音、无图像，电源指示灯亮

出现此故障可按以下步骤进行判断：

（1）开机检测＋B 电压是否正常，若电压正常，则检测行推动和场扫描是否有工作电压。

（2）若行推动和场扫描无工作电压，则检查限流电阻 R550 是否有问题。

（3）若限流电阻 R550 不正常，则检查场块 N402（LA7841）

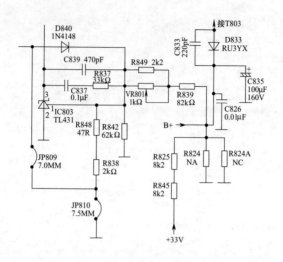

图 3-13　稳压电路相关部分

的 1、2 脚是否正常。

（4）若 N402 的 1、2 脚不正常，则更换 R550 和 N402 看是否能排除故障。

（5）若更换 R550 和 N402 后出现'叭叭'声响，则检查高压线和偏转线圈是否有问题。

实际维修中因高压线和偏转线圈不良造成 R550 和 N402 损坏而引起此类故障有所存在。若高压线和偏转线圈打火，则先清洗高压线并涂上 704 胶，再套上胶管即可排除故障。

4. 康佳 T2968K 型彩色电视机，无光栅、无伴音、无图像

出现此故障可按以下步骤进行判断：

（1）打开机壳接假负载测＋B 电压 130V 是否正常，若电压正常，则检查行电路中阻尼二极管 VD401 是否正常。

（2）若更换 VD401 后故障未排除，则检查枕效电路中 C410 的两端电压是否正常。

（3）若 C410 两端电压不正常（正常为 24V），则检查枕效电路中限流电阻 R411 是否正常。

（4）若更换 R411 后故障不变，则检查枞效管 V403（9NQ20T）是否正常。

实际维修中因 V403 击穿而引起此类故障有所存在。枞效管 9NQ20T 可采用 K2645 更换。

5. 康佳 T2986X 型彩色电视机，开机后无光栅、无伴音、无图像，电源指示灯亮

出现此故障可按以下步骤进行判断：

（1）开机检测 C401（470μF/400V）正端电压是否正常，若正端电压在 300V 左右，则检测遥控电源 C447（47μF/16V）正端电压是否正常。

（2）若遥控电源 C447 正端电压在 10V 左右，则检测主电源是否有电压输出。

（3）若主电源没有电压输出，则检测开关管 V401（D411）集电极、基极和发射极电压是否正常。

（4）若开关管 V401 集电极电压（正常为 300V）、基极电压（正常为 -2.6V）、发射极电压（正常为 0.17V）不正常，则检测启动电容 C403（10μF/250V）是否正常。

实际维修中因电容 C403 失效而引起此类故障有所存在。C403 相关电路如图 3-14 所示。

6. 创维 8000-2122A 型彩色电视机，无声音、无图像、无光栅，待机指示灯亮

出现此故障可按以下步骤进行判断：

（1）开机检测电源各路输出电压是否正常。若电源各路输出电压处于待机状态，则检测 TV 信号处理/微处理控制 TDA9370 的 1 脚电压是否正常。

（2）若 TDA9370 的 1 脚电压不正常，则检测行推动管集电极和基极电压是否正常。

（3）若行推动管集电极和基极电压不正常，则检查 TDA9370 及其外围元件是否正常。

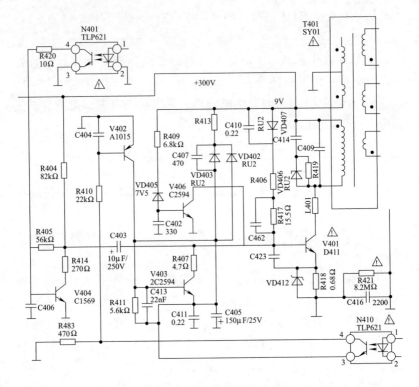

图 3-14　C403 相关电路

实际维修中因 TDA9370 性能不良而引起此类故障有所存在。

7. 索尼 KV-2565MT 型彩色电视机，无光栅、无伴音、无图像

出现此故障可按以下步骤进行判断：

（1）开机检查行输出管是否正常。若行输出管不正常，则用万用表测行推动级各元件是否正常。

（2）若行推动级各元件正常，则检测 CXA-1213S 的 29、30 脚电压是否正常。

（3）若 CXA-1213S 的 29、30 脚电压正常，则检查晶振是否正常。

（4）若更换晶振和行输出管后过几分钟后故障不变，则检测 CXA-1213S 的 25 脚行振荡电源供电端电压是否正常。

（5）若行振荡电源供电端电压不正常，则检查 Q602 是否正常。

实际维修中因 Q602 击穿而引起此类故障有所存在。

8. 厦华 XT-2978T 型彩色电视机，无声音、无图像、无光栅，机器处于保护状态

出现此故障可按以下步骤进行判断：

（1）打开机壳，首先用万用表欧姆挡检测各供电回路电阻是否正常。若电阻正常，则脱开主供电回路负载，接上假负载，测量 B+（117V）、25V、16V、10V 电压是否正常。

（2）若 B+（117V）、25V、16V、10V 电压正常，则检测 VD361 是否正常。

（3）若 VD361 不正常，则检测行逆程电容是否正常。

（4）若行逆程电容正常，则检查 C344（5n6/1.6kV）是否正常。

实际维修中因 C344 失容而引起此类故障有所存在。

9. 松下 TC-29100G 型彩色电视机，无光栅、无伴音、无图像，指示灯不亮

出现此故障可按以下步骤进行判断：

（1）开机检测 C876 和 C814 两端电压是否正常。若 C876 和 C814 两端无电压（正常为 300V），则检测熔丝 F802 是否正常。

（2）若代换 F802 后故障不变，则检查电阻是否正常。

（3）若电阻正常，则检查副电源 IC803 是否正常。

实际维修中因 IC803 损坏而引起此类故障有所存在。

※知识链接※　若 IC803 无元件代换，则拆除 IC803 和原副电源的开关变压器 T801，把 12V 变压器的输入端接到抗干扰电路中的 AC220V 电源上，而次级接原 T801 的 7 和 11 脚上，再换 F802 后即可排除故障。

10. 松下 TC-29P100G 型彩色电视机，无光栅、无伴音、无图像，红绿指示灯闪烁

出现此故障可按以下步骤进行判断：

（1）开机检测微处理器 IC1101 的 7 脚是否正常。若 IC1101 的 7 脚为高电平，则脱开行输出电路，接 100W 灯泡作假负载，测量 140V 电压是否正常。

（2）若 140V 电压正常，则恢复行输出电路，将微处理器 IC1101 的 7 脚对地短路看是否排除故障。

（3）若短路 IC1101 的 7 脚后出现一条水平亮线，则检查场输出电路 IC451 是否正常。

实际维修中因 IC451 内部不良而引起此类故障有所存在。

11. 日立 CMT5020P 型（CP9M 机芯）彩色电视机，无光栅、无伴音、无图像

出现此故障可按以下步骤进行判断：

（1）开机检查电源熔丝和各熔丝电阻是否正常。若电源熔丝和各熔丝电阻正常，则检查行负载是否正常。

（2）若行负载正常，则检查各保护电路的钳位二极管 D926、D943、D944、D945、D976、D963 和 D960 是否正常。

（3）若代换二极管 D976 和 D963 后光栅与图像正常，但伴音小，则检查 IC401 其及外围元件是否正常。

实际维修中因 I401 性能不良而引起此类故障有所存在。

12. 创维 29SI9000 彩色电视机，无光栅、无伴音、无图像，电源指示灯亮，机内有"嗞嗞"声

出现此故障可按以下步骤进行判断：

（1）首先细听嗞嗞声来自部位和检测＋B 电压。测＋B 电压开机为 104V，但瞬间即降为 74V 左右，此时"嗞嗞"从"行输出变压器"处发出，则检测行推动管与主芯片行启动电源是否正常。

（2）若测行推动管的 b 极为 0.2V，主芯片 TMP8829 的 17 脚行启动电源偏低（正常值为 9V），则检查 9V 电源中是否有异常元件。

（3）若 9V 电源中无异常元件，则断开行负载检测＋B 电压、行启动电源、行推动管电压是否正常。若＋B 为 130V、行启动电源也升为了 8.8V、行推动管的 b 极为 0.5V 均正常了，但接入行负载故障再次出现，且此时行输出管发热则检查行输出变压器次级电压（正常值为 190V）与场电源（24V）是否正常。

（4）若行输出变压器次级电压为 145V、场电源电压为 12V，则说明问题出在行输出变压器。

实际维修中因行输出变压器不良而引起此故障有所存在。

13. 创维 29T61HT 高清彩色电视机（6D90 机芯），无光栅、无伴音、无图像，不能开机，机内有"兹兹"声出现

此故障可按以下步骤进行判断：

（1）首先打开机壳，目测电路板上是否有明显烧坏的元件。

（2）若无明显烧坏的元件，则检测开关的初级、变压器次级各负载是否有问题；若发现＋B（140V）端对地短路，其余各输出端电压均在正常范围，则说明故障在＋B 整流及其负载电路中。

（3）断开＋B 的负载电路，检测＋B 整流管 D924、D924A 及主滤波电容 C928 是否正常。

（4）若＋B 整流管与主滤波电容正常，则检查行输出管 Q703，行输出管外接的双阻尼管（D704、D705），电容 C711、C706、C708、C709、C707 等元件是否有问题。

实际维修中因行输出管 Q703 损坏及外接的双阻尼管（D704、D705）击穿、电容 C706 变质引起此故障有所存在，更换损坏件故障即可排除。若无原型号的，行输出管 Q703 用 J6920 代换；双阻尼管 D704、D705 分别换用 BY459X、LG16SV。行输出管 Q703 相关电路如图 3-15 所示。

14. 康佳 P29ST217 彩色电视机开机无光栅、无伴音、无图像，机内有"兹兹"声

出现此故障可按以下步骤进行判断：

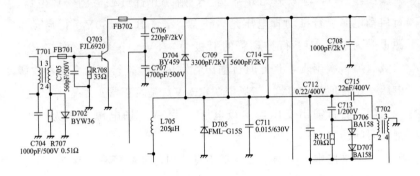

图 3-15   行输出管 Q703 相关电路

（1）首先打开机壳，目测机内是否有明显异常现象。若机内无明显异常，则检测＋B 电路是否有问题。

（2）测＋B 端电容 C956 阻值是否正常，若阻值为 0Ω，则检测行输出管集电极对地电阻是否正常；若行输出管集电极对地电阻也为 0Ω，则说明行输出管 V402 已击穿。

（3）引起行输出管 V402 损坏的原因有：行激励不足、行偏转线圈短路、逆程电容开路失效、开关电源输出电压升高、行推动变压器不良等。先检查开关电源是否有问题，将行输出管更换后，将＋B 供电电感 L950 断开，在 C956 两端接上假负载，开机灯泡亮，测电容 C956 两端电压是否正常，若 C956 两端电压很稳定，说明开关电源无问题。

（4）再检查行偏转线圈是否存在短路，逆程电容 C401～C403 是否良好，行脉冲耦合电容 C438 是否有问题，行激励放大管 V401 是否良好，行输出变压器 T402、行推动变压器（行激励变压器）T401 是否良好。

实际维修中因行推动变压器 T401 引脚有裂缝漏电后使行输出管 V402 屡烧而引起此故障有所存在。行输出电路相关元件如图 3-16 所示。

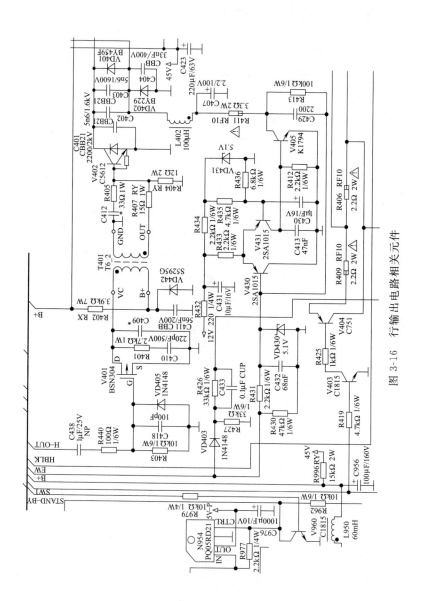

图 3-16　行输出电路相关元件

五、无光栅无伴音的检修技巧实训

(一) 无光栅无伴音故障的检修方法

此类故障一般发生在开关电源电路、行场扫描电路或微处理器电路中。

检修时首先应弄清楚主副电源的来源和开关机控制电路的关系：对于采用独立副电源，开关机采用控制主电源市电供电的电视机，检修无光栅无伴音故障时，应先检查指示灯是否点亮，微处理器是否进入开机状态，再检查开关电源有无电压输出，如果无电压输出，故障部位在开关电源部分，如果有电压输出，故障部位在行输出部分；对于副电源取自主电源，开关机采用控制行振荡电路供电或降低电源输出电压的彩色电视机，应先检查主电源电路，再检查微处理器控制和行输出电路。检查电视机无光栅、无伴音故障，可按如图 3-17 所示的检修流程进行检修。

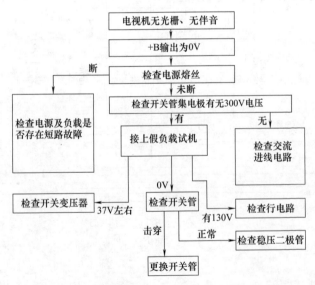

图 3-17　检查电视机无光栅、无伴音故障

（二）无光栅无伴音故障的维修案例

1. 海尔 25T9G-S 型彩色电视机，无光栅、无声音，但指示灯亮

出现此故障应按以下步骤进行判断：

（1）开机检测＋B 电压是否正常，若电压正常，则检测行推动和场扫描是否有工作电压。

（2）若行推动和场扫描无工作电压，则检查限流电阻 R550 是否有问题。

（3）若限流电阻 R550 不正常，则检查场块 N402（LA7841）的 1、2 脚是否正常。

（4）若 N402 的 1、2 脚不正常，则更换 R550 和 N402 看是否排除故障。

（5）若更换 R550 和 N402 后出现'叭叭'声响，则检查高压线和偏转线圈是否有问题。

实际维修中因高压线和偏转线圈不良造成 R550 和 N402 损坏而引起此类故障有所存在。

※知识链接※　若高压线和偏转线圈打火，则先清洗高压线并涂上 704 胶，再套上胶管即可排除故障。

2. 海尔 RGBTV-29FA 型彩色电视机无光栅、无伴音，机内只有继电器的不断吸合声

出现此类故障时，重点检查场电路和视放电路，可按以下步骤进行判断：

（1）首先检查场电路 15V 正程电压和 48V 逆程电压的供电电路是否正常，若正常，再检查视放电路。

（2）若 48V 供电限流电阻 R408（33Ω 1/2W）开路，说明场电路短路，则检测 N301（TDA8351）各脚对地电阻是否正常。

（3）若 N301 的 6 脚对地短路，则检查稳压二极管 DZ302、DZ303 是否正常。若二极管均击穿，则检查取样电阻 R815（127kΩ 1/2W）。

实际检修中，多因取样电阻 R815（127kΩ 1/2W）不良，二极管 DZ302、DZ303 不良较为常见。

3. 长虹 CHD29156 型彩色电视机无光无声

数字板及主板的行输出电路有问题均会出现此类故障，检修时可查以下几个部位。

检修时主要测试数字板上与 TDA9332 相关的电源电压、总线电压和复位电压、主板上的电容 C423、Q401 的 b 极脉冲信号、＋B电压、C401 处视放电源电压（正常值为 203.0V 左右）。

实际检修中因电容 C401 失效而引起此类故障较为常见。

4. 索尼 KV-J21TF1 彩色电视机无光无声

出现此类故障时，首先打开机壳检查熔丝管 F1601 是否完好。若完好无损，则检测各路输出电压是否正常。若各直流输出电压均为 0V，但测 C604 两端有 300V 电压，则检测 IC601 各脚电压（对热地）是否正常。若均为 300V，则检查 IC601 接地点与电源之间是否存在开路现象。

实际维修中因电阻 R622（0.22Ω/2W）脱焊而引起此类故障有所存在。相关电路如图 3-18 所示。

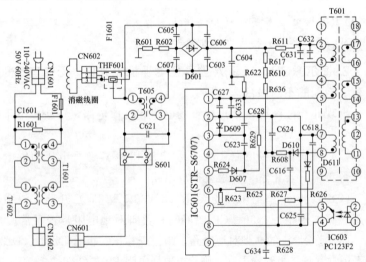

图 3-18　开关电源局部电路

六、无光栅有伴音的检修技巧实训

（一）无光栅有伴音故障的检修方法

无光栅有伴音的原因有以下几种：

（1）显像管及供电电路有问题。检修时，先观察显像管灯丝是否发光。若灯丝不亮，则故障必在灯丝供电电路或显像管；若灯丝亮，则检测帘栅电压、阴极电压。若帘栅极电压偏低或无电压，则查帘栅电压供电电路；若阴极电压偏高，则查视放电路或矩阵基色输出电路；若帘栅极电压、阴极电压均正常，应考虑高压和聚焦电压有问题。

（2）末级视放电路中有元器件不良或直流偏置电路工作不正常引起末级视放电路处于截止状态。

（3）字符消隐电路有问题，使 3 个视放管截止从而导致此故障。

（4）沙堡脉冲形成电路工作不正常，使沙堡脉冲不正常，导致亮度或解码电路关闭从而导致此故障。

（5）视频静噪电路有问题。许多彩色电视机设置了自动搜台或转换频道时的静噪电路，若这部分电路有问题会引起此故障。

（6）束电流控制电路有问题。ABL（自动亮度）或 ACL（对比度控制）束电流控制电路是一个反馈的电路，可以在一定的范围对显像管的电流进行调整。若这部分电路不良引起错误控制，就有可能出现显像管的三个阴极电位升高从而导致此故障。

（7）黑电流自动校正（AKB）电路有问题。该电路用于自动调整三基色 R、G、B 信号驱动电平的大小，以实现 CRT 暗平衡的冷热机自动调整，避免因 CRT 阴极温升、CRT 老化等原因对 CRT 阴极驱动电平和阴极电流传输特性产生影响，提高了图像质量。若这部分电路有故障，检测电路就会输出一控制电压，关闭解码电路输出 R、G、B 三基色信号，使末级视放电路不工作从而引起此故障。

（8）亮度通道电路有问题。该电路中引起无光栅故障，多数是亮度处理集成电路相关的外围电路器件不良导致视频信号丢失或直流工作点发生变化。

(9) 解码电路有问题。解码矩阵电路有故障时，解码电路输出端输出的直流电压很低，使末级视放电路截止，导致此故障。

(10) 行扫描电路有问题。早期的非遥控彩色电视机，有些机型的伴音功放和通道的电源是由开关电源提供的，当行扫描电路不工作或工作不正常，也会导致此故障。

(11) 微处理器及其总线控制与存储器工作不正常。I^2C 总线彩色电视机的亮暗平衡均受 I^2C 总线控制，当 CPU 与存储器的接口电路出现故障或存储器所存储的有关数据发生改变时，均会导致末级视放电路工作异常，从而导致此故障。

(二) 无光栅有伴音故障的维修案例

1. 长虹 CHD29156 型彩色电视机无光栅，有伴音

根据现象分析此故障可能发生在行扫描或视放输出及显像管电路，检修时可按以下步骤进行判断：

(1) 通电开机，检测行输出电路的各路输出电压是否正常。若电压正常，则说明行扫描电路工作正常。

(2) 检测显像管尾板上的各种提供给显像管的工作电压是否正常。若显像管 G2（加速极）处的电压为 0V，则关断交流电源，拆下显像管尾板，接通电源后再测尾板上的 G2 电压是否正常。若G2 电压恢复正常，由此说明问题出在显像管上。

实际维修中因显像管 G2 脚管腔内有杂质与地之间出现短路引起此故障有所存在，更换新的同规格显像管后故障即可排除。

※知识链接※　若无同型号显像管，可对其进行电击修理，其方法如下：断开显像管 G2 引脚外围的元器件与加速极连线分离，用一根导线的一端与显像管管座上聚焦引线相连，另一端接在显像管 G2 引脚上；通电开机，当听到显像管内有"兹兹"响声几秒后迅速关机，恢复好拆下的线路。

2. 长虹 2938FD 型彩色电视机无光栅，有伴音

出现此故障可按以下步骤进行判断：

（1）首先打开机壳，目测是否有异常元件或有异味发出。

（2）测 CRT 的工作电压是否正常，若除 KR、KG、KB 三个电子枪阴极电压为 180V 左右以外，其余电压均正常，说明故障是因三个电子枪的阴极电压过高引起的。

（3）三个电子枪的阴极过高时，检查黑电流检测电路是否有问题。测末级视频功率放大 TDA6108JF 相关脚电压是否正常，若 1、2、3 脚（三个倒相输入端）为 1.52V、1.69V、1.67V，5 脚（黑电流检测信号输出端）为 1.58V，说明小信号处理器 TDA8843 没有输出 R、G、B 驱动信号。

（4）检查 TDA6108JF、R208、C251 是否有问题。

实际维修中因 C251 漏电从而引起此故障有所存在。

3. 海尔 29F9G-PN 型彩色电视机无光栅，有伴音，黑屏显像管灯丝点亮

出现此故障可按以下步骤进行判断：

（1）打开机壳检查是否有明显的不良和损坏元件。

（2）检查尾板是否有问题。若通电尾板区域有放电火花出现，则检查尾板元件及显像管引脚、管座是否有问题。若尾板与管座正常，则检查行输出变压器是否有故障。

（3）检测尾板中管座引脚和视频信号输入插座引脚的工作电压及信号波形。首先调高帘栅电压，观察屏幕是否有光栅。若仍无光栅，则用 1000V 直流电压挡测管座引脚中的 G2 极（帘栅极）电压是否正常。若电压仅十几伏，调整帘栅电压能够调高到 200V 左右，但很快自动回落到十几伏，再反方向调整时，立刻出现较大的负压，故判断问题出在 ABL 电路中。

（4）检查 ABL 电路中 R640、R650、C643 等元件是否有问题。

（5）若 ABL 电路中的电阻 R640 损坏，但更换 R640 后帘栅电压恢复正常，但仍无光栅，且管座引脚的 KR、KG、KB 阴极电压

均为 190V，说明显像管是因无视频加入而处于截止状态的，此时再检查视频驱动输出或 U703（STV9211）及其外围电路是否有问题。

实际维修中因 U703（STV9211）损坏、D700 不良造成此故障有所存在。相关电路如图 3-19 所示。

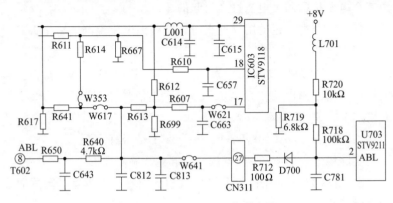

图 3-19　U703、D700 相关电路

4. 创维 32D98HP（6T19 机芯）彩色电视机有伴音无光栅

出现此故障可按以下步骤进行判断：

（1）检查行输出级是否有问题。若感觉到有高压产生，检测灯丝电压正常、加速极电压约为 300V，则说明行输出级无问题。

（2）检查场输出 IC301（STV8172A）正、负供电及外围元件是否有问题。

（3）若 IC301 及外围元件均正常，则检测 IC301 的 1 脚（场激励信号输入端）波形是否正常。若启动时 1 脚无激励脉冲，则检查数字板是否有激励信号输出。若数字板输出端与大板相连处无场脉冲信号输出，说明问题出在数字板。

（4）检查行脉冲反馈分压电容 C313、C314 及电阻 R300 是否有问题。

实际维修中因电容 C313 开路、电阻 R300 变值而导致此故障有所存在。

> ※**知识链接**※ 行逆程脉冲经电容 C313 与 C314 分压后，获得 FBP
> 脉冲信号送往数字板。C313、电阻 R300 相关电路如图 3-20 所示。

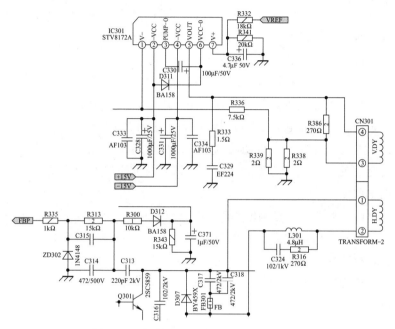

图 3-20 电容 C313、电阻 R300 相关电路

七、有图像无伴音的检修技巧实训

（一）有图像无伴音故障的检修方法

图像与彩色电视机正常，说明电视机的扫描系统、公共通道和
解码电路工作正常，故障原因有：扬声器及其插座连线有问题
（如：扬声器连接导线、插座接触不良或开路，对于外接扬声器插
座的机型，则检查扬声器内接/外接转换开关及其位置）；伴音功放
和静音电路有问题（如：音频功率放大电路有元器件损坏或静音控

制电路有误动作）；伴音信号前置处理电路有问题（如：对于有音频信号混合电路的机型，检查其有无性能不良。对于有音频信号处理电路的机型，检查其有无性能不良；AV/TV 转换电路有无不良；音量控制电路是否有问题）；伴音中频电路和制式转换电路有问题（如：伴音鉴频信号电路性能不良；伴音中频信号电路有故障。对于有伴音工作制式转换电路的机型，检查其有无误动作）。

检修时可按以下方法进行判断：

（1）采用干扰法或注入音频信号法，确定故障范围，然后对具体电路重点检查，其操作方法是：用工具（万用表笔或螺丝刀的金属部分）碰触伴音功放输入端，细听扬声器是否有声音发出，若有"咔咔"声说明功放及其以后电路工作正常，故障在功放之前的电路中；若无声音发出，则问题可能出在伴音功放或后面电路中。

（2）调节音量控制电路时，若扬声器有声音变化，故障部位在音量控制之前，重点检查伴音中频放大电路和鉴频电路；若无变化，故障部位在音量控制之后，重点检查功率放大电路。

检修电视机有图像无伴音故障可按如图 3-21 所示的检修流程进行检修。

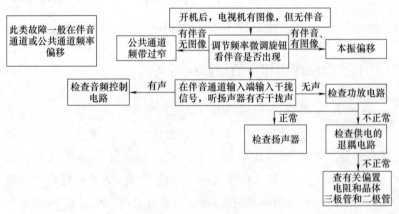

图 3-21　检修电视机有图像无伴音故障

（二）有图像无伴音故障的维修案例

1. 索尼 KV-AR29T80C 型彩色电视机无声音

出现此类故障时，首先进行 DVD 输入看声音是否正常。若正常，则说明只是高频头这一路有问题，此时可检测音频信号输入选择块 IC920（BU4052）的 12 脚（L 端）、1 脚（R 端）电压是否正常。若电压仅为 2V（正常应值为 3.6V），则检测 IC103（TDA9373PS）相关脚电压是否正常。若测 IC103 的 44 脚（AU-DOT/AMOUT 端）3.6V 电压也为 2V，则检查 IC103 及其外围元件是否有问题。

实际维修中因 TDA9373PS 内部不良而引起此类故障有所存在。

2. TCL-NT25A11 型彩色电视机 TV 状态无伴音，其他正常

此类故障一般发生在 TV/AV 转换或中放电路中。检修时首先将 IC901（4052）的 12、13 脚短接看是否有声音发出。若仍没有声音，则检查 IC201（TDA9373）的 28 脚（AUDOUT）的外围元件 Q202（A1015）是否正常。若正常，则检查 IC201（TDA9373）是否有问题。若正常，则检查高放到中放输入电路是否有问题。

实际维修中因预中放 Q101 不良而引起此类故障较常见。相关电路如图 3-22 所示。

3. 长虹 CHD29600H 型彩色电视机开机后图像正常，但无伴音

此类故障一般发生在伴音功放电路中。检修时主要测试点为 N201（TFA9842J）及外围元件。

实际检修中因 N201 本身损坏而引起此故障较为常见。

4. 长虹 CHD2995 型彩色电视机 AV/TV 模式均无伴音

此类故障一般发生在 AV/TV 转换电路中。检修时主要测试点为数字板、IC225 及外围元件（如图 3-23 所示）。实际检修中因 IC225 的 10 脚开路而引起此类故障较为常见。

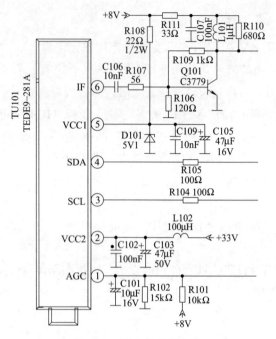

图 3-22　预中放部分电路

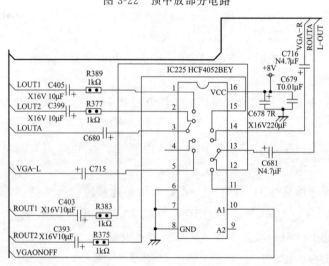

图 3-23　AV/TV 转换电路部分

5. 创维 29TM9000（4P36 机芯）型彩色电视机 AV 状态无伴音

出现此类故障时，首先检测 AV 转换块 TC4052 各脚电压是否正常。若 9 脚（控制脚）电压在 AV 转换时无变化，则检测 TDA8370 相关脚电压是否正常；若 61 脚 AV 转换脚始终处于高电平，则检查 TDA8370 及其 61 脚外围元件是否有问题。

实际维修中因 TDA8370 有问题而引起此类故障有所存在。

6. 海尔 21FV6H-B（8873 机芯）型彩色电视机无伴音，其他正常

出现此类故障时，首先按静音键时检测 N601 的 8 脚是否有高电平输出。若无，则检查 N601 是否有问题；若有，则检测 N301 的 39、40 脚是否有音频信号输出。若无，则查 N301 是否有问题；若有，则检测伴音功放 N601（TDA7266SA）的 1、9 脚是否有音频信号输入。若 1、9 脚无音频信号输入，则查 R601、C601、C602 是否有问题；若 1、9 脚有音频信号输入，则检测 N601 的 4、6 脚是否有音频信号输出。若有，则查扬声器及导线插座是否有问题；若无，则查 N601 及其外围元件是否有问题。相关电路如图3-24所示。

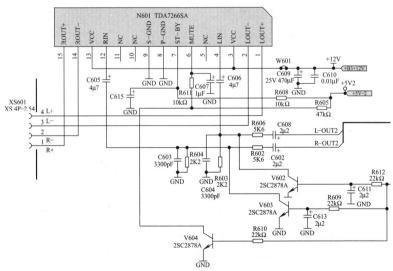

图 3-24　伴音功放部分电路

八、有图像，但伴音有噪声的检修技巧实训

（一）有图像，但伴音有噪声故障的检修方法

有噪声，说明伴音通道已工作，但工作不正常，故障一般为：

（1）功放电路自激；（2）功放电路供电电源不正常；（3）FM伴音通道存在故障；（4）选频回路有故障；（5）重低音静噪电路有故障；（6）重低音电路中三极管或电容器有漏电现象；（7）伴音消噪电路有故障；（8）伴音制式转换电路有故障。

（二）有图像无伴音故障的维修案例

1. 长虹 CHD29155 彩色电视机伴音有噪声

此类故障一般发生在伴音功放电路、音效处理电路。检修时可按以下步骤进行：

（1）通电开机，检测伴音供电电路输出电压是否正常。

（2）若伴音供电电路输出电压正常，则用手握螺丝刀，用金属部位碰触伴音功放集成电路 N102（TA8256BH）的信号输入端，细听扬声器是否有声音。若能发出较响的干扰声，说明伴音功放电路故障基本正常，问题可能出在音效处理电路中。

（3）检查音效处理电路 N201（NJW1168）及外接元件是否有问题。

实际检修中 N201 外接电容 C623 失效而引发此类故障较为常见。相关电路如图 3-25 所示。

2. 创维 25T86HT（6D92 机芯）型彩色电视机 TV 状态伴音有噪声

出现此类故障时，首先试转换伴音制式观察故障是否能消失。若故障依旧，则检查中放电路是否有问题。

实际维修中因中放电路 LA76930 的 7 脚外围电容 C111 不良而引起此类故障有所存在。C111 相关电路如图 3-26 所示。

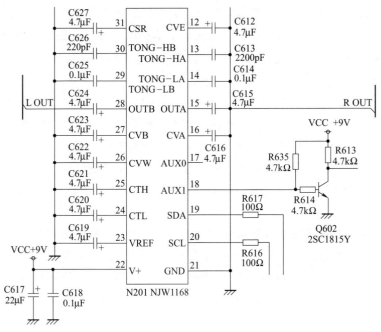

图 3-25　音效处理电路部分

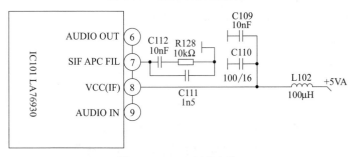

图 3-26　C111 相关电路

九、伴音失真的检修技巧实训

（一）伴音失真故障的检修方法

出现此类故障，应检查伴音通道和电源电路，检修的重点是伴音通道，常见故障为伴音功放电路元器件不良、静音控制电路元件漏电或变质、伴音通道中频线圈调节不正常、鉴频回路电容失容、陶瓷滤波器性能变差和去加重电容开路等。检修时可按以下方法进行。

（1）出现伴音严重失真，音质嘶哑的故障，可将频道开关置于空频道位置，开大音量，若能听到正常清晰的噪声，说明低频放大部分及扬声器均正常，故障一般是谐振线圈失谐造成的。

调节音量控制无效，故障通常发生在音量控制电路中。对于采用总线实现立体环绕声、音调、音量、平衡等项控制的彩色电视机，应检查总线电路是否正常。

（2）分别输入 TV 信号和 AV 信号，如果 AV 信号和 TV 信号均音量小且失真，则故障在 AV/TV 转换电路之后的伴音信号放大、处理、音量控制、功放电路中；如果只是 TV 信号音量小且失真，则故障在第二伴音中频和图像中频放大电路中。

（3）对于采用多种伴音制式，并具有自动转换或手动转换电路的，应检查制式设置是否正确，自动转换电路是否正常。如果制式设置不正确或自动转换电路发生故障，均会造成伴音失真和音量减少故障。

※知识链接※　开关电源性能不良或亮度信号中混入了伴音信号，会造成伴音干扰图像的故障现象。

（二）伴音失真故障的维修案例

1. 松下 TC-29V30R 型彩色电视机，伴音失真

出现此故障可按以下步骤进行判断：

（1）开机检查功放 IC2301（TA8200）外围元件是否正常。若 IC2301 外围元件正常，则检测 V2 的 3 脚电压是否正常。

（2）若 V2 的 3 脚电压不正常（正常为 0V），则检测 E1 的 8 脚副电源＋8.5V 输出电压是否正常。

（3）若 E1 的 8 脚副电源输出电压不正常，则检查滤波电容

C885（$10\mu F/35V$）是否正常。

实际维修中因电容 C885 失容而引起此类故障有所存在。

> ※知识链接※　当 C885（$10\mu F/35V$）损坏时，可用 $10\mu F/50V$ 电容更换。

2. TCL NT21M92 型彩色电视机伴音失真，图像正常

出现此故障可按以下步骤进行判断：

（1）检测电源电压、伴音供电是否正常。若电压均正常，则检查伴音块。

（2）检测伴音块 TEA2025 各脚电压是否正常。若各脚电压均正常，则检查伴音块 TEA2025 及外围元件是否正常。

（3）若伴音块正常，则检查存储器是否有问题。

（4）若以上部分均正常，则检查高频头及小信号处理部分 TDA11135 是否有问题。

实际维修中因 TDA11135 有问题而引起此故障有所存在。

十、无图像，其他均正常的检修技巧实训

（一）无图像，其他均正常故障的检修方法

光栅和伴音正常，无图像，说明视频检波信号输出端的全电视信号正常，故障在视频信号检波之后与彩色电视机显像管电路之间，应重点检查图像中频处理电路、视频检波电路、亮度放大电路、色输出电路及彩色电视机显像管电路。

（1）TV 状态无图像，故障部位主要在图像中频处理电路和高频调谐器电路中。可根据屏幕上的雪花点状态，和用表笔碰触预中放电路的基极，观察屏幕有无反应，初步判断故障范围：若光栅非常均匀干净，屏幕上无"雪花"点，碰触预中放基极屏幕无反应，一般故障出在图像中频电路中，应检查预中放电路、声表面波滤波器；若屏幕上有明显的"雪花"点，碰触预中放基极屏幕有反应，则故障一般在高频相关电路中，应检查高频电路、调谐电压产生电

路、微处理器相关控制电路、高放 AGC 电路。

（2）对普通高频头，主要检查各引脚的电压判断故障范围，如果引脚电压正常，则是高频头内部故障，否则是供电电路和微处理器控制电路故障；对于由总线控制的高频电子调谐器，还应检查总线是否正常。屏幕上有对比度较强的黑白噪波点，说明故障在高频电子调谐器中。

（二）有光栅有伴音无图像故障的维修案例

1. 创维 34T98HT（机芯 6D78）型彩色电视机无图像，声音正常

出现此类故障时，首先检测 R、G、B 三枪电压是否正常。若三枪电压不正常，则检测电阻 R534（220kΩ）是否正常。若电阻正常，则检测视频输出放大电路 TDA6111 的 5 脚黑电平是否正常。若 5 脚黑电平无电压，则检查插座 XP8063。

实际检修中，因插座 XP8063 的 14V 输出脚开焊而引起此故障较为常见。

2. 海尔 21FV6H-B 型彩色电视机有伴音无图像

出现此类故障时，首先检测视放电路电压是否正常。若视放电路电压处于截止状态均为 180V，则检查 N204 的 50、51、52 脚电压是否正常（正常为 3.3V）。若电压不正常，则检查 49 脚 RGB 供电脚电压是否正常。若供电脚电压正常，则检查相关电路是否正常。若电路正常，则检查 N204（8823-V4.0）。

实际检修中，因 N204（8823-V4.0）性能不良而引起此故障较为常见。

3. 海尔 D29FV6H-F 型彩色电视机有声音，无图像

出现此类故障时，首先检查各路电源输出是否正常。若各路电源输出正常，则检测 CRT 板是否有 180V 供电电压。若 LM2429 的 2 脚、LM2483 7 脚电压为 0V，则检查电感 L801 是否正常。若 L801 电感烧断，则检测三通道视频驱动电路 IC802（LM2483NA）7 脚对地电阻是否正常。若对地电阻为 0Ω，则检查 IC802

（LM2483NA）、稳压管 ZD802（9V）。

实际检修中，因 IC802（LM2483NA）、稳压管 ZD802（9V）击穿而引起此故障较为常见。

※知识链接※ 当存储器 24C16 损坏时，会引起有信号，图像闪动故障。

4. 海信 TDF2988 型彩色电视机有声音，无图像

出现此类故障时，首先检测主输出电压 130V 是否正常。若电压正常，则检测视放电压是否正常。若视放电压在 139V 左右，则检测视放板上的消亮电路 VD100、VD101（1N4148）。

实际检修中，因 VD101（1N4148）击穿而引起此故障较为多见。VD101 相关电路如图 3-27 所示。

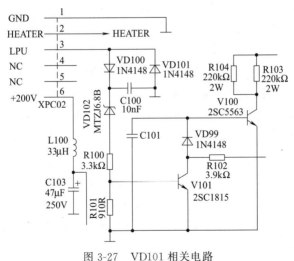

图 3-27 VD101 相关电路

5. 康佳 P28FG298 型彩色电视机无图像，有声音

出现此类故障时，首先检测行输出管集电极是否有＋B 电压。若集电极有＋B 电压，则检测视放供电是否正常。若视放供电为＋B，则检测行激励集电极是否正常。若行激励集电极为＋B，则

检测数字板的输出电压是否正常（正常为 2V）。若输出电压不正常，则检测视频输出扫描处理电路 U8（SDA9380）的行激励输出脚 12 脚是否正常。若行激励输出脚偏高，则检测 SDA9380 的供电、总线和晶振 22.1184MHz。

实际检修中，因晶振 22.1184MHz 不良而引起此故障较为常见。

十一、接收图像信号弱的检修技巧实训

（一）接收图像信号弱"雪花"点（即噪波点）故障的检修方法

输入到电视机的信号强度不足或高频、中频电路增益不足均会引起此故障。检修时可按以下方法进行：

（1）输入电视机的信号强度不足的检查。首先检查电视天线、有线电视信号是否正常；检查天线输入插头插座是否接触不良或开焊、短路；检查高频调谐器插座是否内部开焊。

（2）高频电路有问题的检查。检测高频放大电路增益偏低，会导致高频调谐器的灵敏度降低；另外还应检查高放 AGC 电路有无故障，总线中 AGC 项参数设置是否正确以及高频调谐器自身有无故障。

（3）图像中频电路的检查。检查预中放电路和声表面波滤波器有无性能不良，中放电路 AGC 调整是否合适。

检修电视机接收图像信号弱故障可按如图 3-28 所示的检修流程进行检修。

（二）接收图像信号弱故障的维修案例

1. 康佳 P29FG188 型彩色电视机 TV 状态时有很淡的雪花，换台时有微弱的黑白图像，AV 图像正常

出现此类故障时，首先检测调谐器 U101（AMT02401）的各脚电压是否正常。若各脚电压正常，则检测 U101 是否正常。若

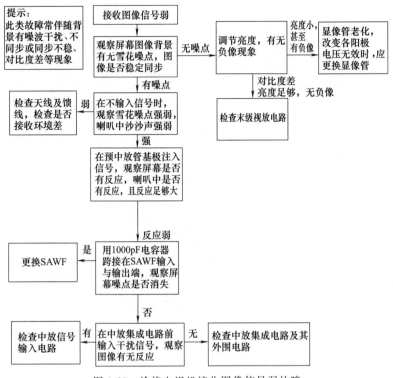

图 3-28 检修电视机接收图像信号弱故障

U101 正常，则用万用表检测三极管 V103（C1815）。

实际检修中，因三极管 V103（C1815）的 c、e 极击穿而引起此故障较为常见。U101 及外围元器件截图如图 3-29 所示。

2. 创维 29T66HT（6D96 机芯）型彩色电视机 TV 状态时图像有雪花干扰

出现此类故障时，首先检测高频头的 AGC 电压是否正常。若电压比正常值偏低较多，则检查延迟 AGC 调整脚电压（即 LA7566 的㉔脚）是否正常；若比正常值 2.2V 偏低较多，则检查其外围元件是否有问题。实际维修中因外围电容 C119（103）漏电而引起此类故障有所存在。

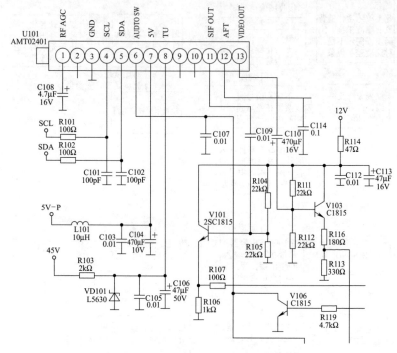

图 3-29　U101 及外围元器件

十二、图像忽明忽暗或左边比右边亮故障检修技巧实训

（一）图像忽明忽暗或左边比右边亮故障的检修方法

　　图像左边比右边亮故障一般发生在亮度电路中的直流恢复钳位电路中；图像忽明忽暗一般是开关电源或行输出电路提供的电压不稳定，以及亮度控制电路元器件性能不良造成的。

　　检修时，首先测量开关电源输出端电压及行输出电路供电电压是否稳定，如果输出电压均正常，则应检查亮度控制电路中有无元器件性能不良。亮度电路中直流恢复钳位电路存在问题则查钳位电容器有无漏电或击穿。

（二）图像忽明忽暗或左边比右边亮故障的维修案例

1. TCL HID29A711（MS22 机芯）型彩色电视机，图像忽明忽暗

出现此故障应按以下步骤进行判断：

（1）开机检测 ABL 控制电压是否正常，若控制电压正常，则检查 CRT 是否有问题。

（2）若更换 CRT 后故障不变，则检测加速极的电压是否正常。

（3）若加速极的电压不正常，则检查行输出变压器是否有问题。

实际维修中因行输出变压器损坏而引起此类故障有所存在。

2. 三洋 3418E 机芯彩色电视机，图像有时发暗

出现此故障应按以下步骤进行判断：

（1）开机检测加速极电压是否正常。若加速极电压正常，则检测 IC201（LA76832）⑬脚（ABL 控制脚）电压是否正常。

（2）若 IC201⑬脚电压不正常（正常为 3.3V），则检查电容 C208 是否正常。

（3）若代换 C208 后故障不变，则检查直流上偏置电阻 R412 是否正常。

实际维修中因 R412 开路而引起此类故障有所存在。

3. 创维 29T68HD（6D72 机芯）型彩色电视机，刚开机正常，但放一段时间后图像左边暗右边亮

出现此故障应按以下步骤进行判断：

（1）检查消亮点电路易损件 R534（220kΩ）电阻及旁边的三极管是否存在变质。

（2）采用加热法（即用吹风筒）对消亮点部分进行加热，故障出现，由此判断有元件热稳定性能不良。

实际维修中因消亮点部分中 D531（BA159）不良造成此故障有所存在。

十三、图像重影、彩色电视机镶边或彩色电视机拖尾故障检修技巧实训

（一）图像重影、彩色电视机镶边或彩色电视机拖尾故障的检修方法

图像重影、彩色电视机镶边和彩色电视机拖尾是三类不同的故障。

（1）图像重影是指将色饱和度调到最小时，黑白图像也有重影。图像重影产生的原因主要有：接收环境不佳或高频头接地屏蔽不良；声表面波滤波器不良；图像画质增强电路出现故障。

（2）彩色电视机镶边是指黑白图像没有重影当图像着色后，图像与彩色电视机不完全重合的故障现象。彩色电视机镶边的主要原因有：电子束会聚不良；亮度延时线变质或开路；色度带通滤波器频带宽度变窄。

（3）彩色电视机拖尾是指图像彩色电视机向某一方向溢出，并且长短不一的一种故障现象。彩色电视机拖尾的原因主要有：180～200V 视放电源内阻增大；白平衡调整不良（含 I^2C 总线数据设置错误）；加速极电压偏低；显像管老化或显像管阴极与灯丝之间漏电。

当彩色电视机出现彩色电视机镶边或彩色电视机图像与黑白图像重合不良的故障现象时，应检查亮度延迟线的输入电路和输出电路有无故障，延迟线本身是否性能不良；检查图像中频电路和色度电路的频响特性是否满足要求。具体检查亮度信号延时线电路及色度信号放大电路的频响特性有无性能不良。另外，显像管衰老或加速极电压偏低时，如果亮度和对比度加大，会在较亮的图像右边缘产生镶边和拖尾现象，检修时，可适当提高加速极电压或降低图像亮度和对比度。

检修图像重影、彩色电视机镶边和彩色电视机拖尾故障也可采

用观察法、电压测量法、电阻测量法和替换法来加以判别，具体方法如下：

（1）由于重影和彩色电视机镶边故障极其相似，因此检修时采用观察法来进行判别，即将电视机的色饱和度开至最小。若图像有重影，则应检查天线输入系统、高频头、声表面波滤波器及它们的屏蔽接地是否良好及清晰度增强电路是否正常；反之，若图像没有重影，则要检查亮度延时线（包括它周围的电路元件）或色度带通滤波电路元件是否正常；若图像带有彩色电视机的镶边，且镶边的颜色与图像颜色不相同，则可判断是显像管会聚被破坏。

（2）若图像拖尾，且在调节亮度时彩色电视机拖尾程度明显变化，则可能是末级视放电源内阻增大；若画面较暗淡，调对比度有明显的变化，并且在交界处图像右边溢出红色或其他颜色，则可能是加速极电压太低；若在图像亮度或对比度开大时清晰度显著下降、散焦且拖尾现象更加严重，甚至出现负像和同时出现底色偏色现象，则说明是显像管严重老化或阴极漏电所致。

（3）当怀疑末级视放电压或加速极电压过低时，可使用电压检测法，通过检查其工作电压来加以判别。

（4）当怀疑显像管是否老化或极间是否存在漏电，亮度延时线、电阻等是否开路时，可使用电阻测量法对它们的性能来加以判别。

（5）对于有些元器件，像高频头、声表面波滤波器、集成电路、色度带通滤波器、亮度延时线及有关电容不良时，而在使用电压、电阻测量法又不能确诊时，这时应使用替换法来加以判别。

（二）图像重影、彩色电视机镶边或彩色电视机拖尾故障的维修案例

1. 松下 TC-29FJ20G 彩色电视机图像重影

出现此类故障，首先开机观察故障，若图像在接收动态信号时重影现象较轻，但接收电视台的测试信号时较明显，则检测 TNR 至 IC601 之间的电路是否有问题。若测 Q102 工作电压正常，

IC601（TDA9592）⑱脚（IFIN1）、⑲脚（IFIN2）电压也正常，则对交流通道（如图 3-30 所示）上的元件进行逐个检查。实际维修中因 Q102 输出之后的电容 C120 不良而引起此类故障有所存在。

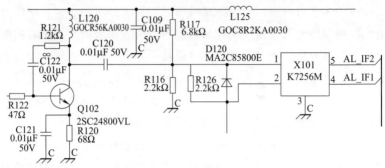

图 3-30 交流通道部分电路

2. 厦华 XT-3468T 型彩色电视机图像严重镶边，不清晰，而伴音正常

根据现象初步判断故障原因是中放电路失谐，检修时可按以下步骤进行判断：

（1）用小改刀将中放锁相环谐振中周磁芯（在主板-行输出变压器边上有一块竖立的屏蔽组件板，这就是中放板组件，在行输出变压器这一面屏蔽盖上开有一小孔，从小孔中看进去可见一磁芯，这就是中放锁相环谐振中周磁芯）逆时针旋出 3 圈左右，观察图像是否能恢复正常。

（2）若此中周已严重失效，则必须更换。将中放组件从主板上拆下，并拆去屏蔽铁盖，用新品 1442 中周更换后再焊好屏蔽盖，将中放组件装回主板，微调 1442 中周，使声图最佳。

※**知识链接**※　调 1442 中周使图像最清晰时，还需观察换台后图像是否抖动，如果换台后图像抖动，说明未调准。最佳的位置是：图像最好，且换台后图像也不再抖动。

3. 海信 HDP3411H 型彩色电视机字符、图像拖尾

出现此类故障时，重点检查视放电路，即检测视放板上 N501

（TDA6111Q）、N511（TDA6111Q）、N521（TDA6111Q）的 1 脚电压是否正常（正常为 2.31V）。若电压不正常，则检查 TDA6111Q 外围元器件是否有问题。

实际检修中，因 TDA6111Q 外围电阻 R539（3.6kΩ）变值而引起此故障较为常见。电阻 R539 相关电路如图 3-31 所示。

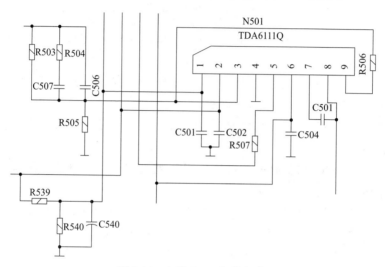

图 3-31 电阻 R539 相关电路

十四、图像抖动的检修技巧实训

（一）图像抖动故障的检修方法

引发图像抖动故障的原因主要是：场幅调节电路有元件接触不好或虚焊而导致场幅不稳定；场扫描电路的 50/60Hz 识别电路或场输出电路的 50/60Hz 控制电路发生故障，以致图像上下抖动；行输出高压出现打火故障，对图像同步信号参数造成干扰，引起图像抖动；当中频 PLL 环滤波器外接电容漏电时，可导致换台时图像上下抖动；当过压保护电路元器件性能不良时，也会造成图像抖动。

当出现图像抖动故障时，应对行、场扫描电路及易损元器件进行检修，具体检查：场幅调节电路有无接触不良或虚焊；50/60Hz识别控制电路有无元器件性能不良；行输出电路是否存在接触不良和漏电打火故障；中频 PLL 环滤波器外接电容是否漏电；过压保护电路有无元器件性能不良。

（二）图像抖动故障的维修案例

1. 创维 29T68HT（6D96 机芯）型彩色电视机图像字符抖动

出现此类故障，首先开机测试 AGC 电压是否正常。若正常，则检测中频各脚是否有问题。若无问题，则检查行、场小信号处理IC（STV9118）及其外围元件是否有问题。实际维修中因STV9118⑥脚外接振荡电容 C202（102）不良而引起此类故障有所存在。

2. 创维 29D98HT（机芯 6D85）型彩色电视机开机时图像上下抖动，场幅时大时小

出现此类故障时，首先检查场供电各电容是否正常。若场供电各电容正常，则检测场 IC（LA78145）各脚电压是否正常。若各脚电压正常，则检测 LA78145 及其外围元器件是否正常。若外围元器件正常，则检查场扫描电路是否正常。若场扫描电路正常，则检查数字板是否正常。若数字板正常，则检测 ICM301（TB1307FG）及其外围元器件。

实际检修中，因 ICM301（TB1307FG）外接电容 CM352（470nF/63V）失容而引起此故障较为常见。ICM301（TB1307FG）外围元器件相关电路如图 3-32 所示。

3. 长虹 25N18 型彩色电视机有时图像抖动

出现此故障时可按以下步骤进行检查：

（1）检查扫描电路是否存在虚焊。若存在虚焊可对电路板进行重新补焊。

（2）检查场输出电路 AN5534 及其外围电路是否有问题。

（3）检查 ABL 电路是否有问题。查"行变"ABL 引脚外接元

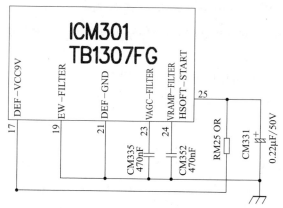

图 3-32　创维 29D98HT 电视机 ICM301（TB1307FG）外围元器件相关电路

件是否有问题、AN5905⑳脚的外接阻容元件是否有问题。

　　实际维修中因 ABL 电路与＋B 上所接的电阻（10kΩ）不良而引起此故障有所存在。

十五、图像模糊的检修技巧实训

（一）图像模糊故障的检修方法

引起该类故障的原因有：

（1）亮度信号丢失；（2）ABL 自控电路性能不良；（3）预中放、图像中频输入电路有故障；（4）图像中频调整电路有故障；（5）AGC 控制电路有故障；（6）全电视机信号输出端与 TV 视频信号输入端之间电路有故障；（7）自动清晰度控制电路有故障；（8）勾边电压形成电路有故障；（9）视放电路有故障；（10）显像管聚焦电路不正常；（11）显像管管座漏电；（12）聚焦线圈有故障；（13）行输出管有故障；（14）调整电路有故障；（15）图像信号处理电路有故障；（16）中放电路元器件特性变差；（17）AFC 控制电路有故障；（18）对比度控制电路有故障；（19）亮度信号处理电路有故障。

（二）图像模糊故障的维修案例

1. 海信 HDP3277H 型彩色电视机，图像不清楚、边缘模糊，台标发虚

出现此故障可按以下步骤进行判断：

（1）开机检测三极管 VH01（C4636）的 c 极电压是否正常，若电压不正常（正常为 320V），则检测 VH01 b 极和 e 极电压是否正常。

（2）若 VH01 的 b 极和 e 极电压为 12V，则检测与 VH01 的 e 极相连的电阻 RH18（2.2kΩ）的两端电压是否正常。

（3）若电阻 RH18 的两端电压不正常，则检测三极管 VH01 和 VH02 是否正常。

实际维修中因三极管 VH01 损坏而引起此类故障有所存在。

※知识链接※ 动态聚焦电路的电压变压流程：行输出变压器的②脚交流电压为 370V→二极管 DH02 变成 560V→二极管 DH01 变成 620V→电阻 RH22 变成 530V→电阻 RH21 变成 430V→电阻 RH01 变成 320V→电阻 RH23 变成 320V→TH01 动态聚焦升压变压器的初级交流电压变成 17V 左右。

---

2. TCL-21A106 彩色电视机开机后图像浅淡模糊

此类故障一般发生在亮度信号传输线路中。检修时的测试点为 TB1238N 的㉟脚。实际维修中因 Q902 的 b-c 结击穿使㉟脚电压偏低，导致㉕脚外接 Q203 加速导通，使亮度信号被衰减，从而导致此类故障的发生。

3. TCL-HD29E64S（MS22 机芯）彩色电视机图像模糊

出现此类故障时，首先检测数字板引脚 ABL 电压是否正常。若不正常，则检查 ABL 电路或数字板 ABL 处理部分。实际维修中因 ABL 电路中稳压二极管 D411 反向漏电而引起此类故障有所存在。

十六、图像左右扭动的检修技巧实训

(一) 图像左右扭动故障的检修方法

电视机图像左右扭动实际上就是行扭，应根据不同的行扭情况进行分析和检修。

如果整个图像有规律性地扭动，也就是光栅的垂直边缘呈"I"形扭动，而且还伴随有慢慢的蠕动，有时还会出现一条或两条黑色滚动带，同时伴音中有嗡嗡的交流声，则一般是由电源电路整流二极管、滤波电容不良等引起的。

如果整个图像呈"S"形扭动或类似"S"形扭动，则大多是整流桥中的二极管损坏，或电源调整管不良所致。电源滤波不良一般扭曲现象会发生在整幅图像上，而不会仅仅是下半部分图像扭曲。

如果整个图像无规律地扭动，则一般是同步信号中叠加了图像信号所致。应重点检查同步分离级电路。

(二) 图像左右扭动故障的维修案例

1. 海信 HDP3269 型高清彩色电视机图像扭曲（上部 1/3 的图像正常，无扭曲，只有下部 2/3 的画面发生扭曲）

根据现象分析，排除电源滤波电路有问题的可能，重点检查行输出电路，其检修步骤是：

(1) 采用代换法检查主板上各逆程电容 C411、C413、C420、C414、C415、C428 是否正常。

(2) 检查校正电路板上的 S 校正电容是否正常。

(3) 检查 CN05、CN06、C406、C407、C422、C423 是否有问题。

实际维修中因电容 C423（100nF/630V）变容而引起此故障有所存在。

2. TCL 王牌 HD25V18P 型彩色电视机，开机图像正常，停几分钟后图像上部扭曲

根据现象分析，机内可能有元件热性能不良，其检修步骤是：

（1）此机采用的变频 IC 是 HTV025-P，故障率相对较高，更换该 IC 后试机观察故障是否排除。

（2）若变频 IC 正常，则采用加热法进行检查，其方法是：在冷机开机时分别给各个集成电路加热，若仅在给 CPU 加热时有反应，其他元件加热无反应，则判定故障件应该就在 CPU 外围中。

实际维修中因 CPU㉚脚数据线外接二极管 D104 不良而引起此故障有所存在。

十七、图像无彩色或彩色电视机异常，黑白图像与伴音正常的检修技巧实训

（一）图像无彩色或彩色电视机异常故障的检修方法

图像无彩色，但黑白图像与伴音正常，说明公共通道工作正常，亮度通道工作正常，无彩色电视机故障的原因在色度解码电路，原因可能是色度通道、基准副载波恢复电路、解码矩阵等电路（统称为色度信号处理电路）故障。

图像彩色时有时无的故障原因主要有：梳状滤波电路不良；图像通道电路中梳状滤波器性能不良；视频及色度处理电路不良；开关制式转换电路工作异常；行中心调整电路不良；AFC 电路不良；色度控制电路有故障。

检修无彩色故障可按以下方法判断：

（1）首先将色饱和度手动旋钮置于最大位置，再仔细调整高频头微调旋钮来观察现象从而判断故障部位。若微调旋钮后，彩色电视机无变化，则故障多为高频头性能变劣所致；若微调旋钮后，仅某一频道无彩色图像，则故障发生在该频道相关电路中（常见原因有高频调谐电压异常，调谐器与预选器间的隔离二极管漏电或击穿损坏，印制电路板受潮、脏污、铜箔或焊点开路等）；若微调旋钮后，画面无明显变化，但能局部瞬间出现不稳定的彩色图像，则问题可能出在自动增益控制电路（AGC）或自动频率调整电路（AFT）中。

（2）微调高频头频率，更换频段也均无彩色图像，则故障一般发生在解码电路部分。此时可调节色饱和度旋钮，然后根据光栅的变化做出判断。若调色饱度旋钮失效，光栅呈现白底色，则故障一般发生在消色电路或色度放大电路中（常见原因为集成电路内部消色电路钳位二极管异常、消色检波管和色度放大管性能不良或损坏、色饱和度电位器开路等）；若色饱和度调至最大，此时光栅略带淡绿色或紫色，则检查副载波振荡器是否停振或振荡频率是否偏移。

> ※知识链接※　色解码信号主要通过三条路径传输：①从彩色电视机视频全电视信号选频输入，经色度放大、FU/FV 分量分离至三色差信号解调输出，这是一条主要路径；②自行同步信号延迟输入、色同步信号分离、移相到消色识别电路的检波、放大、控制，这是解码电路的重要控制路径；③从副载波信号的恢复产生、稳定，到逐行倒相的完成，是完成解码的关键路径。色解码的核心是自动消色电路和识别电路，它既控制色度放大器的通断，又提供 PAL 识别信号，所以对于无彩色图像的故障，主要应从消色电路开始查找。

（二）图像无彩色或彩色电视机异常故障的维修案例

1. 海信 HDP2910 型彩色电视机 TV 状态无彩色图像，AV 和 VGA 状态正常

出现此类故障时，首先检测 N202（M61266P）的⑭、⑯脚是否有色度信号输出。若⑭、⑯脚无色度信号输出，则检测 N202 外接晶振 Z302（4.43MHz）是否正常。若晶振正常，则检查 N202。

实际检修中，因集成电路 N202（M61266P）不良而引起此故障较为常见。

> ※知识链接※　当解码板出现无彩色图像的故障时，则重点检查晶振、APC 滤波电容和 N202 供电。

2. 长虹 CHD29366 彩色电视机 AV 模式下图像彩色正常，TV 模式下无彩色图像

多路信号处理器 U25（MST5C26）及外围元件有问题均可能导致此类故障的发生。检修时主要测试点为晶体振荡器 Y4、移相电容。

实际检修中因晶体振荡器 Y4 不良而引起此类故障较为常见。相关电路如图 3-33 所示。

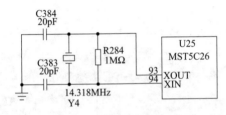

图 3-33　多路信号处理 IC 及外围部分电路

※知识链接※　MST5C26 是一种用于多功能 CRT 电视的高性能集成芯片，芯片集成了 3 倍的 ADC 和 PLL、多标准视频信号和声频信号解码器、逐行处理器、图像增强处理器、MSTARSCE-3 图像彩色电视机处理器、OSD 控制器、8 位的 MCU，内置 3 通道模拟信号输出，内置支持高清电视 3D 视频处理的 SDR DRAM，它支持全屏逐行处理信号、图框比率转换、画面比率转换。

3. 厦华 XT5102 型彩色电视机彩色图像时有时无，且有彩色图像时也较淡

出现此故障时可按以下步骤进行：

（1）首先检测色解码集成电路 IC201⑩脚电压是否高于 6V，若低于 6V 说明消色电路并未动作，此时检测⑦脚 5V 电压是否正常，若该电压偏低，则判定故障在色度调节电路中。

（2）检查色度调节电路中 C209、VR206 等元件是否有问题。

实际维修中因色度调节电路中电容 C209 漏电引起此故障有所存在。

十八、图像不稳定的检修技巧实训

（一）图像不稳定故障的检修方法

产生此故障的原因有：中放通道 AFT 电路不良或加至 CPU 的同步脉冲不良；图像通道电路、TV/AV 转换、调谐电路、数字梳状滤波器有问题等。

（二）图像不稳定故障的维修案例

1. 长虹 PF29G88 型彩色电视机，接收 TV/AV 信号时图像均不稳定

根据现象分析，此故障一般发生在 TV/AV 转换及图像通道电路（主要由 QV01、数字梳状滤波器及 Q501、Q204、Q205、Q503 等组成）中。检修时，首先用万用表测 Q501、Q204、Q205 和 Q503 各极工作电压是否正常。若工作电压均正常，则检查数字梳状滤波器是否正常。若数字梳状滤波器正常，则断开数字梳状滤波器组件亮度及色度信号端，将副中放组件输出的视频信号直接加至 Q205 的 b 极，若无图像则检查 Q501 是否有问题。

实际维修中因 Q501 管开路损坏而引起此故障有所存在。

2. 索尼 KV-F29MH31 型彩色电视机开机后有光栅，但图像不稳定；从 AV 输入信号时，偶尔能看到图像不清晰的轮廓，各种颜色都有，图像不停地闪动，有噪声

出现此类故障时，可按以下方法进行检修：

（1）检查视放板上晶体管是否有问题。

（2）测量各阴极电压是否正常（分别在 138～147V 之间），G2 电压是否正常（正常为 420V），其供电电压是否正常（正常为 1000V）。

（3）利用 DVD 机输出的 G、B、R 信号分别输入一台液晶显示器的 G、B、R 输入端，通过液晶显示器的图像显示情况，模拟检查判断彩色电视机从解码输出到视放板以后部分正常与否。若用液晶显示器对三基色信号进行检测，则会发现该点信号不正常，图像不停地闪动，与荧光屏的显示类似。因此判断本机视放板 G、B、R 输入信号异常，解码输出之前的电路可能有故障。

实际维修中因解码电路中 500kHz（32 倍行频）的晶振不良而引起此故障有所存在。

※知识链接※　索尼 F29MH31 解码使用的 CXA1587S，其输出端与视放板相连，㉘～㉚脚分别是蓝、绿、红基色信号输出端。

十九、伴音干扰图像的检修技巧实训

（一）伴音干扰图像故障的检修方法

引起伴音干扰图像故障的原因有：

（1）对伴音中频信号 31.5MHz、6.5MHz 吸收不够，造成伴音信号窜入视频信号中干扰图像。检修时可采用替换法检查滤波器（SAWF）和视放通道前的 6.5MHz 陷波器来确定故障。

（2）扬声器发声产生的机械振动会引起电路元件虚焊。检修时可检查公共通道和视放通道中元件是否存在虚焊。

（3）电源内阻增大或滤波不良，使音频信号通过电源耦合干扰图像，且伴音中常有较严重的交流声。检修时可将全波整流桥堆作为重点，因全波整流桥堆中若有一组整流二极管损坏，全波整流就会变为半波整流，纹波系数增加、内阻增加，则故障就会出现。

检修电视机伴音干扰图像故障可按如图 3-34 所示的检修流程进行检修。

（二）伴音干扰图像故障的维修案例

1. 长虹 C239FD 彩色电视机伴音干扰图像

出现此类故障时，可按以下方法进行检修：

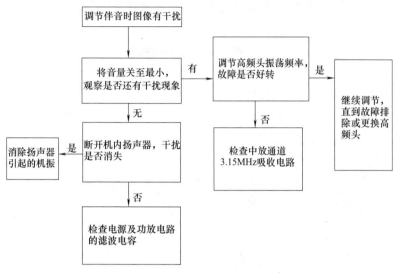

图 3-34　检修电视机伴音干扰图像故障

（1）检查声表面波滤波器是否正常。

（2）测 N301（TDA8843）相关中频处理的各部分工作点电压是否正常。

（3）检测 N301⑫脚供电及相关电路是否正常、预中放的直流工作点是否正常。

（4）检查预中放电路元件是否有问题。

实际维修中因预中放 V104 的反馈电容 C102 变质，导致工作点偏移，使输入到声表面波滤波器的信号频率波动，使伴音陷波点波动而引起此故障较常见。

2. 康佳 T2916A 型彩色电视机开机后伴音干扰图像，且图像彩色电视机浅淡

根据现象分析，此故障一般发生在伴音中频信号处理电路中，可能是视频信号中混有 6.5MHz 第二伴音中频分量所致。检修时主要检查 TA8165N 及 2205、2203、2210 等元件是否有问题。

实际维修中因 TA8615N 内部损坏而引起此故障有所存在。

3. 创维 29T83HTX 型彩色电视机伴音干扰图像，且白色横线干扰

出现此类故障时，可按以下方法进行检修：

（1）首先测量主电源电压、＋12V 供电电压、视放部分供电电压、场部分供电电压是否正常。

（2）查各供电滤波电容是否良好。

（3）查场块 IC301（TA8403K）及周围的电容和电阻是否有问题。

（4）查中放输入电路中是否有问题。

实际维修中因中放输入电路中电容 C121 失容而引起此故障有所存在。

※知识链接※　图像信号经过 R127（220Ω）、R128（220Ω）分压后，经电容 C121（10μF/16V）送入具有视频、音频信号转换开关的中放块 IC101（TDA8222）的⑭脚。

二十、有光栅、无图像、无伴音的检修技巧实训

（一）无图像无伴音故障的检修方法

引起此故障的部位有：高频头、频道预选器或微处理器、预中放、声表面波滤波器、图像中放及检波、AGC 电路等图像与声音的公共通道（即高频头、中放、CPU）。

中放故障，一般重点检测中放电路供电电压、中放输入端、中放 AGC 等电压；高频头故障，一般重点检测高频头各脚电压〔因为高频头正常工作，必须同时具备以下电压：工作电压 BM、调谐电压 BT、自动增益控制电压 AGC、自动频率微调电压 AFT、波段电压（BU、BH、BL 中的任一个）〕；CPU 故障，一般重点检查 CPU 各控制脚电压及对应的接口电路。

检修时可按以下方法进行判断：

（1）噪波点观察法。就是观察光栅上噪波点的多少、浓淡和扬

声器有无"哔哔"声来大致判断故障的部位。若有浓密噪波点,则故障在高频头;若为白净光栅,则故障在中放。

(2)干扰法。就是用工具去碰触中放输入端,然后观察光栅变化情况,即:将万用表置于 $R \times 1$ 挡,黑笔接地、红笔瞬间碰触中放输入端,若光栅有闪烁,则故障在高频头;若光栅无反应,则故障在中放电路。

(3)信号注入法。就是断开预中放与高频头间的耦合电容,用电视中频信号发生器从中放输入端加入中频信号,观察图像是否正常。若正常,则故障在高频头。

(4)动、静态电压检查法。就是在动、静态状态(中放电路中有些脚的电压在有信号和无信号时是不一样的,有信号为动态,无信号为静态)时用万用表分别对各部位进行检测。若动、静态电压有变化,对于视频输出脚进行检测,若有视频信号输出,说明此前电路正常。对于同步分离电路,说明同步分离电路正常;对于AGC电路,说明AGC已起控等。

(二)无图像无伴音故障的维修案例

1. TCL-NT21E64S 彩色电视机热机行不同步,且无图像、无伴音

出现此类故障时,首先检查 IC201(LA76931)的 20 脚电压是否正常。若电压不正常,则检查其外围元件(如图 3-35 所示)是否有问题。实际维修中因电容 C258 失效而引起此类故障有所存在。

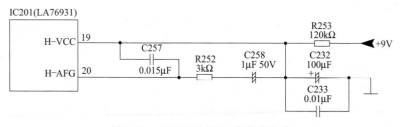

图 3-35　LA76931 的 20 脚外围电路

2. 长虹 C2591AE 型电视机开机后屏幕有光栅，但无图像，且扬声器无伴音

出现此故障时，首先将整机置于 AV 状态，用彩色电视机信号发生器从 AV 输入端送入音、视频信号，若故障消失，则说明故障出在 TV/AV 信号转换电路中（如图 3-36 所示，该机 TV/AV 转换用 NS01，NS01⑨、⑩脚的电位受 VS27 控制，当⑨、⑩脚为高电平时接通 AV，低电平时接通 TV），此时可按面板上的 TV/AV 转换开关，检测⑨、⑩脚电压是否正常。若⑨、⑩始终为高电平，则检查其外围元件是否有问题。实际维修中因三极管 VS26 损坏致使彩色电视机一直处于 AV 状态，从而导致此类故障有所存在，此时更换损坏件即可。

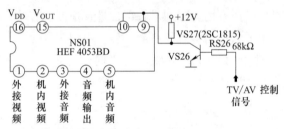

图 3-36　TV/AV 转换相关电路

3. 长虹 CHD29100C 彩色电视机无图像、无伴音

此类故障一般发在中放电路、电源整流稳压电路中。主要测试②脚 BTL 电压（正常值为 33.0V）、⑦脚和⑧脚总线电压、③脚和⑪脚电压、VD831、ZP831。实际检修中，电源整流稳压电路限流保护电阻 ZP831 变值而引发此类故障较为常见。

4. 创维 29T61HT（6D91 机芯）型彩色电视机 AV 状态无图像、无伴音

该机 TV/AV 的音频转换是在 LV1117 中完成的，同时 LV1117 还输出逻辑电平控制电子转换开关 IC301（4053）进行 TV/AV 的视频信号转换。检修时，首先检测 IC301（4053）相关脚电压是否正常。若检测供电电压正常，但其⑨、⑩脚的转换电平

不正常，则检测 LV1117⑳、㉑脚转换电平是否正常。实际维修中因 LV1117 有问题而引起此类故障有所存在。

二十一、水平一条亮线的检修技巧实训

（一）水平一条亮线故障的检修方法

引发一条水平亮线故障的部位在场扫描电路中，多为场输出电路故障，少数为场振荡电路故障。具体检修方法如下。

（1）用表笔瞬时触碰场输出级输入端，观察亮线能否瞬间打开。若能瞬间打开，则检测场前级供电是否正常。若测得场前级供电不正常，则应检修供电电路；若测得场前级供电正常，则检测场振荡电路是否正常、锯齿波形成电容是否开路或漏电、集成电路是否损坏。

（2）若亮线不能瞬间打开，则检测场输出级电源是否正常。若场输出级电源不正常，则检修供电电源；若场输出级电源正常，则测量中点电压是否正常。若中点电压正常，则说明输出电容或场偏转线圈开路；若中点电压不正常，则检测场输出级输入端直流电压是否正常。若测得直流电压正常，则检测直流反馈电阻是否开路，若未开路，则说明场输出管损坏；若测得直流电压不正常，则检测场输出级与前级间是否开路，若未开路，则说明场激励管损坏，更换即可排除故障。

检修电视机水平一条亮线故障可按如图 3-37 所示的检修流程进行检修。

（二）水平一条亮线故障的维修案例

1. 康佳 T2968K 型彩色电视机，屏幕呈一条水平亮线

出现此故障应按以下步骤进行判断：

（1）开机检测主电源是否正常，若主电源正常，则检查电容 25V/2200μF 是否正常。

（2）若更换电容 25V/2200μF 后叫声消失，但故障不变，则检

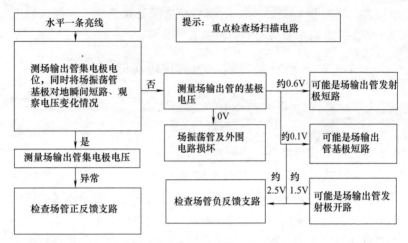

图 3-37　检修电视机水平一条亮线故障

测场块 LA7845 工作电压是否正常。

（3）若 LA7845 工作电压不正常，则检查 LA7845 元件是否正常。

（4）若 LA7845 元件正常，则用示波器检测 LA7845 两路输入信号是否正常工作。

（5）若输入信号正常，则进入总线调场幅排除故障。

实际维修中因场幅错乱而引起此类故障有所存在。

※知识链接※　场幅的模式为 4∶3。

2. 海信 DP2906G 型彩色电视机，水平一条亮线

出现此故障应按以下步骤进行判断：

（1）打开机壳，首先检测 N301（TDA8351）各个脚电压是否正常，若 6 脚电压正常，3、4、7 脚电压不正常，则检查扫描块是否正常。

（2）若更换扫描块后故障不变，则检查电阻 R413（3.3Ω）、R408（12Ω）和双整流管 VD406 是否正常。

实际维修中因 VD406 击穿而引起此类故障有所存在。海信

DP2906G 扫描电路相关部分如图 3-38 所示，供维修和代换时参考。

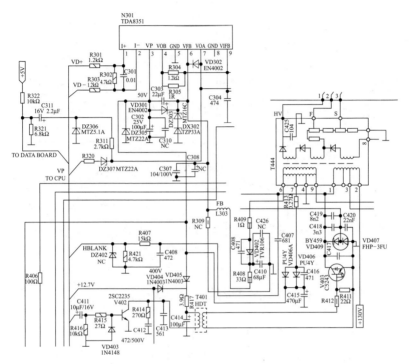

图 3-38 扫描电路相关部分

3. 海尔 21TA1-J 彩色电视机呈水平亮线

出现此类故障时，首先检查场块 16V、46V 供电是否正常来进行判断，其方法如下。

若供电电压正常，则说明故障出在场振荡至场激励级，查 R312、R313 是否存在虚焊或变值。若 R312、R313 正常，则查 N201（OM8370）场外围元件及 N201 是否有问题。

若供电电压不正常，则说明故障出在场输出级，此时检测场输出集块 N301（TDA8357J）的 4、7 脚电压是否正常。若电压不正常，则查其外围电路是否有问题；若电压正常，则检查场偏转线圈是否有问题。实际维修中电阻 R307 有问题而引起此类故障有所存在。相关电路如图 3-39 所示。

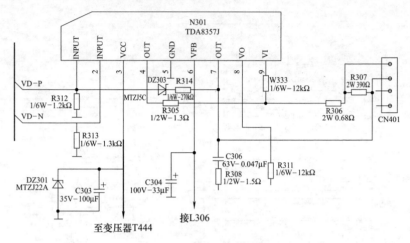

图 3-39 场输出部分电路

二十二、行、场不同步的检修技巧实训

(一) 行、场不同步故障的检修方法

行不同步一般是行同步信号失常、行振荡频率偏移所致，其故障发生在以下部位：行 FC 电路、行振荡电路。调节行同步电位器，若图像能在某一点上同步，说明行振荡频率正常，检查行同步脉冲信号分离电路（即微分电路）、行 AFC 电路与行逆程脉冲信号；若不同步，则重点检查行振荡电路，对于采用 32 倍行频振荡电路的彩色电视机，常见为 500kHz 晶体（陶瓷谐振器）性能不良或行同步 AFC 电路元器件性能不良所致。

场不同步一般是场同步信号失常、场振荡频率偏移所致，其故障发生在以下部位：场积分电路、场振荡电路。调节场频电位器，若图像能在某一点上同步，则故障在场积分电路；若不能同步，则检查场振荡电路。出现场不同步的概率较小。

行、场均不同步，图像在屏幕上呈斜条状且翻滚，无法看到完整的图像。其故障发生在以下部位：AGC 电路、同步分离电路（即幅度分离电路）、消噪电路。检修时，首先观察有无彩色电视机全电视信号进入同步分离电路，再检查同步信号分离电路引出脚外接元器件。当接收弱信号台或天线缩短时，若图像变稳定，则故障在 AGC 电路。只是 TV 状态行场不同步，则检查 AGC 电压形成和控制电路。

检修电视机行、场不同步故障可按如图 3-40 所示的检修流程进行检修。

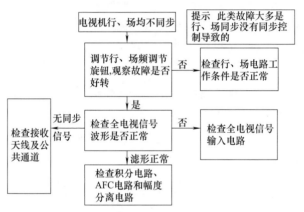

图 3-40　检修电视机行、场不同步故障

（二）行、场不同步故障的维修案例

1. TCL HID299S. P 型彩色电视机，行场不同步

出现此故障应按以下步骤进行判断：

（1）开机检测各路输入信号是否正常，若 VGA 信号输入图像正常，则用示波器测量 TDA9332 行场同步信号是否正常。

（2）若 TDA9332 行场同步信号没有输入，则检测行场同步信号的公共部分是否存在故障。

（3）若输入有行场同步信号，但没有输出信号，则检测 IC1402（74LLS221N）是否有问题。

实际维修中因 IC1402 不良而引起此类故障有所存在。

2. 海信 TC2175G 型彩色电视机，开机时有声音，但图像行场不同步，而且搜台时台号不变

出现此故障应按以下步骤进行判断：

（1）开机检查主芯片 LA76810㊳脚外接 4.43MHz 晶振是否正常，若外接晶振正常，则检查 LA76810㉙脚（行 VCO 参考电流设置端）外围精密电阻 4.7kΩ 是否正常。

（2）外围 4.7kΩ 精密电阻正常，则进行其他相关检查。

实际维修中因精密电阻不良而引起此类故障有所存在。

3. 长虹 CHD32300 型彩色电视机，图像场不同步

出现此故障应按以下步骤进行判断：

（1）首先用示波器检测 U25（OM8380）㉔脚与㉓脚输入的行场同步信号是否正常。若㉓脚没有场同步脉冲，则检查变频处理块 SVP-EX（208）是否正常。

（2）变频处理块 SVP-EX（208）正常，则进行其他相关检查。

实际维修中因 SVP-EX（208）损坏而引起此类故障有所存在。

※**知识链接**※　①该机属于 CHD-3 机芯，数字板型号为 JUJ7.820.1336；②变频处理块 SVP-EX（208）输出场同步脉冲。

4. 日立 CMT5018PD（CP9M 机芯）型彩色电视机，行场不同步

出现此故障应按以下步骤进行判断：

（1）开机用示波器测量 IY01（CXA1545AS）㊸脚、PCC 插排⑩脚和 PSI2 插排⑭脚是否有视频信号输出。若 IY01㊸脚、PCC 插排⑩脚和 PSI2 插排⑭脚视频信号输出正常，则检测 Q509（2SC2412K）的 b、e 极视频信号是否正常。

（2）若 Q509 的 b 极视频信号不正常，e 极无视频信号输出，则用万用表测 Q509 的 b、c、e 极电压是否正常。

（3）若 Q509 的 c 极正常（正常为＋9V），而 b、e 极电压不正常（b 极正常为＋3.5V，e 极正常为＋4.3V），则检查 Q509 是否正常。

实际维修中因 Q509（2SC2412K）的 b 和 e 极击穿而引起此类故障有所存在。2SC2412K 可用 2SC1740S 代换。日立 CMT5018PD 扫描电路相关部分如图 3-41 所示。

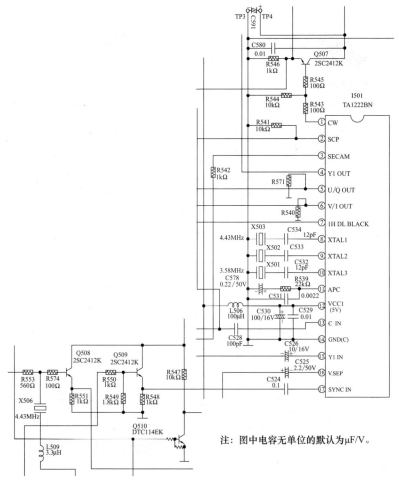

图 3-41　扫描电路相关部分

二十三、自动关机的检修技巧实训

（一）自动关机故障的检修方法

引发自动关机故障的主要原因有两种：一是电路存在接触不良现象，受热后张开导致自动关机；二是过压保护所致。故障部位主要在电源电路、行场扫描电路、保护电路、待机控制电路中。检修方法如下。

（1）检查电源电路　具体检查：开关电源保护电路是否正常；开关电源稳压控制电路有无元器件性能不良；开关电源电路是否开焊或接触不良。

（2）检查保护电路　具体检查：保护电路是否动作；保护电路取样电路元件是否变质；以及查找引起保护的故障元器件。

（3）检查待机控制电路　具体检查：微处理器的工作条件是否正常；矩阵和总线电路是否正常；待机控制电路是否正常。

（4）检查行、场输出和束电流控制电路　具体检查：行输出电路和场输出电路是否存在开焊和接触不良现象；交流接地电容是否虚焊或开路（只针对设有束流过流保护电路的彩色电视机）。

（二）自动关机故障的维修案例

1. TCL-NT21E64S 彩色电视机自动开关机

出现此类故障时首先开机检测＋B（125V）电压是否正常。若刚开机时＋B电压正常随后慢慢下降至120V时自动关机，则关机检查三极管 Q820～Q823 是否有问题。若正常，则检查稳压二极管 D832、D833 是否有问题。若正常，则检查电源块 IC801（STRW6553A）及其外围元件（如图 3-42 所示）是否有问题。实际维修中因电源块 STRW655EA 有问题而引起此类故障有所存在。

2. TCL HD28H61（MS22 机芯）型彩色电视机，自动开机和关机

出现此故障应按以下步骤进行判断：

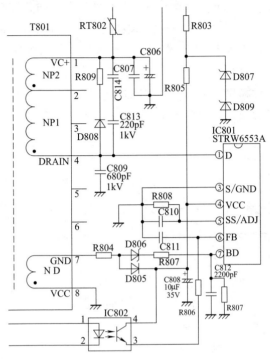

图 3-42　开关电源部分

（1）开机检测场部分是否正常，若场部分正常，则检查数字板是否正常。

（2）若更换数字板后故障不变，则检查 CPU 的 5V 供电电压是否正常。

（3）若 CPU 供电电压不正常，则检查主板上的电阻 R859 是否正常。

实际维修中因 R859 损坏而造成 CPU 的 5V 供电不正常而引起此类故障有所存在。

3. 海尔 29T8D-T 型彩色电视机，自动关机

出现此故障应按以下步骤进行判断：

（1）开机检测 CPU（1532S52E6）⑮ 脚电压是否正常，若

CPU⑮脚处于待机状态，则拔掉键控插头观察是否排除故障。

（2）若拔掉键控插头后故障依旧，则检测行电流是否正常。

（3）若行电流从 300mA 升到 480mA 时电视机自动关机，则检查行输出电路是否正常。

（4）若行输出电路正常，则检查行输出变压器是否有问题。

（5）若更换行输出变压器后故障不变，则检查行推动电路是否正常。

（6）若行推动电路正常，则检查行推动管是否正常。

实际维修中因行推动管不良而引起此类故障有所存在。

※知识链接※　该机采用 1532S52E6／LA76828N。

4. 长虹 C2919PS 型彩色电视机，开机十秒钟左右后关机，但电源指示灯亮，二次开机无效

出现此故障应按以下步骤进行判断：

（1）打开机壳，若脱开行负载带假负载开机不保护，则检查行电路是否有问题。

（2）若行电路无明显短路现象，则检查 1.25A 熔丝管是否正常。

（3）若更换 1.25A 熔丝管后故障不变，则检测 TA8427 阻值是否正常。

（4）若 TA8427 阻值正常，则检查行输出变压器 63V 绕组是否正常。

实际维修中因行输出变压器 63V 绕组不良而引起此类故障有所存在。

二十四、遥控器操作失灵的检修技巧实训

（一）遥控器操作失灵故障的检修方法

彩色电视机的遥控部分由红外遥控发射器、遥控接收器和控制电路组成。其工作原理是：红外线发射器发出的红外遥控信号，通

过红外线接收电路放大处理后，再送到微处理器，经译码后变成相应的操作命令，从而实现对彩色电视机的各种功能控制。对于电视机遥控电路故障的维修，关键要分清是发射部分（即遥控器本身）还是接收部分（即遥控接收器）的问题，这样才能找到故障。

（1）遥控器故障的判别与检修　检测遥控器是否完好的简易方法可用普通收音机进行感应检测。由于红外遥控器的振荡频率为 465kHz，与普通中波收音机的中频 465kHz 相近，因此将红外遥控器靠近收音机磁棒，按动遥控器的任一按键，若收音机发出响亮的"嘟、嘟"声，则说明遥控器发射信息正常，反之，表明有故障。也可将遥控器对准数码相机的摄像头，在按遥控器上的任意键的同时观察数码相机的屏幕上有无白光，若能看到白光，则说明遥控器能发出控制信号，可能是遥控接收电路故障；若不能看到白光，则说明为遥控器本身存在故障。

还可以使用测量法对遥控器性能加以判断，操作方法是：取出遥控器电池，将万用表拨到 $R \times 100$ 挡位置，将红表笔接遥控器电池盒的负极，黑表笔接正极。按下遥控器任意一个键，若指针有大幅度摆动，则说明遥控器正常；若指针不摆动，则说明存在故障，且造成这种情况多为晶体或 IC 损坏所致；若在测量时，指针往右摆动，则说明是线路短路或按键短路所致。

遥控器故障损坏的原因及检测部位如下：

① 电阻与弹簧夹接触不良，或电池漏液腐蚀触点及线路板。

② 晶振脱焊或不良。

③ 遥控器线路板断裂或导电膜断裂。

④ 导电橡胶磨损、老化接触阻值变大。

⑤ 发射二极管脱焊、变质不良。

⑥ 集成芯片或晶体管不良。

⑦ 阻容元件变质不良。

（2）遥控接收器故障的判别与检修　通过上述方法确认遥控器发射信号正常后，若遥控操作仍失灵，则说明故障出在遥控接收器电路中。

（二）遥控器操作失灵故障的维修案例

1. 海尔 HS-2198 型彩色电视机，遥控无效

出现此故障应按以下步骤进行判断：

（1）开机检测遥控接收头是否正常，若更换遥控接收头后故障不变，则检测遥控接收头 A1001 供电 5V 电压是否正常。

（2）若遥控接收头 A1001 供电 5V 电压正常，则检测输出脚电压是否正常。

（3）若输出脚电压不正常（正常为 3～4V），则检查 C1001（1000pF）瓷片电容是否正常。

实际维修中因 C1001 失效而造成输出脚电压不正常而引起此类故障有所存在。

2. 海尔 21FV6H-B 型（8873 机芯）彩色电视机遥控失灵

出现此类故障时，首先检查遥控接收器电压是否正常。若电压正常，则检查接收器是否有问题，若接收器正常，则检查 R351、N301（LA78040）是否有问题；若检测遥控接收器电压不正常，则检查 C101、ZD505、R539 等是否有问题。

Chapter 04

课堂一 长虹彩色电视机维修实训

（一）机型现象：长虹 CHD -10A/B 机芯彩色电视机屏幕下边四分之一处有回扫线、无字符

修前准备：此类故障应用电压检测法进行检修。重点检查电源与场、扫描电路。

检修要点：检查场输出电路 N301（LA78141）及其外围元件是否正常；预视放及扫描振荡集成电路 TB1307（N901）㉔、②脚电压是否正常；三端稳压器 N807（7805）是否有问题。

资料参考：实际维修中因 N807（7805）损坏造成 N301①脚 4.6V 电压为 0.9V、N901②脚无＋5V 供电、N807 输出端电压失常从而导致此故障。N807 相关电路如图 4-1 所示。

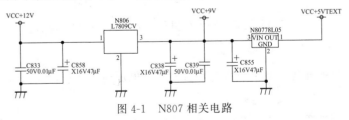

图 4-1　N807 相关电路

（二）机型现象：长虹 CHD -10A/B 机芯彩色电视机无伴音

修前准备：此类故障应用电压检测法进行检修。重点检查伴音

电路。

检修要点：主要检查高频头 TMI1-C23I1 的⑫脚是否有信号输出；Q601 是否正常；数字板 XS12 的④脚是否正常；功率放大器 N701（TFA9842J）①、④与②、⑧脚信号是否正常；R701、C701、R703、C703、C711、C712 及扬声器是否有问题。

资料参考：本例故障为功放块 TFA9842J 损坏所致，更换 TFA9842J 故障即可排除。N701 相关电路如图 4-2 所示。

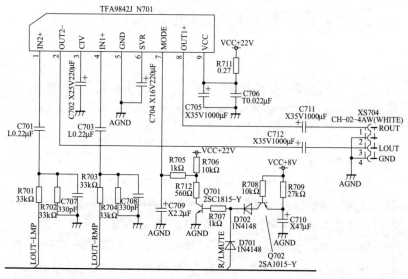

图 4-2　N701 相关电路

（三）机型现象：长虹 CHD29156（CHD-7 机芯）型彩色电视机开机后无反应

修前准备：此类故障应用目测法、电压检测法进行检修。主要检查开关电源及行电路。

检修要点：首先打开机壳，目测观察电路板上是否存在烧黑、烧坏元件。若高压电容 C629（470pF/2kV）变形击穿，则查行输出管是否正常。若更换 C629 与行输出管后能开机，但出现自动关

机，则检测＋B电压是否正常。若＋B电压正常，则检查
TDA9370⑤脚（保护端）电压是否正常。若⑤脚呈高电平，说明
保护电路已启动，此时检查保护管Q229及外围元件是否有问题。

资料参考：本例故障为Q229外围元件R553（2Ω）变值而引
起。R553相关电路如图4-3所示。

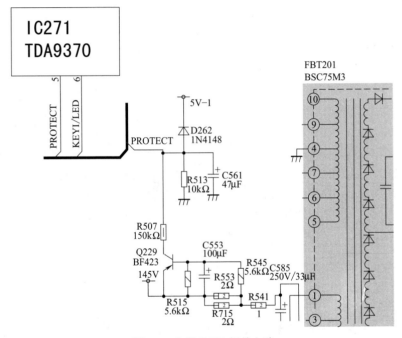

图4-3　电阻R553相关电路

（四）机型现象：长虹CHD29168型彩色电视机刚开机
屏幕左侧出现一条竖直黑边，几分钟后黑边越来越宽，随
后自动关机

修前准备：此类故障应用电压检测法进行检修。主要检查行
电路。

检修要点：首先查电源＋B电压（145V）是否正常。若＋B

电压正常，则检查行逆程电容 C409（1000pF/1.6kV）、C409A（470pF/2kV）、C410（0.012μF/2kV）、C411（0.012μF/2kV）、阻尼管 D404（5VUZR2）是否正常。若以上检测均正常，则检测视放＋200V 电压（该电压由行输出提供）是否正常。若＋200V 电压偏高，则检查逆程电容 C422（470pF/2kV）、C423（470pF/500V）等元件是否有问题。

资料参考：该例故障为电容 C422 变质漏电所致，更换 C422 后故障即可排除。C422 相关电路如图 4-4 所示。

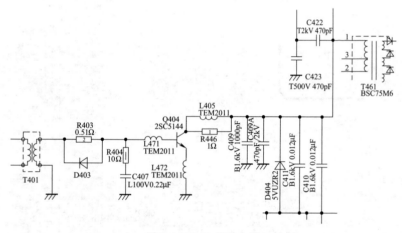

图 4-4　C422 相关电路

（五）机型现象：长虹 CHD29300 型彩色电视机刚开机有图声，但约 1min 后，绿灯变成红色；再次开机，绿灯又被点亮，同时有光栅，可 1min 后绿灯再次变成红色，进入待机状态

修前准备：此类故障应用目测法与电压检测法进行检修。主要检查行电路。

检修要点：首先打开机壳，观察线路板焊点是否存在虚焊，若对几个相关的焊点补焊后试机，故障依旧，则应检查行逆程脉冲通道中 C422、R406、C423 等元件是否有问题。

资料参考：此例为反馈电容 C422 开裂损坏而引起，用一个 470pF/2kV 的同规格电容更换后故障即可排除。C422 相关电路如图 4-5 所示。行反馈电容由于长期处于高电压状态，不仅是长虹高清彩色电视机的通病，在海信 hdp 系列、创维系列高清等彩色电视机中它的故障率都是很高的。

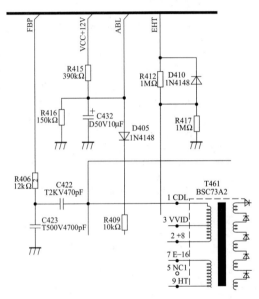

图 4-5　C422 相关电路

（六）机型现象：长虹 CHD29366（CHD-8 机芯）型彩色电视机无伴音，其他正常

修前准备：此类故障应用电压检测法进行检修。主要检查伴音电路。

检修要点：首先检查扬声器是否良好，若扬声器正常，则检测伴音块 N201（TFA9842J）相关脚电压是否正常。若 9 脚（电源脚）24V 电压正常，但 7 脚（音量控制脚）1.32V 不正常，则将音量调到最大和最小，观测 7 脚电压是否有变化。若 7 脚电压无变化，则检查该脚外围元件是否有问题。

资料参考：该例为 7 脚（此脚带静音控制）外围的一个三极管 2SC1015-Y 损坏引起，更换此三极管后故障即可排除。N201 的 7 脚相关电路如图 4-6 所示。

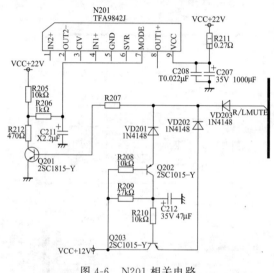

图 4-6　N201 相关电路

（七）机型现象：长虹 CHD29800H（CHD-2B 机芯）型彩色电视机不开机

修前准备：此类故障应用电压检测法进行检修。主要检查电源、行电路。

检修要点：开机测＋B 电压是否正常，若能在 70～145V 之间变化，说明 CPU 工作正常，此时检测视放电压（200V）是否正常。若无电压输出，故判断行不起振。检测数字板上 OM8380 的供电电压是否正常。若 OM8380 无 8V 供电，则检测数字板上其他供电电压是否正常。若无 12V 电压送到数字板上，则检查 N804 及其外围元件是否有问题。

资料参考：该例故障为 N804 损坏而引起，更换 N804 后故障即可排除。N804 相关电路如图 4-7 所示。

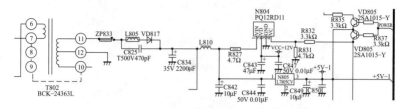

图 4-7 N804 相关电路

（八）机型现象：长虹 CHD29800H（CHD-2B 机芯）型彩色电视机开机灯丝亮，黑屏，调高加速极电压有带回扫线的白光栅，声音正常

修前准备：此类故障应用电压检测法、排查法进行检修。主要检查视放块、数字板。

检修要点：测视放 R、G、B 电压为 190V 左右，显像管三枪截止；检查 ABL 电路，ABL 输出电压为 9V 左右，旋动加速极电位器，有变化，说明 ABL 电路正常；测视放块 TDA6111Q 各脚电压，若③脚（视频信号输入脚）电压偏低（正常值为 2.8V），则对数字板进行排查。

资料参考：本例为数字板上 OM8380 信号处理芯片有问题而引起视放块 TDA6111Q ③脚电压偏低而导致此故障，更换 OM8380 后故障即可排除。数字板实物图如图 4-8 所示。

（九）机型现象：长虹 CHD29800H（CHD-2B 机芯）型彩色电视机满屏起细黑线

修前准备：此类故障应用电压检测法、代换法进行检修。主要检查电源、数字板和场电路。

检修要点：首先检查电源 300V、145V 滤波电容是否正常。若代换后故障依旧，则检查数字板的 12V、5V 供电滤波电容是否正常，若电容正常，则检查数字板 JUC7820.1488-1 是否正常。若代

图 4-8 数字板实物图

换后故障依旧，则检查场输出电路 N301（STV8172A）及相关元器件。

资料参考：本例故障为 N301（STV8172A）的 5 脚外接电容 C303 失容所致，更换电容 C303 即可。电容 C303 相关电路如图4-9所示。

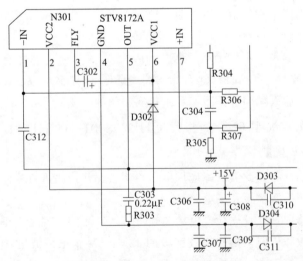

图 4-9 电容 C303 相关电路

（十）机型现象：长虹 CHD29916（HD-2 机芯）型彩色电视机不能开机

修前准备：此类故障应用电压检测法进行检修。主要检查电源、行电路、CPU 控制电路。

检修要点：首先检测电源电路各输出电压是否正常，若电源＋B电压由待机时的 90V 变为了 145V，电源各路输出均正常，则检测 N100（CH05T1628）的 10 脚（开/待机控制端）电压是否正常。若 10 脚由高电平变为了低电平（通过电阻 R142 上拉在 5V），说明 CPU 已经输出开机指令，故障在行扫描电路中。检测 N100 的 33 脚电压是否正常，若 33 脚电压在 3.0～7.0V 间反复跳变，说明故障是因行激励脉冲不稳定引起的，此时检查 N100 的 33 脚之后的扫描后级电路中的 V401、C401、VD401、R401、C402 等元件是否有问题。

资料参考：此例故障是电容 C401 损坏造成的，更换 C401 后故障即可排除。N100 的 33 脚之后的扫描后级电路如图 4-10 所示。

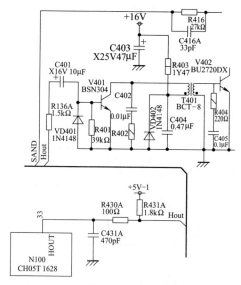

图 4-10　N100 的 33 脚之后的扫描后级电路

（十一）机型现象：长虹 CHD329S18（CHD-7 机芯）型彩色电视机通电后指示灯亮，按遥控开机键，指示灯闪烁，有高压声，无光无声

修前准备：此类故障应用电压检测法与代换法进行检修。主要检查行输出电路、超级芯片 TDA9370（微处理器/中频/视频/色度/行场扫描小信号处理集成电路）、音效处理电路等。

检修要点：首先检测电源五组输出电压是否正常。若电源电压正常，则测 TDA9332 的 8 脚行激励输出电压是否正常。若 8 脚电压为 8V，则说明电路进入保护工作状态，此时采用代换法检查逆程电容、行输出变压器 BSC75M3 是否正常。若以上均正常，则检查行输出电路、IPQ 板、TDA9370 及其外围电路是否有问题。若 TDA9370 总线 3 脚电压偏低（正常值为 2.6V），则检查音效处理电路 IC224（NJW1147）及外围元件是否有问题。

资料参考：实际维修中因 NJW1147 块内部不良使其 13 脚与 TDA9370 的 3 脚电压偏低而引起此故障有所存在。NJW1147 相关电路如图 4-11 所示。

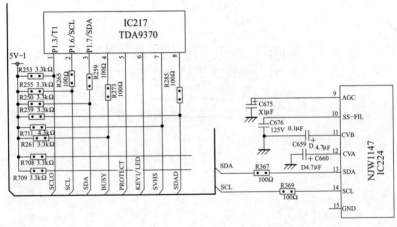

图 4-11　NJW1147 相关电路

（十二）机型现象：长虹 CHD34156（CHD-7 机芯）型彩色电视机 TV 与 AV 状态均无图像、有字符、满屏均匀短白线

修前准备：此类故障应用电压检测法与断路法进行检修。主要检查主芯片 HTV118 与帧存储器 IC400 之间的电路。

检修要点：通电开机，检测电阻 R401～R404 的两端电压（正常值为 1.8V）及电阻 R400、R406 上的电压是否正常。若 R401～R404 两端的电压偏低，但 R400 与 R406 上有 1V 左右电压基本正常，则检查帧存储器 IC400 的工作电源是否正常。此时测 IC400 供电集成电路 IC401 的输入端 5V 与输出端 3.3V 电压是否正常，若输入端 5V 为 2V 左右、输出端 3.3 V 为 1.8 V 左右，则断开交流电源，对 IC401 及其外围电路进行检查。

资料参考：实际维修中因 IC401 外围电感 L400 开路而引起此故障，此时可用一个同规格电感线圈更换即可。

（十三）机型现象：长虹 CHD34166（CHD-7 机芯）型彩色电视机屏幕出现条纹干扰，图像时有时无且呈水波纹状

修前准备：此类故障应用电压检测法、观察法与代换法进行检修。主要检查扫描电路、中频处理电路、行鉴相电路。

检修要点：检修时，首先拔掉射频信号线，观察是否有干扰条纹出现，若无干扰条纹出现，则排除扫描电路有问题的可能；再输入 AV 视频信号进行观察，若画面出现条纹干扰，且呈扭曲状，则可排除单片 UOC 组成的中频信号处理电路有问题的可能，应重点检查 AV 以后的相关电路。TV/AV 共用电路主要在数字处理板上，此时可更换数字板看故障是否能排除，若更换后故障依旧，则检查行鉴相电路中单片 UOC（TDA9370）⑯ 脚外接电容 C307（T2200pF），⑰ 脚外接元件 C311（T4700pF）、R313（15kΩ）、C315（1μF）及 TDA9370 的⑬、⑭脚与内电路组成的行鉴相电路是否有问题。

资料参考：实际维修中因电容 C315 失效而引起此故障有所存在。C315 相关电路如图 4-12 所示。

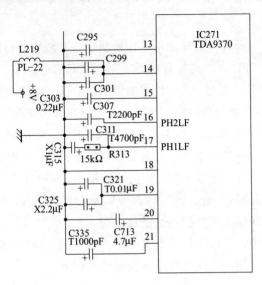

图 4-12　C315 相关电路

（十四）机型现象：长虹 CHD34J18S 型彩色电视机在换台或自动搜索时易出现自动关机

修前准备：此类故障应用电压检测法与断路法进行检修。主要检查开关电源、行扫描电路及 CPU 控制部分。

检修要点：首先检测＋B 电压（145V）、行激励供电电压（15.6V）、主芯片 N100 的㊱脚（EHT，高压过压保护脚）输入电压（2.1V）是否正常。若以上电压检测均正常，则将行输出供电断开，把＋15V 电源直接短接至稳压块 N882 输入端（使小信号处理得到稳定的＋8V 供电），然后开机按"节目＋/－"键，检测 N100 的㉝脚（行激励脉冲输出端）电压是否正常。若㉝脚电压由 3.1V 上升到 4.7V 时，N100 的 10 脚发出待机指令，机子自动关机，则判断故障在 CPU 控制电路中。对 CPU 控制电路检查时，应对主芯片 N100 的 3.3V 供电电压（即⑥①、⑤⑥、⑤④脚）进行检测。

资料参考：本例为 CPU 控制电路中电感 L188 不良造成 54 脚电压偏低而引起此故障，此时用同型号电感（PL-22）代换即可，如图 4-13 所示。

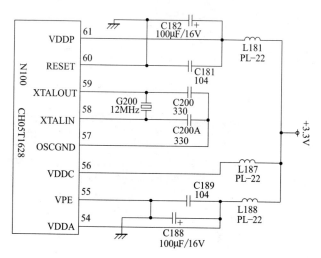

图 4-13　电感 L188 相关电路

（十五）机型现象：长虹 H25S86D 型彩色电视机出现无规律性自动关机

修前准备：此类故障应用电压检测法进行检修。主要检查 CPU（N001A CH12T1004）控制电路。

检修要点：首先检查 CPU 工作的三个基本条件是否满足，即检测电源电压（N001A㉞脚）、时钟振荡电路〔由 N001A㉜、㉜脚及外围晶振 Z001（6MHz）等元件组成〕、复位电路（由 N001A㉝脚及外围 V009、R085、C073、R087 等元件组成）是否正常。若以上三个条件正常，则检查行场定位脉冲、总线控制脚通信、键控回路、存储器电路（由 N002 及外围元件组成）等是否有问题而造成 CPU 工作不正常。

资料参考：此例故障是 N001A 内部短路造成⑪、⑫脚电压失常而造成的，更换 CH12T1004 后故障排除。N001A 相关电路如图 4-14 所示。

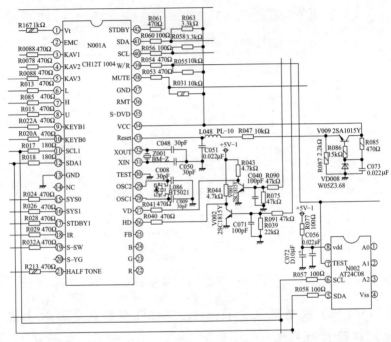

图 4-14　N001A 相关电路

课堂二 TCL 彩色电视机故障维修实训

（一）机型现象：TCL 29H61（US21B 机芯）型彩色电视机屏幕有横线干扰

修前准备：此类故障应用电压检测法进行检修。重点检查场电路与电源。

检修要点：首先检查场处理集成电路 IC301（STB9380A）

及场周围元件是否有问题，若 IC301 及场周围元件正常，则检测 IC201（OM8373）㉖脚的场锯齿波形成电容和各脚供电是否正常。若以上检查均正常，则检查 12V、8V 滤波电容是否有问题。

资料参考：本例故障为 12V 滤波电容 C872 损坏所致，更换 C872 后故障即可排除。C872 相关电路如图 4-15 所示。

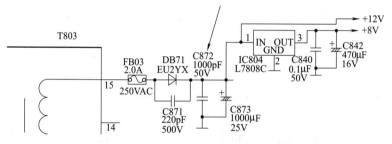

图 4-15 C872 相关电路

（二）机型现象：TCL AT29128 型彩色电视机，有声音，无图像，无光栅

修前准备：此类故障应用电压检测法进行检修。重点检查扫描电路。

检修要点：开机检测灯丝电压是否正常，若灯丝电压不正常，则检测行输出管 Q402（BU450BAX）基极电压和脉冲信号是否正常。若 Q402 基极电压和脉冲信号不正常，则检测行推动管 Q401（2SC2235）基极电压是否正常。若 Q401 基极电压正常，则检测 Q401 集电极电压是否正常。若 Q401 集电极电压正常，则检测 Q401 是否有问题。

资料参考：实际维修中因 Q401 性能不良而引起此类故障有所存在。TCL AT29128 型彩色电视机的扫描电路相关部分如图 4-16 所示，供维修和代换时参考。

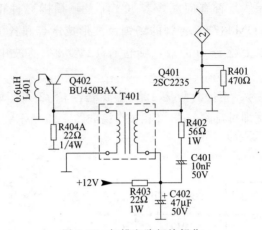

图 4-16 扫描电路相关部分

（三）机型现象：TCL AT29281 型彩色电视机 TV 搜台黑屏，AV 无视频

修前准备：此类故障应用电压检测法进行检修。重点检查 AV 转换电路、CPU 电路。

检修要点：首先检查视频转换块 IC901（CD4052）是否有问题，若代换 IC901 后故障依旧，则将视频信号直接接到 IC901③脚（视频输出端）看故障是否消失。若依旧是黑屏，但调高加速极电压后能看到很暗的图像，则检查 ABL 电路。

资料参考：本例为 ABL 电路 Q403（C1815）损坏造成 CPU（8829）㉗脚的 ABL 电压偏低（正常值为 4.5V）而引起此故障，更换 C1815 后故障即可排除。

（四）机型现象：TCL AT29281 型彩色电视机二次不开机，指示灯暗

修前准备：此类故障应用电压检测法进行检修。重点检查电源与 CPU 控制电路。

检修要点：首先检测 CPU⑨脚电压是否正常（正常值为 5V），

若⑨脚电压偏低，则检查 IC801（MC44608）及外围电路、待机电路 Q830～Q832、D839、D838、D834 等元件是否有问题。

资料参考：本例为待机电路中稳压管 D834 不良使 5V 电压偏低从而导致此故障，更换 D834 后故障即可排除。D834 相关电路如图 4-17 所示。

（五）机型现象：TCL HD21M62S（HY11 机芯）型彩色电视机不定时图像上下收缩

修前准备：此类故障应用代换法、排除法进行检修。重点检查场输出相关部分。

检修要点：首先将 TB1307FG 更换后看故障是否消失，若故障依旧，则排除 TB1307FG 本身有问题的可能，此时对 TB1307FG 外围元件逐个进行检查。

资料参考：此例故障为 TB1307FG 外围电容 C903 漏电而引起，此时更换 C903 即可。TB1307FG 相关电路如图 4-18 所示。

（六）机型现象：TCL HD21M62S（HY11 机芯）型彩色电视机不能收台，收到一个台后节目号不变，搜台频率变化

修前准备：此类故障应用电压检测法、代换法、排除法进行检修。重点检查高频头、中放电路。

检修要点：首先代换高频头后看故障能否排除，若故障依旧，则检查中周是否正常。若中周也正常，则检测 AFT 电压是否正常。若 AFT 电压失常，则检查 TDA9181 中放是否有问题。

资料参考：本例为 TDA9181 中放有问题，导致 CPU 未检测到 AFT 的正常电压从而导致此故障。

（七）机型现象：TCL HD21M62S（HY11 机芯）型彩色电视机开机一段时间后出现满屏的绿色彩条，字符与声音正常

修前准备：此类故障应用电压检测法进行检修。重点检查数字板上视频解码与图像处理器及其外围元件。

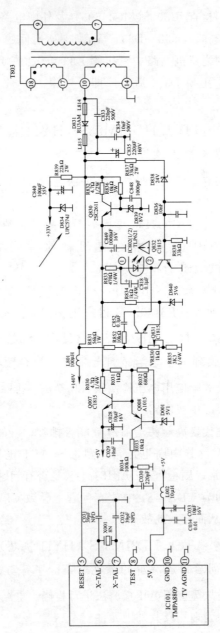

图 4-17 D834 相关电路

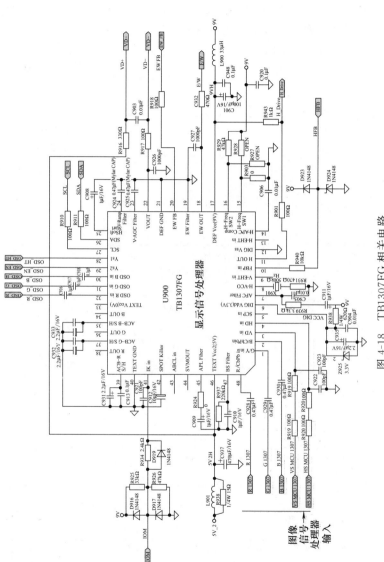

图 4-18 TB1307FG 相关电路

检修要点：首先检测视频解码 U500（HV206）与图像处理器 U301（HTV025）的供电电压是否正常，若 U500 的 50 脚电压偏低，则检查其外围元件是否有问题。

资料参考：本例为 U500 与 R519 之间的印制线路板有问题导致 50 脚电压偏低而引起此故障。U500 相关电路如图 4-19 所示。

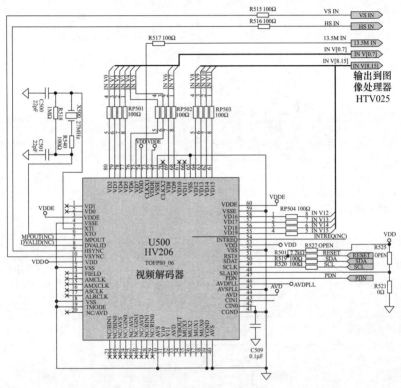

图 4-19　U500 相关电路

（八）机型现象：TCL HD21M62S（HY11 机芯）型彩色电视机无光栅、无伴音、无图像，指示灯也不亮

修前准备：此类故障应用电压检测法、断路法进行检修。重点检查电源与行电路。

　　检修要点：首先检测＋B 电压是否正常，若＋B 电压为 0V，则检查行输出管 Q402 是否正常。若行输出管 Q402 损坏，但更换行输出管 Q402 后＋B 电压为 70V，此时可断开行输出检测＋B 电压是否正常。若＋B 电压为 117V 正常，则检查行输出和行推动变压器 T401 是否有问题。若代换行输出与行推动变压器后故障依旧，则检测行推动部分各点工作电压是否正常。

　　资料参考：此例为行推动部分 C404 失容造成 Q401 的 c 极电压偏高（正常值为 7.5V），T401 的①、③脚电压偏高从而导致此故障，更换 C404 即可。C404 相关电路如图 4-20 所示。

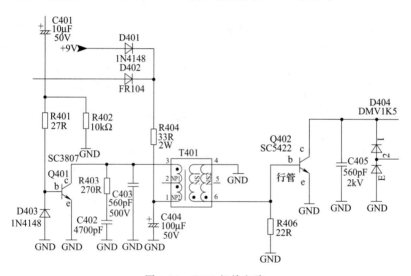

图 4-20　C404 相关电路

　　（九）机型现象：TCL HD25M62 型彩色电视机无图像，有声音和字符

　　修前准备：此类故障应用电压检测法、波形观测法进行检修。重点检查视频电路。

　　检修要点：首先用示波器观测图像信号处理器 U301（HTV025）的 R、G、B 输出信号是否正常，若无信号输出，则测输入信号（即：视频解码器 U500 HV206 外围排阻 RP501、RP502、RP503 上）波形是否正常。若排阻有正常波形，说明问题出在 U301，此时检测 U301 的①脚电压是否正常（正常值为 2.5V）。若①脚电压偏低，则检测 U302（G950T63U）上是否有正常的 2.5V 输出。若有 2.5V 电压输出，则检测电感 L301 上电压是否正常；若电感 L301 上电压也正常，则说明问题出在 L301 到 U301 的①脚之间。

资料参考：本例故障为电感 L301 到 U301 的 1 脚印制线路板不通导致，用导线连上即可，如图 4-21 所示。

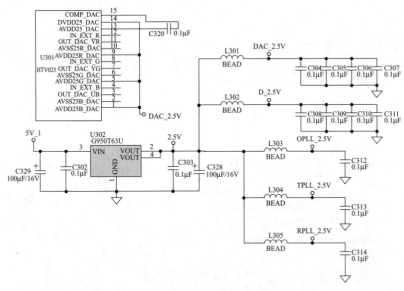

图 4-21　电感 L301 与 U301 的 1 脚相关电路图

（十）机型现象：TCL HD29E64S（MS23 机芯）型彩色电视机，开机灯亮，按下遥控上的待机键灯闪有高压，过一会变成待机状态，无光栅，调整加速极看见黑屏回扫线

修前准备：此类故障应用电压检测法进行检修。重点检查电源。

检修要点：首先检查 5V、3.3V 供电是否正常，若测 5VA 这组电压偏低，则检测三端稳压 U13 的输入电压是否正常（正常值为 12V）。若 U13 输入电压也偏低，则检查三端稳压 U15 的输入与输出电压是否正常，若 U15 有 16V 电压输入但无输出电压，则检查 U15 及外围元件是否有问题。

资料参考：本例故障是 U15 有问题导致的，更换 U15 即可。5VA 是由 U13 输出的，12V 是由 U15 输出的，如图 4-22 所示。

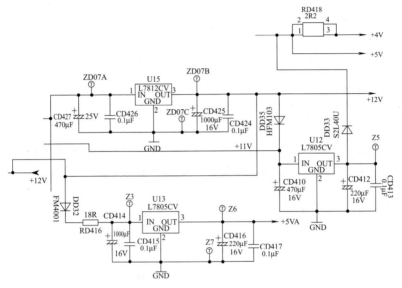

图 4-22　U13 与 U15 相关电路

（十一）机型现象：TCL HD29E64S（MS23 机芯）型彩色电视机黑屏

修前准备：此类故障应用电压检测法进行检修。重点检查尾板与数字板。

检修要点：首先检测扫描板各输出电压是否正常，若电压正常，则检测尾板三枪电压。若三枪电压为 200V 截止，则检查尾板元件及视放块 LM2452 是否有问题。若尾板元件及视放块正常，则检查场扫描、校正电路是否有问题。若以上检查均正常，则检查数字板是否有问题。

资料参考：本例为数字板上 U4（7812）击穿、电阻 RD419 烧断而引起此故障，更换 7812 及 RD419 即可。

（十二）机型现象：TCL HD29M76（MS23 机芯）型彩色电视机开机一段时间后字符上下拉长，图像晃动

修前准备：此类故障应用电压检测法进行检修。重点检查数字信号处理板与供电电路。

检修要点：当故障出现时，用手按电脑块 U6（MST5C26）故障能消失，则说明板上有元件存在接触不良，此时可把板上的 IC 都补焊一遍看故障能否消失。若故障依旧，则通过测电压查找故障部位，若数字板上 5V 电压偏低，则检查 5V 供电电路中 Q846、R859 等元件是否有问题。

资料参考：本例故障为 5V 供电电路中电阻 R859 开焊所致，重焊 R859 即可。R859 相关电路如图 4-23 所示。

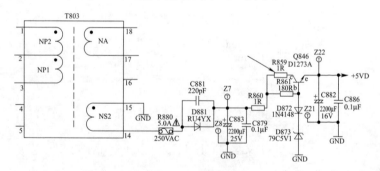

图 4-23　R859 相关电路

（十三）机型现象：TCL HD29M89（MS22 机芯）型彩色电视机冷开机绿灯闪几秒钟后变成待机状态

修前准备：此类故障应用电压检测法、短路法、代换法、断路法进行检修。重点检查保护电路。

检修要点：首先检查行输出管是否正常，若行输出管正常，则

检查电源是否有问题，可短路 Q843 的 c、e 极，若测出＋B 电压稳定在 135V，可排除电源有问题的可能，则检查数字板是否有问题。若代换数字板后故障依旧，则检查保护电路是否有问题。若将四路保护支路（D211，D207，D214，D414 四路）一一断开，故障不会出现，但逐一连接保护支路 D214 时故障出现，则检查该支路中 Q207、Q206、Q205、R214～R217、D213 等元件是否有问题。

资料参考：本例故障为 D213 稳压管、Q205（SA1015）三极管不良所致，更换 D213 与 Q205 故障即可排除。D214 保护支路相关电路如图 4-24 所示。

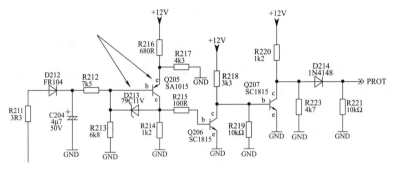

图 4-24　D214 保护支路相关电路

（十四）机型现象：TCL HD34276（MV23 机芯）型彩色电视机呈无光栅、无伴音、无图像，开机后行一起振就保护

修前准备：此类故障应用电压检测法进行检修。重点检查场部分。

检修要点：首先检查 IC301（STV6888）是否正常，若正常，则检查行输出变压器 T403 是否正常。若 T403 正常，则检查 ABL 电路中 R409、R420、C425、C426、R425 等元件是否正常。若正常，则检查场电路 IC302 及外围 Q001（DTC124）、Q301（DTC144）、Q407（C1815）、R327、R337 等元件是否有问题。

资料参考：本例故障为电阻 R337 变值所致，更换 R337 后故障即可排除。R337 相关电路如图 4-25 所示。

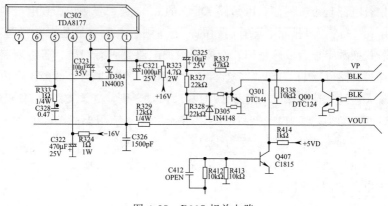

图 4-25 R337 相关电路

(十五) 机型现象：TCL HID29208P（P21 机芯）型彩色电视机开机后电源指示灯亮，但行却一直未起振，电视机一直处于无光栅、无伴音、无图像状态

修前准备：此类故障应用电压检测法进行检修。重点检查电源。

检修要点：首先检查 CPU 的 5V 电压是否正常，若 5V 电压正常，则检查主电压是否正常。若主电压能从待机转为 135V，则检查行振荡块的 8V 供电是否正常。若 8V 供电偏低，则断开 8V 各路负载看电压是否能恢复正常。若断开后 8V 电压仍偏低，则检测 IC804（KA7630）及外围元件是否有问题。

资料参考：本例故障为 IC804（KA7630）有问题造成 8V 电压偏低所致，更换 KA7630 即可。IC804 相关电路如图 4-26 所示。

(十六) 机型现象：TCL HID29208P（P21 机芯）型彩色电视机无图像（从机后 AV 端和隔行分量视频端输入信号，屏上仍无图像；在 HDTV 端口输入逐行 YPbPr 信号，屏上有正常彩色电视机画面）

修前准备：此类故障应用电压检测法、信号输入法进行检修。

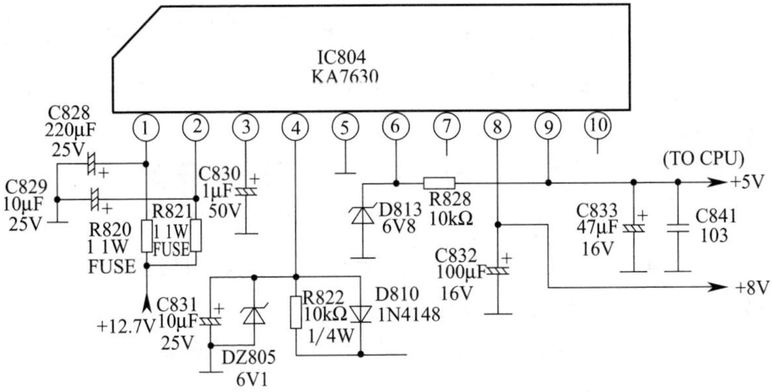

图 4-26 IC804 相关电路

重点检查视频相关电路。

检修要点：首先在进行 TV/HDTV 信号源转换选择时，测视频转换开关 N9 的⑤脚 SEL 控制端的电压是否正常。若电压能正常变化，则将 N9 的②～④脚输入的 Y、U、V 信号用耦合电容直接送到 N3 的㉖～㉘脚看故障能否消失。若故障依旧，则用示波器检测 N2（SAA7118H）的(87)、(89)脚（图像数字信号输出）信号波形是否正常。若无信号波形，则检测 N2 的 3.3V 供电、(147)脚 RESET 信号及(155)脚的时钟信号是否正常。若 N2 的(155)脚无 24.576MHz 时钟波形，则检查 N2 的(155)、(156)脚外接晶体 Z201、C201 和 C202 等元件是否有问题。

资料参考：本例故障为 C201 引脚焊点有锡珠所致，将锡珠清除即可。C201 相关电路如图 4-27 所示。

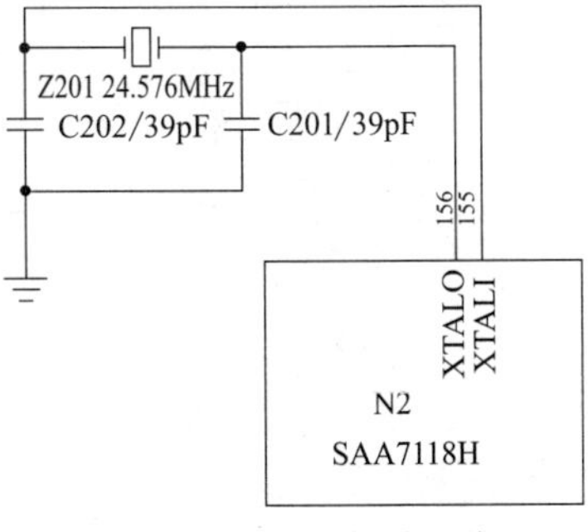

图 4-27 C201 相关电路

（十七）机型现象：TCL HID29208P（P21 机芯）型开机电源指示灯亮，行起振后又待机，呈无光栅、无伴音、无图像

修前准备：此类故障应用电压检测法、代换法进行检修。重点检查电源部分。

检修要点：首先检测＋B 电压是否正常，若＋B 电压由 130V 下降至 90V 左右，则说明故障在电源部分，此时在 IC802③、④脚串联 10kΩ 电阻看电压是否恢复。若电压依旧，则检查电源的初级部分 N801（KA5Q1265）及外围元件是否有问题。

资料参考：本例故障为电源的初级部分 D802 漏电所致，更换 D802 即可。D802 相关电路如图 4-28 所示。

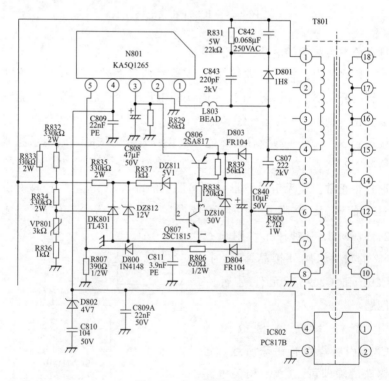

图 4-28　D802 相关电路

（十八）机型现象：TCL HID34189PB（N22 机芯）型彩色电视机有声无图

修前准备：此类故障应用电压检测法、信号输入法进行检修。重点检查视频电路与数字板。

检修要点：首先调高加速极电压，若屏幕出现回扫线和暗淡的图像，则检测 CRT 三枪工作电压是否正常。若三枪电压都接近200V，说明视放截止，检查 ABL 电路正常，则说明问题出在数字板或者视放板上。检测视频输出放大器 IC501（TDA6111Q）的①、③脚电压是否正常，若①脚（基准电压形成脚）电压明显高于正常值 2.5V，则检查①脚外部电路，R534、Q531 与 Q532 等组成的消亮电路是否有问题。

资料参考：本例故障为电阻 R534（220kΩ）变值所致，更换R534 即可，如图 4-29 所示。

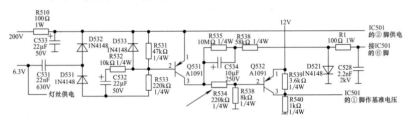

图 4-29　电阻 R534 相关电路

（十九）机型现象：TCL NT21289（Y12A 机芯）型彩色电视机不开机，但电源指示灯亮

修前准备：此类故障应用电压检测法、代换法进行检修。重点检查 CPU 电路。

检修要点：首先检查 CPU（LA76931）㊵脚复位电压是否正常（正常值为 4.7V），若㊵脚电压正常，则检查㉟脚供电电压是否正常（正常值为 5V）。若㉟脚电压正常，则代换㉝、㉞脚的晶振（32.768kHz）看故障是否排除。若故障依旧，则检测总线电压是否正常（正常值为 4.7V）。若总线电压正常，则检查 LA76931、存储器 IC001（24C106）是否有问题。

资料参考：本例故障为存储器 24C106 数据丢失所致，将存储器的数据重新烧写一遍即可。LA76931 相关电路如图 4-30 所示。

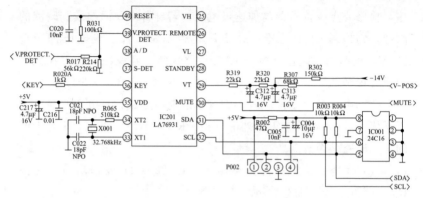

图 4-30　LA76931 相关电路

（二十）机型现象：TCL NT25C41（US21B 机芯）型彩色电视机不定时关机

修前准备：此类故障应用电压检测法、代换法进行检修。重点检查场电路与电源电路。

检修要点：首先检查场块及场周围元件是否正常，若更换场块及场周围元件后故障依旧，则检测 IC201（OM8373）各脚供电电压是否正常。若供电电压正常，则检查 IC201㉖脚的场锯齿波形成电容 C222（0.1μF/100V）是否有问题。若 C222 正常，则检查 12V、8V 滤波电容是否有问题。

资料参考：本例故障为 12V 滤波电容 C872 损坏所致，更换C872 即可。C872 相关电路如图 4-31 所示。

（二十一）机型现象：TCL NT25C41（US21B 机芯）型彩色电视机开机无光栅、无伴音、无图像，指示灯也不亮

修前准备：此类故障应用电压检测法进行检修。重点检查

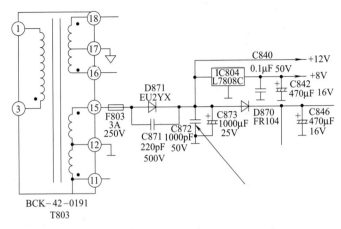

图 4-31 C872 相关电路

电源电路。

检修要点：首先检查 300V 电压是否正常，若有 300V 电压但关机后没有泄放，则检测 IC801（FSCQ1265RT）③脚电压是否正常。若开机时③脚有 12V 启动电压，但关机时 300V 电压未泄放，则检查光耦 IC802、D804、D811、D812、D816 等元件是否有问题。

资料参考：本例故障为 D816 损坏所致，更换 D816 即可。D816 相关电路如图 4-32 所示。

（二十二）机型现象：TCL NT25C81（US21B 机芯）型彩色电视机无伴音

修前准备：此类故障应用电压检测法、信号输入法进行检修。重点检查伴音电路。

检修要点：检测伴音块 IC601（TDA7496SA）相关脚电压是否正常，若⑬脚供电（24V）、③脚音量控制正常，则将音频信号直接输入①、⑤脚（音频输入端）看故障是否消失。若故障依旧，则检查伴音块 IC601 及外围元件是否有问题。

资料参考：此例为 IC601⑦脚外接电容 C603（470μF）损坏而引起此故障，更换 C603 后故障即可排除。IC601 相关电路如图 4-33 所示。

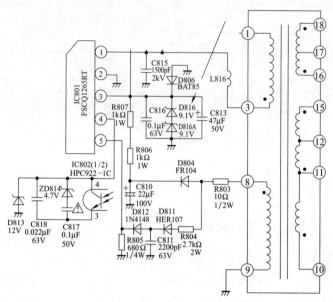

图 4-32 D816 相关电路

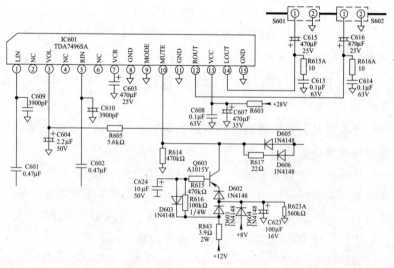

图 4-33 IC601 相关电路

（二十三）机型现象：TCL NT29M12（NX73 机芯）型彩色电视机不开机，指示灯亮

修前准备：此类故障应用电压检测法进行检修。重点检查电源电路。

检修要点：首先检查主电源＋B 电压是否正常，若＋B 电压在 33～45V 之间抖动，则检查稳压电路 VR801、IC851（TL431）、光电耦合器 IC802（HPC922-C）等元件是否正常。若以上元件均正常，则检测 IC801（FSCQ1265RT）及外围元件是否有问题。

资料参考：本例为滤波电容 C813 不良造成 IC801 的 3 脚电压偏低而引起此故障，更换 C813 后故障即可排除。C813 相关电路如图 4-34 所示。

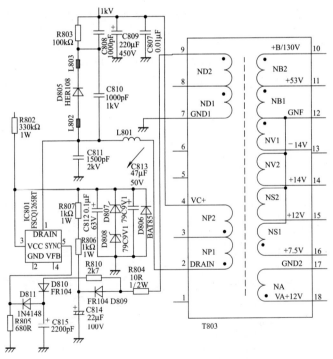

图 4-34　C813 相关电路

课堂三 康佳彩色电视机故障维修实训

（一）机型现象：康佳 P28TM319H 型彩色电视机 TV/AV 状态均无伴音，图像正常

修前准备：此类故障应用电压检测法、干扰信号注入法进行检修。重点检查伴音电路。

检修要点：首先用金属镊子触动可疑电路（如伴音功放 N201 TDA2616）的输入端，也可用万用表的表笔去碰触可疑电路的信号输入端。若碰触功放的信号输入端，扬声器有"喀啦"声，可判断伴音功放及以后的耦合电容、扬声器均正常；若是无反应，则检查伴音功放 N201（TDA2616）、音频处理 N202（R2S15900）及其外围元件是否有问题。

资料参考：本例故障为伴音功放 N201（TDA2616）引脚焊点有裂纹所致，对伴音功放进行补焊即可。N201 及外围元件如图 4-35 所示。

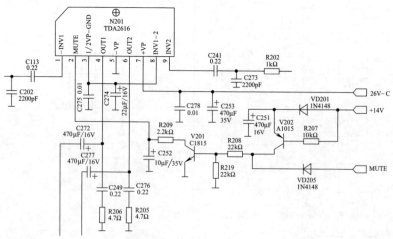

图 4-35　N201 及外围元件

（二）机型现象：康佳 P28TM319 型彩色电视机黑屏

修前准备：此类故障应用电压检测法、断路法、电流法进行检修。重点检查电源与行电路。

检修要点：首先测量＋B 电压是否正常，若开机测＋B 电压为 90V（电压偏低），接着＋B 电压就变成 70V，电视机成待机状态，但断开行电路接上假负载，开机测量＋B 为 125V，正常，故判断行电路存在短路故障，接上电流表测量行电流是否正常。若遥控开机，瞬间行电流为 1.5A，行电流偏大，断开偏转线圈，再次测量电流还是偏大，则检查行输出变压器是否有问题。

资料参考：本例故障为行输出变压器有问题所致，更换原厂行输出变压器即可。

（三）机型现象：康佳 P28TM319 型彩色电视机开机后无图像、无伴音，顶部有一条亮线

修前准备：此类故障应用电压检测法、代换法进行检修。重点检查场扫描电路。

检修要点：首先检测场块 N440（TDA8177）②、④脚供电电压是否正常（正常值分别为＋13V、－13V），若②、④脚电压正常，则检测①、⑦脚输入电压是否正常。若①、⑦脚有 2.2V，则检测⑤脚是否正常（正常值为 0.2V）。若⑤脚电压偏低，则检测 TDA8177 是否有问题。若代换 TDA8177 后故障依旧，则检测数字板 XS02①、②脚输入电压是否正常。若①脚为 3.6V、②脚为 4.8V，说明数字板输出信号不对称，则检查数字板 XS02㉙脚、㉘脚 ABL 电压及数字板是否有问题。

资料参考：本例故障是 VD410 击穿造成数字板 XS02㉙脚（HBLK）、N440⑤脚电压失常导致的，更换 VD410 即可。VD410 相关电路如图 4-36 所示。

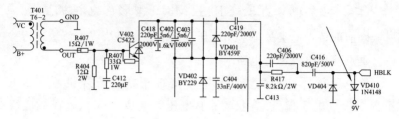

图 4-36　VD410 相关电路

（四）机型现象：康佳 P28TM319 型彩色电视机有时不能开机

修前准备：此类故障应用电压检测法进行检修。重点检查电源电路。

检修要点：首先检测 N901（CQ1265RT）相关脚电压及外围元件是否有问题，若正常则检查开/待机部分和稳压部分 V951、V954、V960、V952、V953、V956、V966、N902 是否有问题。

资料参考：本例故障为 N901（CQ1265RT）③脚外接 18V 稳压管不良所致，更换该稳压管即可。

（五）机型现象：康佳 P29AS281 型彩色电视机关机保护（开机指示灯由亮变暗，无行起振声，几秒后又变为亮）

修前准备：此类故障应用电压检测法进行检修。重点检查行、场扫描和小信号处理块 U700（TDA8380）及外围元件。

检修要点：首先检查 U700 的⑰、㊴脚供电是否正常（正常值为 8V），若有 8V 电压，则检测 8 脚输出电压是否正常（正常值为 3V）。若⑧脚电压偏高，则检查 D706、R739 等元件是否有问题。

资料参考：本例故障为 D706 击穿所致，更换 D706 即可。D706 相关电路如图 4-37 所示。AS 系列开机保护分为两种：一种是行起振后保护关机（故障一般在 U300 24C32 处）；另一种为行不起振即保护关机（故障一般在 U700、D796、R739 等元件处）。

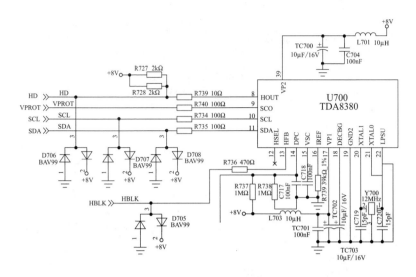

图 4-37　D706 相关电路

（六）机型现象：康佳 P29AS281 型彩色电视机黑屏有字符，搜台时无图像无雪花

修前准备：此类故障应用电压检测法进行检修。重点检查数字板。

检修要点：首先检查 U301（MST5C26）引脚是否存在虚焊现象，若补焊后故障依旧，则测 U301 各供电脚电压是否正常。若测 U301○97脚 3.3V 电压偏低，则检查○97脚外接元件是否有问题。

资料参考：本例故障为 3.3V 供电电路数字电路板内层断线所致，将○97脚外接滤波电容 C10 和 C25 的正极与 3.3V 一端相连，故障即可消失。C10 与 C25 相关电路如图 4-38 所示。

（七）机型现象：康佳 P29AS281 型彩色电视机开机呈无光栅、无伴音、无图像，红灯也不亮

修前准备：此类故障应用电压检测法、断路法进行检修。重点检查开关电源。

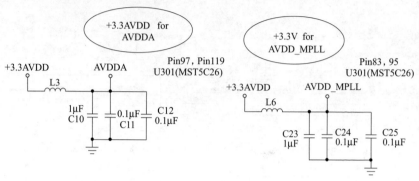

图 4-38　C10 与 C25 相关电路

检修要点：首先检测＋B（145V）电压是否正常，若＋B 电压为 0V，则检测电源厚膜块 N901（FSCQ1265）的 1 脚电压是否正常。若 1 脚有 300V 直流电压，则说明输出有短路，此时可断开 L950，接上 100W 灯泡作假负载，测＋B 电压是否恢复正常。若＋B 电压仍为 0V，且断开其他几路输出＋B 电压也为 0V，则检查 N901 的③、④、⑤脚及外围元件是否有问题。

资料参考：本例故障为 N901 的 4 脚虚焊所致，重焊 4 脚即可。N901 及外围元件如图 4-39 所示。

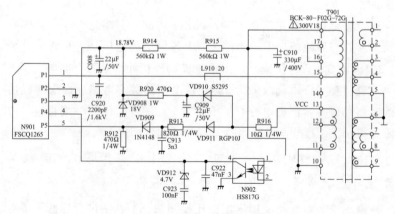

图 4-39　N901 及外围元件

（八）机型现象：康佳 P29AS281 型彩色电视机收看一段时间出现不定时自动关机

修前准备：此类故障应用电压检测法进行检修。重点检查保护电路与高频头相关电路。

检修要点：首先检查行输出 T402⑦、⑧脚电压是否正常，若⑦、⑧脚电压正常，则检查取样稳压管 VD963、V961、V962 是否有问题。若以上检查均正常，则检查线路板上高频头附近的 VD102、VD103 是否有问题。

资料参考：本例故障为稳压管 VD102 不良造成总线 SCL 电压不稳定所致，更换 VD102 即可。VD102 相关电路如图 4-40 所示。

保护电路：当行输出 T402 的⑧脚电压升高时，取样稳压管 VD963 导通、V961 导通、V962 导通，整机保护，当束电流增大时 T402 的⑦脚电压拉低，VD962 导通，V962 导通，整机保护。

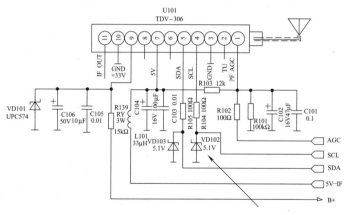

图 4-40　VD102 相关电路

（九）机型现象：康佳 P29AS281 型彩色电视机通电后红灯亮，但不能开机

修前准备：此类故障应用电压检测法进行检修。重点检查电源与数字板。

检修要点：首先检测数字上 5V、3.3V 供电电压是否正常，若供电电压正常，则检测 U300（24C32）相关脚电压是否正常。若 U300 有一脚电压为 3.3V 左右（正常时 U300 的⑤～⑧脚都为 5V 左右），则检测 U301（MST5C26）各供电脚电压及外围元件是否有问题。

资料参考：本例故障为电容 C27 有问题使 U301 的 32 脚无 3.3V 供电所致，更换电容 C27 即可。C27 相关电路如图 4-41 所示。

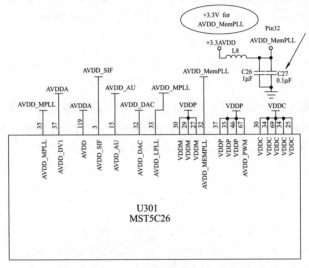

图 4-41　电容 C27 相关电路

（十）机型现象：康佳 P29AS390 型彩色电视机开机时指示灯亮后即灭，呈无光栅、无伴音、无图像

修前准备：此类故障应用电压检测法、断路法进行检修。重点检查电源电路。

检修要点：首先断开电源板与负载电路的连接线，接上 100W 灯泡作假负载，开机测＋B 电压是否正常（正常值为 140V）。若＋B 电压开机瞬间突升为 160V 左右，然后降为 0V，则检查 N901（FSCQ1265RT）及外围元件是否有问题。若 N901 及外围元件正常，则检查取样电路中的 RP950、R980、R988 是否有问题。

资料参考：本例故障为 RP950 不良造成开关电源输出电压不稳定，更换 RP950 并进行电压调整即可。

（十一）机型现象：康佳 P29AS520 型彩色电视机 TV 无图像，AV 正常

修前准备：此类故障应用电压检测法进行检修。重点检查高中放和图像检波及 AGC 电路。

检修要点：首先检查中放 NM10（TDA9881TS）及其外围元件是否正常，若 NM10 的 20 脚供电电压偏高（正常值为 5V），则检查 5V 供电电路中的 V965、VD916、V959、V107、V964、VD106 等元件是否有问题。

资料参考：本例故障为 V965、VD916、V959、V107 击穿造成 NM10 的 20 脚电压偏高导致 TDA9881TS 击穿，更换上述损坏件即可。NM10 的 20 脚及 5V 供电电路如图 4-42 所示。

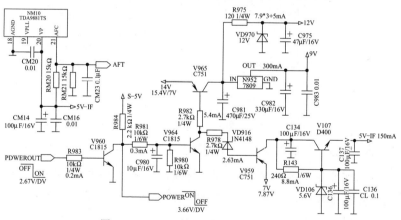

图 4-42　NM10 的 20 脚及 5V 供电电路

（十二）机型现象：康佳 P29AS529 型彩色电视机不定时自动关机

修前准备：此类故障应用电压检测法、代换法进行检修。重点检查保护电路、数字板及 SCL 电压。

检修要点：首先检查数字板是否正常，若代换数字板后故障依旧，则断开保护 VD962、VD963 看故障是否消失。若故障依旧，则检测总线电压是否正常。若 SCL 电压偏低，则检查外接元件是否有问题。

资料参考：本例故障为 5.1V 稳压管 VD102 漏电引起 SCL 电压偏低所致，更换 5.1V 稳压管即可。VD102 相关电路如图 4-43 所示。

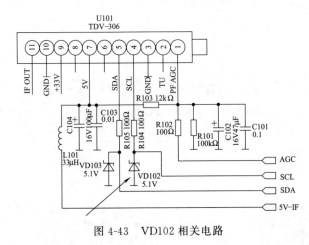

图 4-43　VD102 相关电路

（十三）机型现象：康佳 P29FG282 型彩色电视机开机黑屏，电源指示灯亮，显像管的灯丝也点亮

修前准备：此类故障应用电压检测法与代换法进行检修。检修时重点检查数字板上视频解码电路（U1 VPC3230D）、变频处理电路 U3（FLI2300）。

检修要点：检测 U3（FLI2300）及外围元件是否有问题；U1（VPC3230D）⑩、㉙、㊱、㊸、㊷脚电压是否正常（正常值为 3.3V），㊾、㊴、㊖脚电压是否正常（正常值为 5V）；U1 外接 L11、L10、L1～L4 各电感两端电压是否正常；U1㉒、㊿脚外接 X1（20.25MHz）晶振是否良好；U1（VPC3230D）本身是否良好,可采用代换进行检查。

资料参考:此例为 VPC3230D 本身有问题所致,更换 VPC3230D 后故障即可排除。区分故障在 U1 还是 U3,可接上 VGA,若信号图像正常,则故障部位在 U1。

(十四)机型现象:康佳 P29FG282 型彩色电视机开机无光栅、无伴音、无图像,指示灯也不亮

修前准备:此类故障应用电压/电阻检测法进行检修。检修时重点检查电源电路。

检修要点:检测开关稳压电源电路 C910(330μF/400V)两端电压是否正常(正常值为 300V),次级输出端电压是否正常,各路输出端对地的阻值是否存在短路现象;检测电源厚膜块 N901(KA5Q1265RF)及其外围电路,开关变压器 T901 是否良好;B+主电源 140V 输出端的整流二极管 VD951 及电容 C951 等元件是否良好。

资料参考:此例故障为电容 C951(470pF/1kV)漏电所致,更换 C951 后故障即可排除。电源电路相关部分如图 4-44 所示。

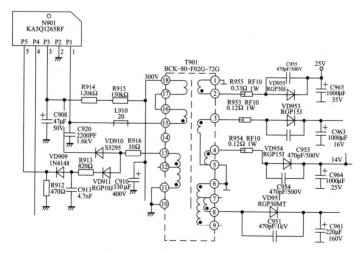

图 4-44　电源电路相关部分

（十五）机型现象：康佳 P29MV103 型彩色电视机开机后红色指示灯亮，遥控开机有轻微的高压声，无光栅

修前准备：此类故障应用电压检测法、断路法进行检修。重点检查视放板、灯丝、加速极、显像管附属电路、行电路。

检修要点：首先检测视放电压是否正常（正常值为 200V），若视放电压仅为 1.45V，则检测加速极电压是否正常（正常值为 400V）。若加速极电压仅为 150V 失常，则断开加速极引线，直接测引线上的电压是否正常。若电压也仅为 200V，则检查视放管，若视放管正常，再检测管座及灯丝两脚电压是否正常（正常值为 3V、±13V）。若管座及灯丝电压正常，则检查行输出变压器及逆程电容 C402、C403、C404 是否正常。若以上元件均正常，则检测行偏转串联支路元件 L401、R410、C405、C408、R408、VD404 等是否有问题。

资料参考：本例故障为 C405 失效损坏造成视放电压与加速极供电严重不足所致，更换 C405 即可。C405 相关电路如图 4-45 所示。

（十六）机型现象：康佳 P29MV103 型彩色电视机开机十几分钟后黑屏（显像管灯丝仍点亮），但有时又会亮一下，声音正常

修前准备：此类故障应用电压检测法进行检修。重点检查视频板、视频信号处理部分。

检修要点：首先测加速极电压是否正常（正常值为 400V），若加速极电压正常且调高加速极电压仍无光，则检测视放电压是否正常（正常值为 200V）。若视放电压正常，则检查显像管 R、G、B 极电压是否正常。若 R、G、B 极电压在 140V 左右，说明视频信号已到达了显像管阴极，此时检测控制极 G1 电压是否正常。若 G1 极电压为 −15V 且不稳定，则检查消亮点电路中的 L504、VD504、C512、C525 、V503、V502、R550、C522、R549、

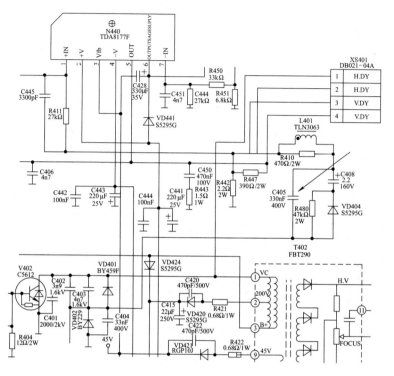

图 4-45　C405 相关电路

VD505 等元件是否有问题。

　　资料参考：本例故障为 V502 管 c、e 极间有氧化物引起漏电所致，清除氧化物并涂上防潮物（石蜡）重新装上即可。消亮点电路工作过程（如图 4-46 所示）：开机时 12V 经 L504、VD504 向 C525 充电，C525 瞬间就充满电，V503 的 b 极电压大于 e 极电压，V503、V502 截止，200V 视放电源经 R550 给 C522 充电，因 G1 经 R549、VD505 接地，对亮度无影响；关机时 12V 电压消失，C525 上的电压使 V503 的 e 极电压大于 b 极，V503、V502 导通，C522 正极经 V502 接地，这样给 G1 加上一个很高的负电压，阴极发射的电子被截止，达到消亮点的目的。

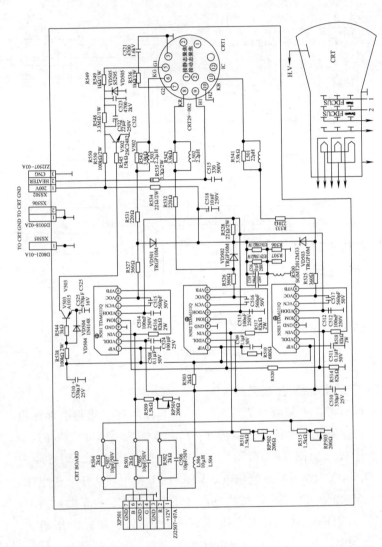

图 4-46　消亮点电路工作过程

（十七）机型现象：康佳 P29MV217 型彩色电视机开机声音正常，但光栅发白模糊

修前准备：此类故障应用电压检测法进行检修。重点检查场电路。

检修要点：出现此类故障时，首先检测场块 TDA8177F 输出电压是否正常。若场块电压不正常，则检测②脚电压是否正常。若②脚电压正常，则检测负供电 4 脚电压是否正常（正常为－13V）。若负电压不正常，则检测电阻 R423。

资料参考：本例故障为电阻 R423 变值所致，更换 R423 即可。R423 相关电路如图 4-47 所示。

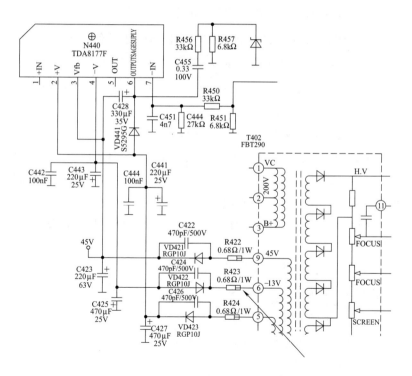

图 4-47 R423 相关电路

（十八）机型现象：康佳 P29SE151 型彩色电视机黑屏，指示灯亮，调节加速极电压屏幕有一条水平亮线

修前准备：此类故障应用电压检测法进行检修。重点检查场电路与微控制电路。

检修要点：首先检查场块 N401（TDA8177）及其外围元件是否有问题，若无问题，则检测 N301（TMPA8809）的 ⑯ 脚（VOUT 场输出）电压是否正常。若⑯脚有 4.6V 电压，则测⑮脚（V-SAW 场锯齿波）电压是否正常（正常值为 3.8V）。若⑮脚电压偏低，则检查其外接元件是否有问题。

资料参考：本例故障为 N301（TMPA8809）⑮脚外接电容 C312（0.47μF）失效所致，更换 C312 即可。

（十九）机型现象：康佳 P29SE151 型彩色电视机开机正常，但几十秒钟后图像由无彩色变为行场不同步

修前准备：此类故障应用电压检测法进行检修。重点检查数字板。

检修要点：首先检测 N301（TMPA8809）的 5V 供电电压是否正常，若 5V 电压正常，则检测 N301 的 5 脚复位电压是否正常。若 5 脚电压正常，则检查 6、7 脚外接晶振 Z601（8MHz）振荡波形是否正常。若 Z601 振荡波形正常，则检测 N301 的 14 脚（H-AF 行自动频率跟踪）外围 C314、R313、C313 等元件是否有问题。

资料参考：本例故障为电容 C313 失效所致，更换 C313 即可。C313 相关电路如图 4-48 所示。

（二十）机型现象：康佳 P29SE151 型彩色电视机输入 TV 跑台，自动选台不记忆；输入 AV 无图像且伴有行不同步

修前准备：此类故障应用电压检测法进行检修。重点检查同步

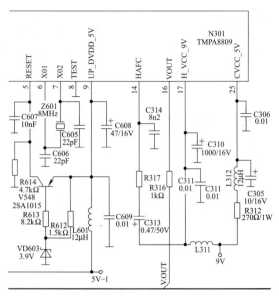

图 4-48　C313 相关电路

分离电路。

　　检修要点：主要检测 N301 的 30、62 脚电压是否正常；多路
视频电子转换开关电路 N801（TC4052）的 4、3 脚电压是否正常；
R133、V301、V322、V805、R615、V616、R616、C610、V805
（2SC1815）等元件是否有问题。

　　资料参考：本例故障为 V611 的偏置电阻 R616（560kΩ）变值
所致，更换 R616 即可。R616 相关电路如图 4-49 所示。同步分离
电路工作过程：解调后的 TV 视频信号从 N301（TMPA8809）的
30 脚输出，经 R133、V301、V322 送入 N801 的 4 脚，转换后的
信号从 3 脚输出送到 V805 的基极，然后从发射极输出，经隔离电
阻 R615 和钳位电路（由 R616、C610 组成）送去同步分离电路
V611 的基极，经分离的行同步信号从 V612 的集电极输出送往
N301 的 62 脚。

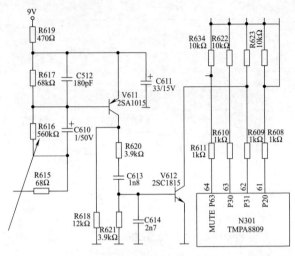

图 4-49　R616 相关电路

（二十一）机型现象：康佳 P29ST386 型彩色电视机开机伴音正常，但屏幕图像暗，将用户菜单中的亮度参数调置到最大，图像还是很暗

修前准备：此类故障应用电压检测法进行检修。重点检查显像管 CRT 电路、自动亮度限制 ABL 电路、行输出 FBT 加速极电路。

检修要点：开机调整行输出 FBT 加速极电压，若屏幕出现满屏白光且有回扫线，则测排插 XS02 的㉘脚 ABL 电压是否正常。若 ABL 电压在 2.6V 左右变化，则检测 U31（TB1306FG）㊸脚 ABL 外接滤波电容 C624 是否漏电、U31 本身是否有问题。若以上均正常，则检查数据存储器 U24、微处理控制器 U23（M30622SPCP）、外置程序存储器 U30（SST29SF040）是否有问题。

资料参考：本例为程序存储器 U30（SST29SF040）工作异常所致，用一块拷贝同机型数据的新 SST29SF040 代换即可。U30相关电路如图 4-50 所示。

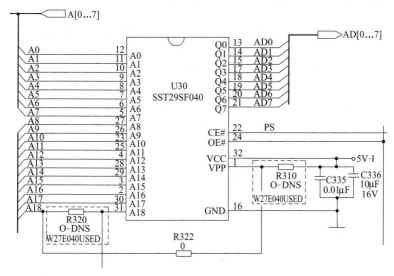

图 4-50　U30 相关电路截图

（二十二）机型现象：康佳 P29ST386 型彩色电视机通电后指示灯亮，但不能开机

修前准备：此类故障应用电压检测法进行检修。重点检查微处理控制电路。

检修要点：开机测给微处理控制器 U23（M30622SPCP）供电的稳压块 N951 的 5V 输出电压是否正常，若有 5V 电压输出，则检测待机控制电路 V960 的 b 极电压是否正常。若 V960 的 b 极电压为高电位，则按遥控器的待机键再次开机，测 U23 的 71 脚电压是否正常。若 71 脚电压无变化，按面板按键也无反应，故说明问题出在微处理控制电路中。此时检测 U23 的 14、60、96、97 脚电压是否正常，若 14、60、96、97 脚电压正常，则检测 U23 的 10 脚（复位输入端）及外围元件 Q3（MMBT3906）、D24（HZ4A2）、R211～R213、C272、C274、C268 组成的复位电路是否正常。若复位电路正常，则检查 U23⑪、⑬脚及 Y4（100MHz）、

C269、C270 等元件组成的时钟振荡电路是否有问题。

资料参考：本例故障为晶振 Y4（100MHz）不良所致，更换 100MHz 晶振 Y4 即可。Y4 相关电路如图 4-51 所示。此机的待机（开，关）控制信号（STBY）是从 U23 的 71 脚输出的，经排插 XS01 的 29 脚送到主板待机控制电路 V960 的 b 极，低电位时是开机状态，高电位时是待机状态。

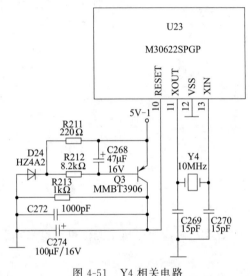

图 4-51　Y4 相关电路

（二十三）机型现象：康佳 P32ST391 型彩色电视机开机无光栅、无伴音、无图像，指示灯不亮

修前准备：此类故障应用电压检测法进行检修。重点检查电源部分。

检修要点：首先开机检测 B＋电压是否正常，若 B＋无电压，则检查各路负载是否存在短路。若负载无短路现象，则检查电源 N901（KA5Q1265RF）及其外围元件是否有问题。

资料参考：本例故障为 N901 外围电阻 R916（10Ω 1/4W）开路、VD910 不良所致，更换 R916、VD910 即可。N901 及外围元件如图 4-52 所示。

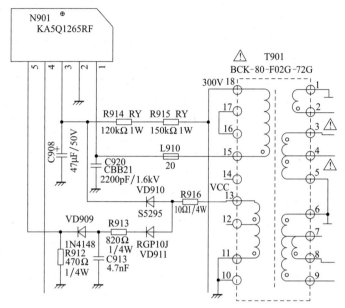

图 4-52 N901 及外围元件

（二十四）机型现象：康佳 P34SK383 型彩色电视机开机时灯闪一下，能听到高压声，但不开机

修前准备：此类故障应用电压检测法进行检修。重点检查微处理控制电路。

检修要点：首先检测 N103（TDA9373）的㊱、㊾脚电压是否正常，若㊱脚为 2V、㊾脚为 3.2V 正常，则更换 N103、N602（24C08）后看故障是否消失。若故障依旧，则检测 N103 的㉖脚（复位），㊾、㊽脚外围晶振 Z110（12MHz），㉞脚（沙堡脉冲）外围元件是否有问题。

资料参考：本例故障为 N103 的㉞脚外接二极管 VD108（1N4148）击穿所致，更换 VD108 即可。VD108 相关电路如图 4-53 所示。

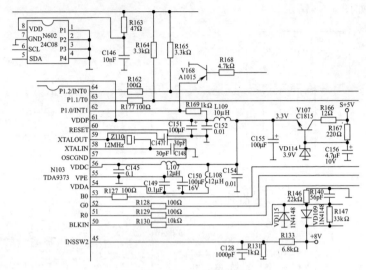

图 4-53　VD108 相关电路

（二十五）机型现象：康佳 SP29AS391 型彩色电视机开机几个小时自动关机

修前准备：此类故障应用电压检测法进行检修。重点检查保护相关电路。

检修要点：首先检查易损件 V962、V961、VD808、VD810、VD963、R809、R993、C401、R454 等元件是否有问题，若以上元件均正常，则检测排插 XS01 的⑳脚保护关机信号是否正常。若⑳脚信号失常，则检查其外围元件 R810、VD808、VD810、R809 元件是否有问题。

资料参考：本例故障为二极管 VD808（1N4148）漏电所致，更换 VD808 即可。VD808 相关电路如图 4-54 所示。

（二十六）机型现象：康佳 SP29AS391 型彩色电视机图像枕形失真

修前准备：此类故障应用电压检测法进行检修。重点检查枕校电路。

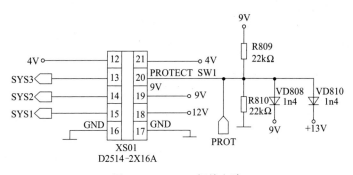

图 4-54　VD808 相关电路

检修要点：首先检查 V405、R411、VD402 是否正常，若正常，则检测 V405 电压是否正常。若 V405 的 D 极电压偏低，则断开 L402 测 VD402 的电压是否恢复正常。若电压依旧偏低，则检查 VD402、C404 是否有问题。

资料参考：本例故障为电容 C404（18nF/630V）漏电所致，更换 C404 即可。C404 相关电路如图 4-55 所示。

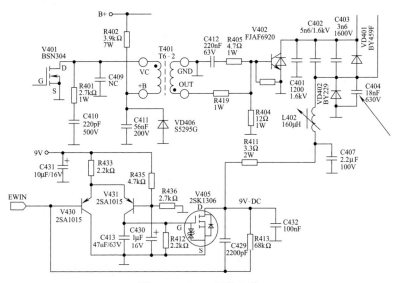

图 4-55　C404 相关电路

（二十七）机型现象：康佳 SP29AS566 型彩色电视机行幅不定时收缩，图像失真

修前准备：此类故障应用电压检测法、代换法进行检修。重点检查枕校电路。

检修要点：首先检查枕校电路相关电压是否正常，若 V405 的 c 极为 37V，b 极为 0.45V 且不稳，则检查 V405 性能是否良好。若代换 V405 后故障依旧，则检查前级 V431、V430 有关电压是否正常。若 V431、V430 电压正常，则检查 VD470、VD471、R471 等元件是否有问题。

资料参考：本例故障为 VD470（5.1V 稳压管）性能不良所致，更换 5.1V 稳压管 VD470 即可。枕校相关电路如图 4-56 所示。

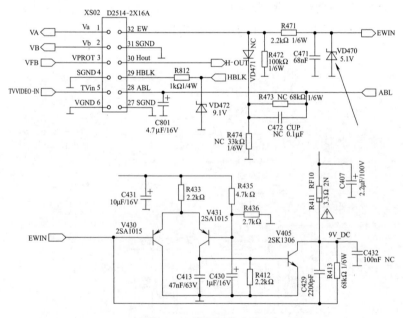

图 4-56　枕校相关电路

（二十八）机型现象：康佳 SP29TG636A 型彩色电视机开机无光栅、无伴音、无图像，且不定时烧行输出管

修前准备：此类故障应用电压检测法进行检修。重点检查行电路与数字板。

检修要点：首先用 100W 灯泡试主电压（5min）是否正常，若主电压稳定在 145V，则检测行输出是否存在短路。若行输出无明显短路之处，则检查行激励供电电阻、激励变压器、S 校正电容、行偏转回路是否正常。若以上检查均正常，则检查数字板上的 503 晶振是否良好。

资料参考：本例故障为数字板上面的 503 晶振不良引起屡烧行输出管所致，是该机型的通病故障，只要把数字板上面的 503 晶振换掉即可解决。

（二十九）机型现象：康佳 SP29TT520 型彩色电视机通电后指示灯亮，不能开机

修前准备：此类故障应用电压检测法进行检修。重点检查电源与微处理及存储器电路。

检修要点：首先打开机盖，目测检查电路板是否有异常元件，若无异常元件，则检测开关电源次级各输出电压是否正常。若各输出电压均偏低（其中＋B 电压为＋80V 左右），则测 CPU（U4）的 18 脚的＋3.3V、稳压器 U12 的 3 脚＋5V、N950 的 1 脚＋5V 电压是否正常。若⑱、③、①脚电压均正常，则说明 CPU 未发出开机指令，此时检查 U4 芯片的主供电 18、64 脚，19、21 脚外接 27MHz 晶振，复位信号（U7 的 2 脚与 U4 的 23 脚相连，完成复位信号的供给），54 脚（STBY 开/待机控制输出端）是否正常。若以上检查均正常，则检查程序存储器 U5 是否有问题。

资料参考：本例故障为程序存储器 U5 有问题所致，用一块写好数据的相同程序存储器更换即可。U4 与 U5 相关电路如图 4-57 所示。

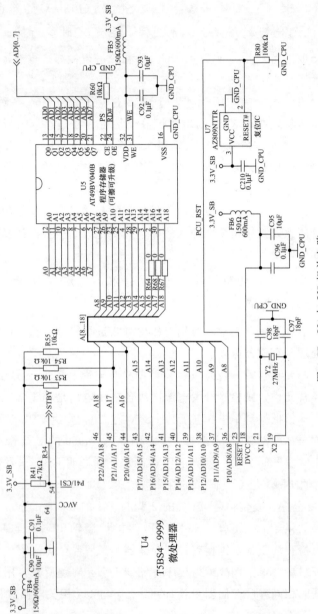

图 4-57　U4 与 U5 相关电路

课堂四 海尔彩色电视机故障维修实训

（一）机型现象：海尔 25F9K-T 型彩色电视机开机一切正常，但收看十几分钟后出现无光

修前准备：此类故障应用电压检测法进行检修。重点检查超级单片机 TMPA8829、视放通道。

检修要点：首先检测超级单片 TMPA8829 ⑰脚（H.VCC）、㉙脚（1F.VCC）电压是否正常，若正常且故障时灯丝亮，则检查视放电路中视放管 V601、V611、V621 的各极电压是否正常。若各极电压分别为基极 0.72V、集电极 194.6V、发射极 0.93V，说明视放管截止，此时检测 V630 基极电压。若基极为 0.6V，说明 V630 已导通使三个视放管基极电压下降而截止，此时检测 V230、VD232 等元件是否有问题。

资料参考：本例故障为钳位二极管 VD232 开路导致三个视放管基极电压下降所致，用 1N4148 更换 VD232 即可。VD232 相关电路如图 4-58 所示。

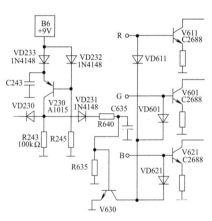

图 4-58　VD232 相关电路

（二）机型现象：海尔 25F9KT 型彩色电视机屏幕上出现干扰花纹，调节亮度时干扰更明显

修前准备：此类故障应用电压检测法进行检修。重点检查亮度通道、超级芯片 TMPA8829。

检修要点：首先进入总线查看相关数据是否正常，若未发现相

关参数异常，则检测 N201（TMPA8829）的 46 脚外接的滤波元件 C232（1μF/50V）、R217（220kΩ）是否有问题。

资料参考：本例故障为电阻 R217 虚焊所致，重焊 R217 即可。R217 相关电路如图 4-59 所示。根据机子电路和超级芯片 TMPA8829 内部电路分析，与故障相关的亮度通道基本都集成在芯片内部，与亮度通道相关联的只有⑯脚黑电平延伸滤波电路及外接 RC 滤波网络。

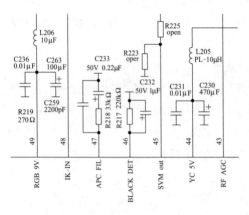

N201　　　TMPA8829_VLEM

图 4-59　电阻 R217 相关电路

（三）机型现象：海尔 29F5A-T 型彩色电视机部分台有雪花点干扰

修前准备：此类故障应用电压检测法进行检修。重点检查 RF AGC 电路、高频头电路。

检修要点：首先检测 I^2C 总线电路及进入 I^2C 总线查看相关数据是否有问题，若无异常，则检测高频头 U101 的 ① 脚、N201（TMPA8829）的⑬ 脚的 RFAGC 电压是否正常。若电压值均在 0.8～1.1V 之间波动（正常值在 2.7～2.9V 之间波动），说明 RF-AGC 控制电路是起作用的，只是控制能力降低，此时检查 N201

（TMPA8829）至 U101（TECC7949VG35E）高频头 1 脚之间的电路元件 C122、C121、R121、R123 等是否正常。

资料参考：本例故障为电容 C122 漏电，使 AGC 控制能力降低所致，更换 C122 即可。C122 相关电路如图 4-60 所示。

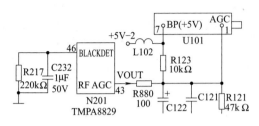

图 4-60　C122 相关电路

（四）机型现象：海尔 29F7AT 型彩色电视机有时出现锯齿波状的干扰花纹

修前准备：此类故障应用电压检测法进行检修。重点检查电源电路与行输出电路。

检修要点：首先检测＋B 电压和相关滤波元件是否正常，若均正常，则检查行推动电路中功率相对较大的易热元件 T401、V404 等是否有问题。若正常，则检查 R431、R442、R427 等中大功率电阻是否正常。若也正常，则检查枕校电路中 R444、R412（4.7Ω/2W）功率电阻是否有问题。

资料参考：本例故障为电阻 R412 靠 V403 的 c 极一端有明显裂纹脱焊，将其焊牢即可。R412 与 V403 相关电路如图 4-61 所示。

（五）机型现象：海尔 29FA12-AM 型彩色电视机呈水平亮线

修前准备：此类故障应用电压检测法进行检修。重点检查场输出部分。

检修要点：出现此类故障时，首先断开电阻 R321，然后将万用表置于 $R×1k$ 挡并将红表笔接地，用黑表笔触碰 N301 的 1 脚或用 5V 电

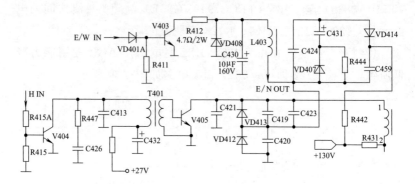

图 4-61　R412 与 V403 相关电路

压瞬间接触，观看亮线是否瞬时拉开。若能瞬时拉开，则说明故障出在场振荡至场激励级；若亮线不能瞬时拉开，则说明故障出在场输出级，此时测 N301 的相关脚电压是否正常。若电压不正常，则问题出在＋27V 电源电路上；若电压正常，则查场偏转线圈插头接触是否良好、C303 是否存在开路或虚焊、N301 及其外围元件是否有问题。

资料参考：本例故障为电容 C303 虚焊所致，重焊 C303 即可。场输出部分相关电路如图 4-62 所示。

（六）机型现象：海尔 29FA12-AM 型彩色电视机无光栅

修前准备：此类故障应用电压检测法进行检修。重点检查行输出部分、显像管。

检修要点：当出现此类故障时，首先检测显像管栅极（俗称加速极）电压是否正常来进行判断，其方法如下。

若栅极电压正常，则检查是否有灯丝电压。若有，则检查 XP901、XP902 各脚电压是否正常。若正常，则说明故障出在视放板上；若 XP901、XP902 各脚电压不正常，则检查 N204 的⑩～⑫脚至视放板电路是否有问题。

若栅极电压不正常，则检测行推动管 V404 的基极电压是否正

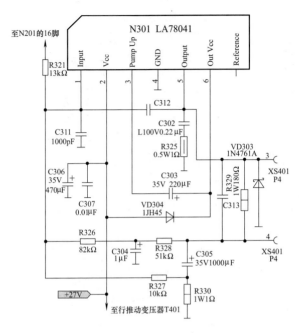

图 4-62 场输出部分电路

常。若基极电压不正常，则查 N201 的⑬脚（H-OUT）至行推动级之间电路是否有问题；若正常，则查 N201（TMPA8829）的⑰脚（H-VCC 端）9V 电压是否正常。若⑰脚电压不正常，则查 9V 电源电路是否有问题；若⑰脚电压正常，则查 G201、N201 行振荡级外围元件是否有问题。若行推动管 V404 基极电压正常，则检测行输出管 V405 的基极、发射极之间是否有电压。若无电压，则检查行推动级中 T401、R417 等元件是否有问题；若行输出管 V405 基极电压偏高，则查 V405 是否存在虚焊或开路现象；若行输出管 V405 基极电压偏低，则检查行输出变压器 T402、V405 或 VD413 是否存在击穿漏电现象。

资料参考：本例故障为 V405、VD413 损坏所致，更换 V405、VD413 即可。行输出相关电路如图 4-63 所示。

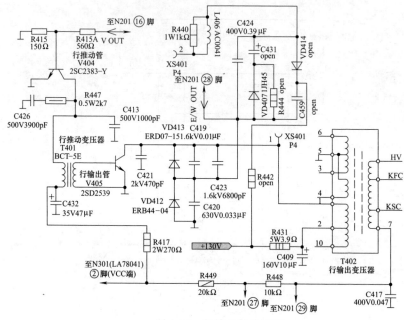

图 4-63　行输出部分电路

（七）机型现象：海尔 29T3D-P 型彩色电视机收看中出现的"无光栅、无伴音、无图像"，遥控指示灯在不停地闪烁，用遥控器开/关机无任何反应

修前准备：此类故障应用电压检测法、断路法进行检修。重点检查电源电路、行电路、CPU（N901 WH2000A）。

检修要点：首先开机检测＋B 电压与其他几路电路输出是否正常，若＋B 在 80～130V 间起落且指示灯闪烁，则用 100W 灯泡作假负载，切断"行输出管"集电极后，接于＋B 滤波电容 C815 两端，开机测＋B 电压（130V）与各路输出电压是否正常。若电压均稳定且指示灯也不闪烁，则排除电源电路有故障的可能，此时检测 CPU㉞脚（5V 电源）、㉝脚（复位电压）、㉜脚（晶振电压）、㊶脚（SCL）与㊷脚（SDA）电压是否正常。若㊶、㊷脚电压偏低（正常时两脚电压约 3～4V），则断开与其他电路挂接的 I^2C 总线连接测电压是否正常。若电压依然偏低，则检查晶振（7.5MHz）是否有问题。若晶振正常，则检查行电路是否有问题。

资料参考：本例故障为行输出变压器不良所致，更换同规格行变即可。该机微处理器 N901 为 WH2000A，小信号处理电路为 OM8839，电源控制电路 N804 为 KA7630。

（八）机型现象：海尔 34F3A-PN 型彩色电视机图像有较多雪花点

修前准备：此类故障应用电压检测法进行检修。重点检查图像中频信号处理电路（该机采用 TDA9808 处理图像中频信号，同时为高频头提供 RFAGC 电压）。

检修要点：首先检测 N801（TDA9808）相关脚电压是否正常。若测 12 脚电压比正常值 4V 偏低较多，则将有线信号断开检测 12 脚电压是否恢复正常。若电压依旧不变，则检测 TDA9808 的 12 脚对地正反电阻值是否正常。若正常，则检查 AGC 延迟调整电位器是否正常。若正常，则检查 TDA9808 是否有问题。

资料参考：本例故障为 TDA9808 内部损坏所致，更换 TDA9808 即可。TDA9808 内部框图如图 4-64 所示。

（九）机型现象：海尔 34P9A-T 型彩色电视机 TV 状态伴音小且失真，AV 状态正常

修前准备：此类故障应用信号干扰法进行检修。重点检查 N201 的 38 脚至 N802（TC4052BP）的 11 脚之间的信号传输电路或 N201 与伴音有关的外围电路。

检修要点：首先从 N802 的 11 脚注入人体感应信号（在 TV 状态下），细听扬声器是否有干扰声。若扬声器中有明显干扰杂音，说明 TC4052BP 正常，此时再分别从 C239（47μF）正端、V201（2SC1815Y）b 极注入音频信号，细听扬声器是否有干扰声。若无明显干扰杂音，则检查 V201 及其外围元件。

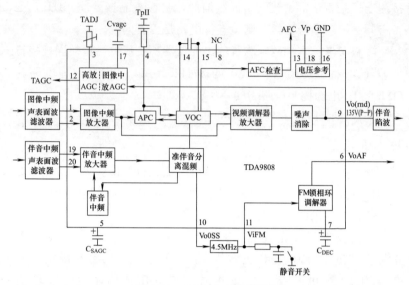

图 4-64　TDA9808 内部框图

资料参考：本例故障为电容 C239 漏电所致，更换 C239 即可。C239 相关电路如图 4-65 所示。

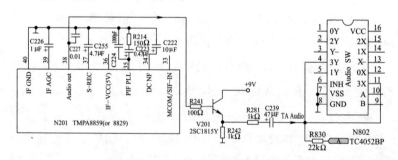

图 4-65　电容 C239 相关电路截图

（十）机型现象：海尔 36F9K-ND 型彩色电视机水平亮线

修前准备：此类故障应用电压检测法进行检修。重点检查场电路。

检修要点：首先检查电阻 R327、R468 的电压是否正常，若电压不正常，则检查 D302、D460、R426、R428 等是否有问题；若电压正常，则检查场偏转输出电路 Q301（LA7846）的 6 脚电压是否正常。若 6 脚电压失常，则检查或更换 R444、R445、数字板；若⑥脚电压正常，则检测 Q301 的③脚电压是否正常。若③脚电压不正常，则检查 Q301、VD411；若③脚电压正常，则检查或更换 R441、R441A、R439、R440、C428。

资料参考：本例故障为 R441 不良所致，更换 R441 即可。R441 相关电路如图 4-66 所示。

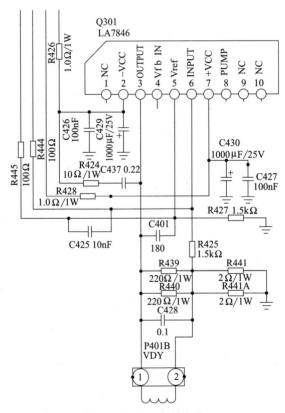

图 4-66　R441 相关电路

（十一）机型现象：海尔 36F9K-ND 型彩色电视机无光栅

修前准备：此类故障应用电压检测法进行检修。重点检查电源电路。

检修要点：首先检测 C884 端电压是否正常（正常值为 145V），若无电压，则检测 Z889（PRF5000F）对地电压是否正常。若对地电压正常，则检查 C810 电压（DC300V）是否正常。若 C810 电压失常，则检查 F801、D801、C810、R812、R813；若 C810 电压正常，则检查 F802 是否正常。若 F802 电压不正常，则检查 Q810、R818、C818、N801；若 F802 电压正常，则检查 N801 的⑨、②脚之间电压是否正常。若⑨、②脚无电压，则检查 D808、N801、C808、D815；若⑨、②脚电压约为 6V，则检查 Q802。

资料参考：本例故障为 N801 有问题所致，更换 N801 即可。N801 相关电路如图 4-67 所示。

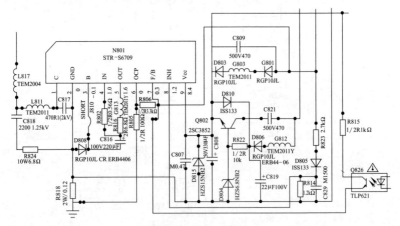

图 4-67　N801 相关电路

（十二）机型现象：海尔 36F9K-ND 型彩色电视机无光栅，有声音

修前准备：此类故障应用电压检测法进行检修。重点检查

CRT 灯丝电压、视放电路、T461。

检修要点：首先检测 CRT 灯丝电压是否有正常。若有灯丝电压，则检测 CRT G2 脚电压是否正常。若 G2 脚正常，则检查视放电路；若 G2 脚电压失常，则检查或更换 T461 及相关电路。

若无灯丝电压，则检测 T461⑨的脉冲信号是否正常。若⑨脚信号不正常，则检查或更换变压器 T461；若⑨脚信号正常，则检查或更换熔断电阻 R535。

资料参考：本例故障为熔断电阻 R535 不良造成无灯丝电压所致，更换 R535 即可。R535 相关电路如图 4-68 所示。

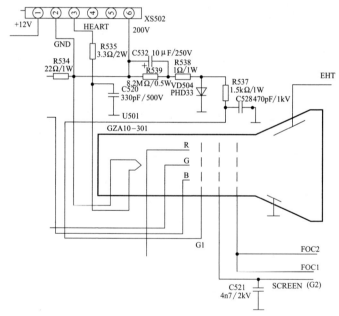

图 4-68　电阻 R535 相关电路

（十三）机型现象：海尔 D29FA10-A（GC）型彩色电视机不开机

修前准备：此类故障应用电压检测法、代换法、断路法进行检修。重点检查电源电路、行电路。

检修要点：首先检查＋B主电压是否正常，若无＋B电压，则去除负载（即将水泥电阻R322断开），看主电压是否正常。若仍无主电压，则检查电源部分（重点检查C610有无300V电压，无300V电压，则检查前面的整流管；有300V电压，则检查电源N601 FSCQ1465或DZ601）；若主电压恢复正常，则检查行部分（行部分主要是检查行输出管、阻尼二极管、行推动管）。若电源与行部分均正常，则可通过更换数字板排查是否为板子问题。

资料参考：本例故障为电源部分DZ601不良所致，更换DZ601即可。DZ601相关电路如图4-69所示。

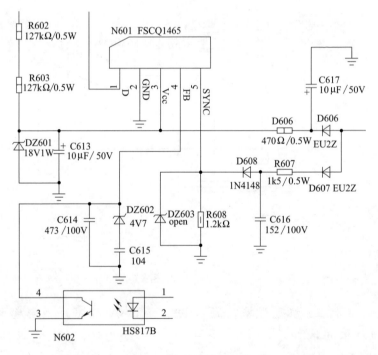

图4-69　DZ601相关电路

（十四）机型现象：海尔 D29FA10-A（GC）型彩色电视机有图无声

修前准备：此类故障应用电压检测法进行检修。重点检查伴音相关电路。

检修要点：首先转换在 AV 下看伴音是否正常，若有伴音，则说明故障出在 TV 声音通道，此时检查端子有无连焊或损坏、连接线束有无松动脱落。若正常，则检查电子开关 4052 转换块之前的部分是否有问题。若正常，则检查 4052 和后面的数字板和伴音电路（伴音功放 TDA8947 组成的电路）。若检测 N101（TDA9885）⑧脚无声音信号输出，则检查 N101㉓、㉔脚有无输入，排查是 N101 问题还是声表滤波器问题。若以上检查均正常，则检查 MST5C26 相关电路是否正常。

资料参考：本例故障为 4052 有问题所致，更换 4052 即可。4052 相关电路如图 4-70 所示。

（十五）机型现象：海尔 D29FV6-C 彩色电视机 AV 状态无伴音

修前准备：此类故障应用电压检测法进行检修。重点检查伴音电路。

检修要点：出现此类故障时，首先检测 N201、N202 电源是否正常。若不正常，则检查 VD906、C924、C220、C230 等是否有问题；若检测伴音功放 N201（TDA7497）、N202 电源正常，则检查 N201、N202 及 N801、N203（TA1343N）电源是否正常。若 N801、N203 电源正常，则检查 N801、N203（TA1343N）；若 N801（HCF4052B）、N203 电源不正常，则检查 N907、R965、VD403、C416 等是否有问题。

资料参考：本例故障为 N801（HCF4052B）有问题所致，更换 N801 即可。伴音信号由 N101（TDA9808）出来后经过 N801 转换后送到 N203（TA1343）进行 SRS 处理后送到 N201

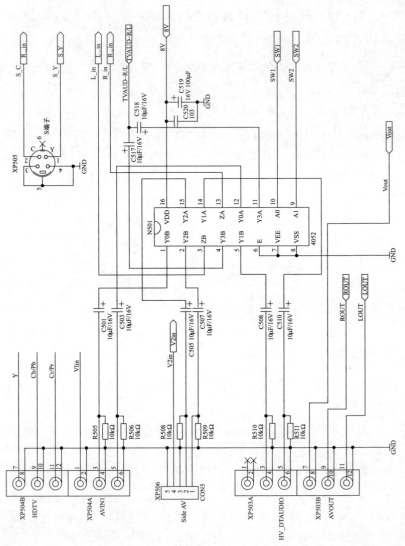

图 4-70   4052 相关电路

（TDA7497）进行功率放大。AV 信号经过 AV 板输入音频信号经
N801 控制转换后送到 N203 处理后送到功率放大器放大，视频信
号直接送到数字板进行解码。

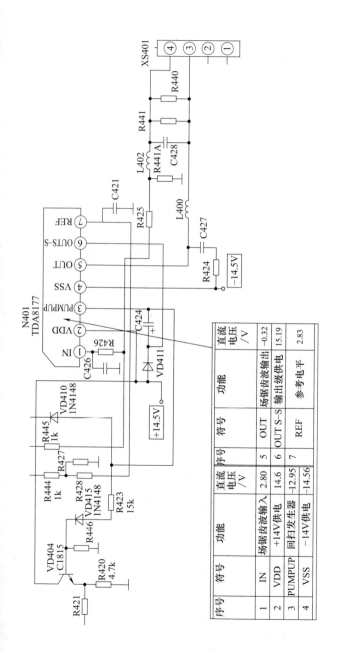

序号	符号	功能	直流电压/V	序号	符号	功能	直流电压/V
1	IN	场锯齿波输入	2.80	5	OUT	场锯齿波输出	-0.32
2	VDD	+14V供电	14.6	6	OUT S-S	输出级供电	15.19
3	PUMPUP	回扫发生器	-12.95	7	REF	参考电平	2.83
4	VSS	-14V供电	-14.56				

图 4-71 VD411 相关电路

（十六）机型现象：海尔 D29FV6-C 型彩色电视机呈水平亮线

修前准备：此类故障应用电压检测法进行检修。重点检查场电路。

检修要点：出现此类故障首先检查 R426、R428 是否有问题。若存在开路现象，则检查 N401、C429、C430、VD907、VD932 是否有问题；若检查 R426、R428 正常，则检测场输出块 N401（TDA8177）⑥脚是否有信号输入。若无信号输入，则检查 R444、R445、N401、VD411、数字板是否有问题；若⑥脚信号输入正常，则检查 R441、R441A 是否有问题。

资料参考：本例故障为电阻 VD411 不良所致，更换 VD411 即可。VD411 相关电路如图 4-71 所示。

（十七）机型现象：海尔 D29FV6-C 型彩色电视机无光栅

修前准备：此类故障应用电压检测法进行检修。重点检查电源电路与行电路。

检修要点：出现此类故障时，首先开机检测 C919 正负极之间电压是否正常。若不正常，则查 C901 正负极之间电压是否正常。若不正常，则检查 VC901、F901、C901、R901 等是否有问题；若 C901 正负极电压正常，则检查 V901 漏源极之间是否有 300V 电压。若 300V 电压为 0V，则检查 FB901、V901 等是否有问题；若 300V 电压正常，则在开机瞬间检测 N901⑥脚是否有电压。若有电压，则检查 V901、N901 等是否有问题；若⑥脚无电压，则检查 VD930、V910 等是否有问题。

若检测 C919 正负极之间电压正常，则检查行扫描电路 R953、L904 是否正常。若正常，则检查行推动电路中 V402（BSN304）、T402 是否有问题。

资料参考：本例故障为 V402 不良所致，更换 V402 即可。

（十八）机型现象：海尔 D29FV6H-F 型彩色电视机无图像，其他正常

修前准备：此类故障应用电压检测法进行检修。重点检查视放电路、数字板数字处理电路。

检修要点：检修时首先检测各路电源输出是否正常。若正常，则检测 CRT 板的 180V 供电（即 LM2429②脚、LM2483⑦脚）电压是否正常。若电压为 0V，则检查电感 L801、LM2483、ZD802 等是否有问题。

资料参考：本例故障为 L801 不良、稳压管 ZD802 击穿所致，更换 L801 与 ZD802 即可。

（十九）机型现象：海尔 D29MK1 型彩色电视机 TV 无信号

修前准备：此类故障应用电压检测法进行检修。重点检查高频头及相关电路。

检修要点：首先检查高频头供电是否正常，若无供电，则检查供电部分；若高频头供电正常，则检查总线是否正常。若总线不正常，则检查总线部分；若总线正常，则检查高频头是否输出正常。若高频头输出不正常，则检查高频头是否损坏；若高频头输出电压正常，则检查信号是否输入图像解码芯片。若无信号输入，则检查信号线路是否正常；若有信号输入，则检查芯片供电、晶振、总线是否正常。

资料参考：本例故障为电阻 R104 不良造成 SCL 电压失常所致，更换 R104 即可。R104 相关电路如图 4-72 所示。

（二十）机型现象：海尔 D34FV6-A 型彩色电视机不开机，指示灯点亮

修前准备：此类故障应用电压检测法进行检修。重点检查电源电路和行电路。

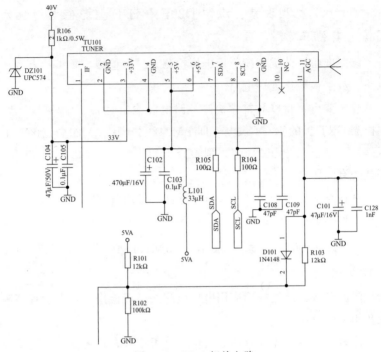

图 4-72　R104 相关电路

检修要点：出现此类故障时，首先检测＋B 电压是否正常。若正常。则检测行输出管 V403（2SC5570）是否正常。若行输出管 c 极电压仅为 50V 左右且摆动，则关机后测量行输出级是否有明显短路现象。若没有，则带假负载检测＋B 电压是否正常。若电压正常，则检查行电路是否有问题。

资料参考：本例故障为限流电阻 R819（3.9Ω）变值所致，更换 R819 即可。行输出变压器（TLN1080AH）短路会引起行不起振，从而导致彩色电视机开机后无图像、无伴音，且电源指示灯闪烁。

（二十一）机型现象：海尔 D34FV6-A 型彩色电视机无规律自动开/关机，且部分按键失效

修前准备：此类故障应用电压检测法进行检修。重点检查电源

电路、行电路、面板矩阵电路。

检修要点：主要测试电源输出电压（+B、29V、12V），N801（KA7630）⑧、⑨、⑩脚电压（5V、8V、12V），行激励供电和激励信号，面板矩阵插排线及 CPU 插排 X501B 之间的元件（有 C101、C122、R908、R909、DZ203、DZ201）等。

资料参考：本例故障为电容 C122 漏电所致，更换 C122 即可。

（二十二）机型现象：海尔 D34FV6H-CN 型彩色电视机出现自动开关机

修前准备：此类故障应用电压检测法进行检修。重点检查电源电路与行电路。

检修要点：首先检测电源电路各组输出是否正常。若正常，则检测行电路中行输出管 V403（2SC5144）是否良好、行变压器 T444（BSC29-0138A）是否有问题等。

资料参考：本例故障为行输出管 V403（2SC5144）集电极虚焊所致，更换行输出管 V403 即可。相关电路如图 4-73 所示。

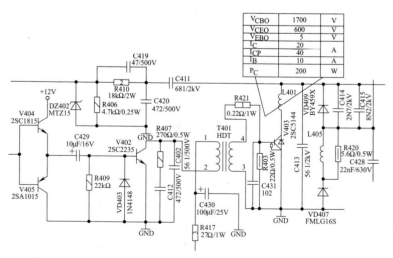

图 4-73　行电路部分

课堂五 创维彩色电视机故障维修实训

（一）机型现象：创维 25T98HT（3D28 机芯）型彩色电视机无伴音，有图像

修前准备：此类故障应用电压检测法、信号干扰法进行检修。重点检查伴音电路。

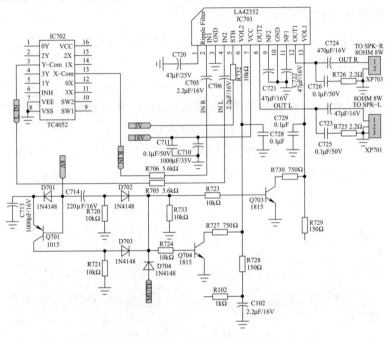

图 4-74 LA42353 相关电路

检修要点：首先检测伴音功放 LA42352 工作条件是否正常，若不正常，则查待机静音及供电；若正常，则加干扰信号去功放输入端，看是否有干扰声。若无干扰声，则检查 LA42352；若有干扰声，则加入干扰信号到 TC4052 输入，看是否有干扰声。若有干扰声，则查中放电路、伴音 AGC、FM 的滤波、伴音锁相环等电

路；若无干扰声，则查 TC4052 的⑥、⑨、⑩脚有无异常。若⑥、⑨、⑩脚正常，则问题出在 TC4052；若⑥、⑨、⑩脚不正常，则查三个脚的控制是否有问题。

资料参考：此例故障为伴音功放 LA42352 不良所致，更换 LA42352 即可。LA42352 相关电路如图 4-74 所示。

（二）机型现象：创维 25T86HT（6D92 机芯）型彩色电视机 TV 状态伴音有噪声

修前准备：此类故障应用观察法、电压检测法进行检修。重点检查伴音电路。

检修要点：首先试转换伴音制式观察故障是否能消失。若故障依旧，则检查中放电路是否有问题。

资料参考：本例故障为中放电路 LA76930⑦脚外围电容 C111 不良所致，更换 C111 即可。C111 相关电路如图 4-75 所示。

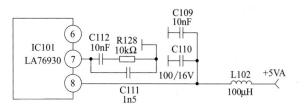

图 4-75　C111 相关电路

（三）机型现象：创维 25T98HT（3D28 机芯）型彩色电视机不开机

修前准备：此类故障应用电压检测法进行检修。重点检查电源电路、行电路。

检修要点：首先检测主电源是否输出正常，若主电源输出正常，则检查 U100（HV180）的 CPU 电路是否正常。若正常，则检查 U601（TDA9332）的工作条件及行逆程脉冲信号是否正常。若 TDA9332 正常，则检查行输出电路及逆程脉冲信号；若

TDA9332 不正常，则观察开机瞬间有无高压、行有无起振。若无，则问题出在 TDA9332 上。若测主电源输出不正常，则检查电源部分。

资料参考：本例故障为 IC810（FSCQ0965）损坏所致，更换 FSCQ0965 即可。IC810 相关电路如图 4-76 所示。

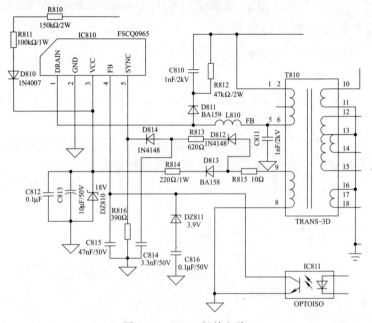

图 4-76　IC810 相关电路

（四）机型现象：创维 25T98HT（3D28 机芯）型彩色电视机黑屏

修前准备：此类故障应用电压检测法进行检修。重点检查 TDA9332 及外围元件。

检修要点：首先检查 TDA9332 的输出信号是否在 2.5V 左右，若电压为 2.5V，则检查视放电路 TDA6108 是否有问题；若电压不正常，则检查 TDA9332 的输入信号是否在 2.6V 左右。若电压

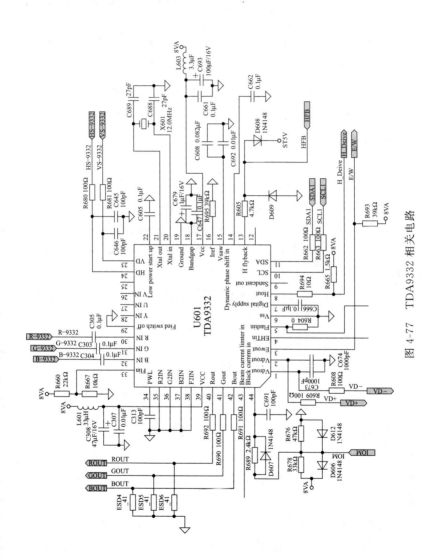

图 4-77　TDA9332 相关电路

为 2.6V，则检查 TDA9332 的外围及工作条件（如 ABL 电路、行逆程、总线、供电等）是否正常；若电压不正常，则检查 HTV180 部分及其输出部分。

资料参考：本例故障为 TDA9332 有问题所致，更换 TDA9332 即可。TDA9332 相关电路如图 4-77 所示。

（五）机型现象：创维 28T88HT（6D96 机芯）型彩色电视机不开机，有嗞嗞声

修前准备：此类故障应用电压检测法进行检修。重点检查电源电路。

检修要点：首先检测＋B 电压是否正常。若＋B 电压仅为 70V，则断开＋B 电压观察电压变化情况。若电压仍不变，则依次断开开关变压器输出的各组负载来判断故障所在点，当断开某点时叫声停止且主电压恢复正常，则应对该电路进行逐一排查。

资料参考：本例故障为 IC923（L7805）短路所致，更换 L7805 即可。

（六）机型现象：创维 29T61HT（6D91 机芯）型彩色电视机 AV 状态无图像、无伴音

修前准备：此类故障应用电压检测法进行检修。重点检查信号处理电路。

检修要点：首先检测 IC301（4053）相关脚电压是否正常。若检测供电电压正常，但其⑨、⑩脚的转换电平不正常，则检测彩色电视机小信号处理电路 LV1117⑳、㉑脚转换电平是否正常。

资料参考：本例故障为 LV1117 有问题所致，更换 LV1117 即可。该机 TV/AV 的音频转换是在 LV1117 中完成的，同时 LV1117 还输出逻辑电平控制电子转换开关 IC301（4053）进行 TV/AV 的视频信号转换。

（七）机型现象：创维 29T66HT（6D90 机芯）型彩色电视机不开机，指示灯也不亮

修前准备：此类故障应用电压检测法进行检修。重点检查开关电源。

检修要点：首先检测＋B 电压是否正常。若＋B 电压为 0V，则检查各路输出是否存在短路现象。若没有，则检查开关电源 IC901（FSCQ1265RT）各脚电压及其外围元件是否有问题。

资料参考：本例故障为启动电阻 R905（100kΩ）开路而引起 IC901④脚（启动脚）无电压所致。相关电路如图 4-78 所示。

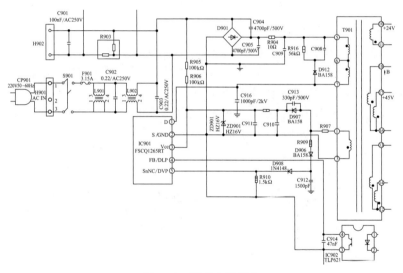

图 4-78 开关电源部分

（八）机型现象：创维 29T66HT（6D92 机芯）型彩色电视机收看一段时间后出现场下部压缩

修前准备：此类故障应用电压检测法进行检修。重点检查场电路。

检修要点：在故障出现时检测 IC601（TDA8177）的相关脚电

压是否正常。若④脚电压为 13.1V（正常值为 14.5V），则检查前级供电的限流电阻 R746、整流管 D712、滤波电容 C737 等元件是否有问题。

资料参考：本例故障为 D712（BYW36）不良所致，更换 D712 即可。

（九）机型现象：创维 29T66HT（6D92 机芯）型彩色电视机出现行场不同步

修前准备：此类故障应用电压检测法进行检修。重点检查行场电路。

检修要点：首先检测行场扫描电路 IC201（STV6888）相关脚电压是否正常。若测其①（行同步信号输入端）、②（场同步信号输入端）脚无电压，则检测 STV6888、数字板是否有问题；若正常，则检查 IC101（LA76930）及其外围元件 Q104、Q105、Q106、C137 等是否有问题。

资料参考：本例故障为电容 C137 失效所致，更换 C137 即可。C137 相关电路如图 4-79 所示。

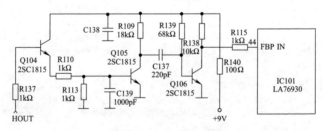

图 4-79　C137 相关电路

（十）机型现象：创维 29T66HT（6D96 机芯）型彩色电视机 TV 状态时图像有雪花干扰

修前准备：此类故障应用电压检测法进行检修。重点检查高频头相关电路。

检修要点：首先检测高频头的 AGC 电压是否正常。若电压比正常值偏低较多，则检查延迟 AGC 调整脚电压（即 LA7566 的㉔脚）是否正常，若比正常值 2.2V 偏低较多，则检查其外围元件是否有问题。

资料参考：本例为 LA7566 外围电容 C119（103）漏电所致，更换 C119 即可。

（十一）机型现象：创维 29T68HD（6D72 机芯）型彩色电视机开机后无图像，有伴音

修前准备：此类故障应用电压检测法进行检修。重点检查视放电路。

检修要点：首先检测 RGB 三阴极电压是否正常。若电压均在 5.5～0.5V 之间摆动，则检测视放供电是否正常。若正常，则检测视放块 N501/N511/N521（TDA6111Q）供电端电压是否正常。

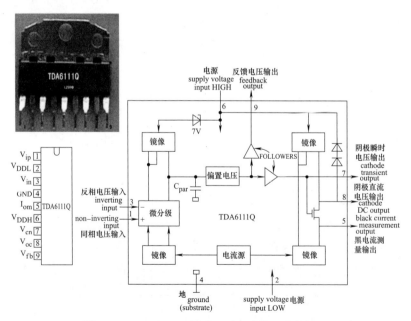

图 4-80　TDA6111Q 外形、引脚功能及内部框图

若供电端电压不正常，则检查视放块电源供应电路是否有问题。

资料参考：本例为过流保护电阻损坏而引起视放块供电端无电压所致。如图 4-80 所示为 TDA6111Q 外形、引脚功能及内部框图。

（十二）机型现象：创维 29T68HT（6D96 机芯）型彩色电视机开机一段时间后自动关机

修前准备：此类故障应用电压检测法进行检修。重点检查电源电路。

检修要点：首先在故障出现时检测＋B 电压是否正常。若＋B 电压在 40～60V 之间变化，则短接 Q925 待机管后测＋B 电压是否正常。若＋B 电压为 10V 左右，则检查光耦及其外围元件是否有问题。

资料参考：本例故障为电容 C942 不良而引起光耦②脚无电压所致，更换 C942 即可。C942 相关电路如图 4-81 所示。当行电路中电容 C713（1μF/200V）漏电**时会**引起行幅变窄，然后自动关机。

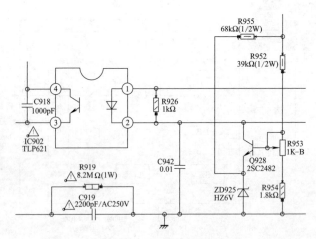

图 4-81　C942 相关电路

（十三）机型现象：创维 29T68HT（6D81 机芯）型彩色电视机枕形失真

修前准备：此类故障应用电压检测法进行检修。重点检查行电路。

检修要点：首先用万用表检测 Q708 的 c 极 13V 电压是否正常。若电压不正常，则检查枕校电路中 Q705（A1015）、Q706（A1015）、C727、R736 等元件（如图 4-82 所示）是否有问题。若枕形校正电路元件均无异常，则检测 ICM08（ST6888）㉔ 脚的 EW 信号输出是否正常。若正常，则检查是否因存储器数据不对而引起。

资料参考：本例故障为 Q708 不良所致，更换 Q708 即可。

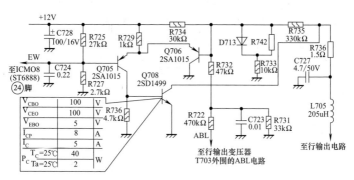

图 4-82 枕形校正电路部分

（十四）机型现象：创维 29T68HT（6D90 机芯）型彩色电视机缺红色

修前准备：此类故障应用电压检测法进行检修。重点检查数字板。

检修要点：由于该机黑白图像正常，则可断定显像管完全正常，此时可开机检测显像管红阴极电压是否正常。若电压为 200V，则说明显像管的红阴极已经截止，此时检测显像管三基色输入脚电压是否正常。若绿和蓝色为 2.4V 左右、红色为 0.4V 左右，则检测数字板上三基色放大块 LM1269 的输入端（⑤、⑥、⑦脚）与输出端（⑱、⑲、⑳脚）电压是否正常。若⑳脚 R 输出端电压为 0.4V，其他两脚⑱、⑲脚电压为 1.9V 正常，则检查 LM1269 的⑳脚外围元件或者检查 N301 是否有问题。

资料参考：本例故障为 LM1269 有问题所致，更换 LM1269即可。

（十五）机型现象：创维 29T68HT（6D96 机芯）型彩色电视机不能开机

修前准备：此类故障应用电压检测法进行检修。重点检查电源电路。

检修要点：首先开机检测＋B 电压是否正常。若电压在 90～136V 之间跳变，则断开＋B 电压看故障是否消失。若故障依旧，则断开 I²C 上挂接的各负载看故障是否消失。若故障依旧，则检测 IC201 相关脚电压是否正常。若测其㉖脚（Hout）电压为 0V，则检测其电源电压是否正常。若也为 0V，则检查＋12V 电路是否有问题。

资料参考：本例为＋12V 的电感 L924 不良所致，更换 L924即可。

（十六）机型现象：创维 29T68HT（6D96 机芯）型彩色电视机图像字符抖动

修前准备：此类故障应用电压检测法进行检修。重点检查行、场电路。

检修要点：首先开机测试 AGC 电压是否正常。若正常，则检测中频各脚是否有问题。若无问题，则检查行、场小信号处理 IC（STV6888）及其外围元件是否有问题。

资料参考：本例故障为 STV6888⑥脚外接振荡电容 C202（102）不良所致，更换 C202 即可。C202 相关电路如图 4-83 所示。

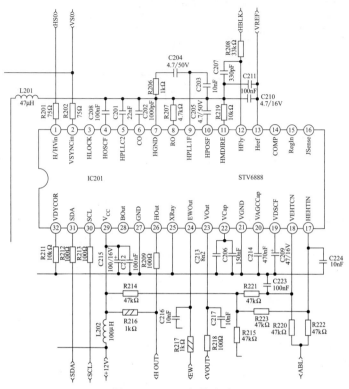

图 4-83　C202 相关电路

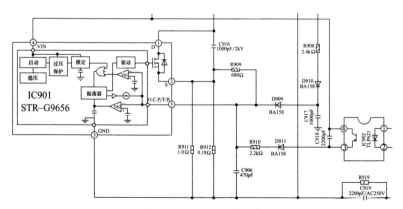

图 4-84　C918 相关电路

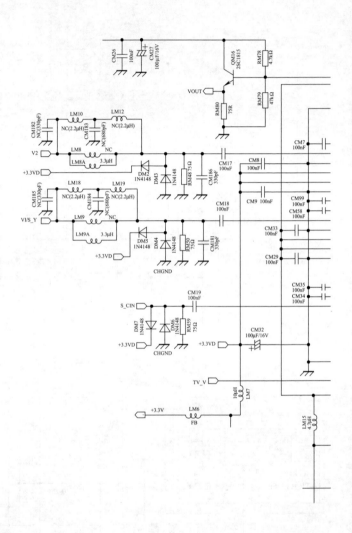

图 4-85　ICM04

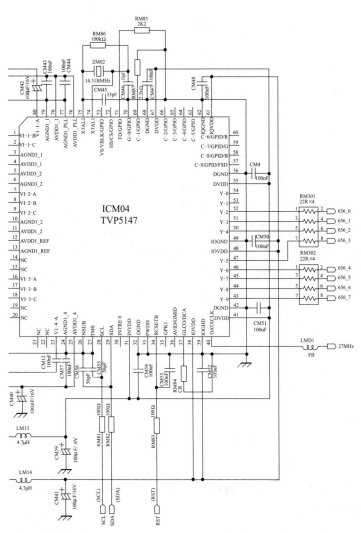

相关电路

（十七）机型现象：创维 29T84HT（6D91 机芯）型彩色电视机不能开机

修前准备：此类故障应用电压检测法进行检修。重点检查电源电路。

检修要点：首先检查主电源是否正常。若主电压约为 100V 且摆动，则断开行负载检测主电压是否正常。若主电压上升为 140V 很稳定，则检查行电路元件是否有异常现象。若没有，则接上 60W 灯泡作假负载，开机灯泡亮，但电压下降，则说明电源带负载差，此时应重点检查开关电源是否有问题。

资料参考：本例故障为开关电源中电容 C918（2200pF）漏电所致，更换 C918 即可。C918 相关电路如图 4-84 所示。

（十八）机型现象：创维 29T88HT（6D81 机芯）型彩色电视机 TV 状态无图像，AV 状态正常

修前准备：此类故障应用电压检测法进行检修。重点检查视频相关电路。

检修要点：首先用其他电视监测，若 AV 输出无图像，音频输出有声，则检测中放 IC201（LA75503）③是否有视频信号输出。若有信号，则检测到数字板的 TV-V 脚是否有信号输出。若有信号，则检测数字板上的视频解码块 ICM04（TVP5147）及其外围元件是否有问题。

资料参考：本例故障为 ICM04 有问题所致，更换 ICM04 即可。ICM04 相关电路如图 4-85 所示。

（十九）机型现象：创维 34SIHT（6D96 机芯）型彩色电视机不能开机

修前准备：此类故障应用电压检测法进行检修。重点检查电源电路。

检修要点：首先打开机壳，用万用表检测 300V 电源是否正

常。若不正常，则检测交流进线电路是否有问题；若正常，则检查电源是否起振，此时可重新开机，检测＋B电压是否正常。若电压比正常值120V偏高较多，则检查取样电路是否有问题。

资料参考：本例故障为取样电路电阻R952（39kΩ）失效所致，更换R952即可。R952相关电路如图4-86所示。

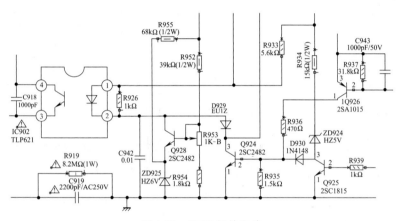

图4-86　R952相关电路

（二十）机型现象：创维34SIHT（6D96机芯）型彩色电视机出现无规律行收缩

修前准备：此类故障应用电压检测法进行检修。重点检查行电路。

检修要点：首先检测140V电压是否正常。若140V电压波动，则断开行电路接上60W灯泡作假负载，观察140V电压。若电压不变化，则说明电源稳压电路正常，应重点对行输出电路进行检查。

资料参考：本例故障为行电路中电容C708不良所致，更换C708即可。C708相关电路如图4-87所示。

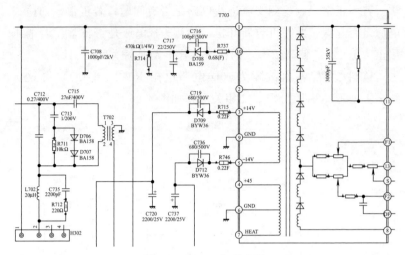

图 4-87　C708 相关电路

（二十一）机型现象：创维 34T60HT（6D78 机芯）型彩色电视机热机开机正常，冷机时不能开机红灯亮

修前准备：此类故障应用电压检测法进行检修。重点检查微处理器 N901。

检修要点：检测微处理器 N901（M37274）相关脚电压是否正常，若㊸脚（POWER）4V 电压仅为 1.8V，其他各脚电压均正常，此时可将㊸脚断开测量电压是否恢复正常，若电压依旧不变，则说明问题可能出在 N901 上。

资料参考：本例故障为 N901 有问题所致，更换 N901 即可。N901 相关电路如图 4-88 所示。

（二十二）机型现象：创维 34T60HT（6D78 机芯）型彩色电视机无光栅、无伴音、无图像指示灯不亮

修前准备：此类故障应用电压检测法、电阻检测法进行检修。重点检查行电路。

检修要点：首先测 R810 的 B＋对地直流电阻是否正常，若为

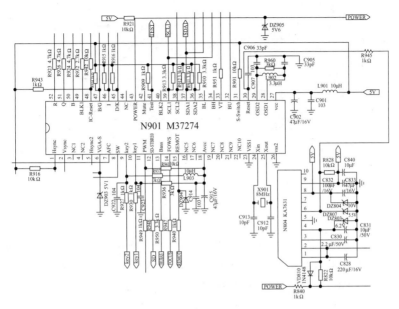

图 4-88 N901 相关电路

0Ω，则断开行负载电源，测对地电阻是否正常。若对地电阻恢复正常，则测 V403 的集电极对地电阻是否正常。若 V403 的集电极对地电阻为 0Ω，但断开 V403 的集电极时行输出管对地电阻正常，则检查行电路是否有问题。

资料参考：本例故障为行电路中电容 C417（600pF/2000V）短路所致，更换 C417 即可。C417 相关电路如图 4-89 所示。

（二十三）机型现象：创维 34T68HT（6D96 机芯）型彩色电视机不能开机，指示灯亮

修前准备：此类故障应用电压检测法进行检修。重点检查电源与 CPU。

检修要点：首先检测＋B 电压是否正常。若正常，则检查 CPU 正常工作的必要条件（必须有＋5V 电源电压；必须有正常的复位电平；主时钟振荡信号必须正常）是否正常，若 CPU 供电

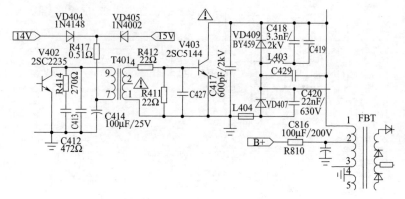

图 4-89　C417 相关电路

+5V 正常、CPU 复位脚电压在 0~4.8 V 间跳动、SDA 与 SCL 线电压在 4.8~5V 间波动，则检测 N804 相关脚电压是否正常。若 N804⑧脚电压也在 0~9V 间波动，则检查其外围元件是否有问题。

资料参考：本例故障为 V862、V861 损坏所致，更换 V862、V861 即可。

（二十四）机型现象：创维 6D95 机芯彩色电视机偏色

修前准备：此类故障应用电压检测法进行检修。重点检查视放板。

检修要点：主要检查 R 枪电压是否正常；视放板 R 电压是否正常；RGB 视频放大芯片 IC501（LM1269）及其外围元件是否有问题。

资料参考：本例故障为 IC501 外围电容 C501 失效所致，更换 C501 即可。C501 相关电路如图 4-90 所示。

（二十五）机型现象：创维 6D95 机芯彩色电视机图像行幅大，枕形失真

修前准备：此类故障应用电压检测法进行检修。重点检查枕校电路。

检修要点：主要检查行幅是否可调；枕校电路供电是否正常；

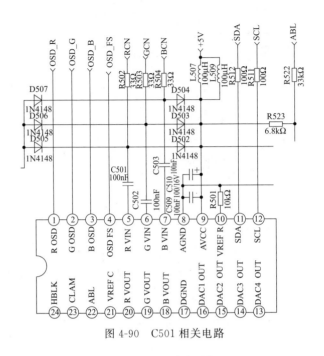

图 4-90　C501 相关电路

枕校电路电感、三极管、电阻是否有问题。

资料参考：本例故障为枕校电路中电阻 R734 变值所致，更换 R734 即可。R734 相关电路如图 4-91 所示。

（二十六）机型现象：创维 6D95 机芯彩色电视机收不到台，有雪花点

修前准备：此类故障应用电压检测法进行检修。重点检查高频头相关电路。

检修要点：主要检查高频头 U101 的 +5V 供电、VT 电压是否正常；预中放 Q101、Z101、L102、L103、C110、R106 等元件是否有问题。

资料参考：本例故障为电感 L103 开路所致，更换 L103 即可。L103 相关电路如图 4-92 所示。

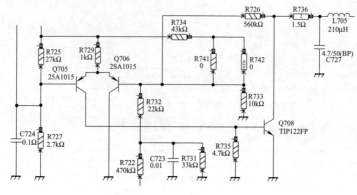

图 4-91　R734 相关电路

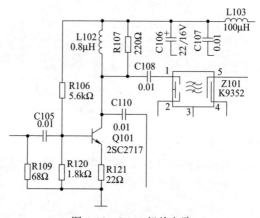

图 4-92　L103 相关电路

课堂六 海信彩色电视机故障维修实训

（一）机型现象：海信 HDP3419CH 型彩色电视机开机指示灯明暗变化，不能开机

修前准备：此类故障应用电压检测法进行检修。重点检查电源电路。

　　检修要点：首先检查＋B 电压是否正常，若＋B 电压在 75～140V 之间跳变，则检查电源部分 N801（5Q1265RF）及其外围元件、电源变压器 T801、光电耦合器 N802（PC817）等元件。

　　资料参考：本例故障为 N802（PC817）有问题所致，更换 N802 即可。N802 相关电路如图 4-93 所示。

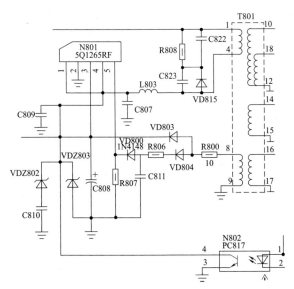

图 4-93　N802 相关电路

　　（二）机型现象：海信 DP2906G 型彩色电视机水平一条亮线

　　修前准备：此类故障应用电压检测法进行检修。重点检查场扫描电路。

　　检修要点：首先检测 N301（TDA8351）各个脚电压是否正常，若 6 脚电压正常，③、④、⑦脚电压不正常，则检查扫描块是否正常。若更换扫描块后故障不变，则检查电阻 R413（3.3Ω）、R408（12Ω）和双整流管 VD406 是否正常。

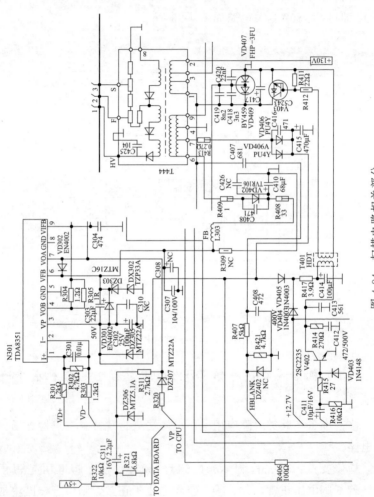

图 4-94　扫描电路相关部分

资料参考：本例为 VD406 击穿所致，更换 VD406 即可。扫描电路相关部分如图 4-94 所示。

（三）机型现象：海信 HDP2902D 型彩色电视机开机时屏幕呈红色，出现回扫线

修前准备：此类故障应用电压检测法进行检修。重点检查视放电路。

检修要点：首先检查管座 KR、KG、KB 三个基色电压是否正常（正常为 115V）。若电压正常，则检测视放块 N501（TDA6111Q）、N511（TDA6111Q）、N521（TDA6111Q）各个引脚电压是否正常。若各个引脚电压相同，则检测视放块的对地阻值是否正常。若①脚的对地阻值很小，则检测 N511 的阻值是否正

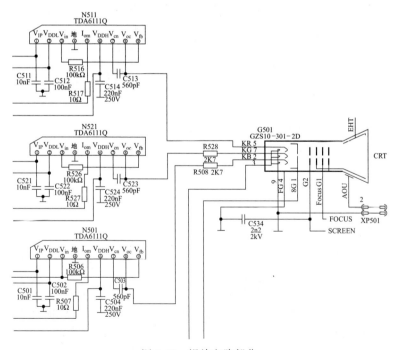

图 4-95　视放电路部分

常。若 N511 的阻值很小，则检查瓷片电容 C511（100nF）。

资料参考：本例故障为瓷片电容 C511（100nF）短路所致，更换 C511 即可。视放电路部分如图 4-95 所示。

（四）机型现象：海信 HDP2902D 型彩色电视机图像左移三分之一，图像左侧漏边，无字符

修前准备：此类故障应用电压检测法进行检修。重点检查行电路。

检修要点：首先检查行 AFC 和行逆程脉冲信号是否正常。若行 AFC 和行逆程脉冲信号正常，则检查数字板 XS501B⑦（VD）、⑦（HD）脚的 VD201、VDZ402 是否正常。若 VD201、VDZ402 正常，则检查其外围元器件是否正常。若外围元器件正常，则检查电容 C411。

资料参考：此例故障为电容 C411 失容所致，更换 C411 即可。行电路相关部分电路如图 4-96 所示。

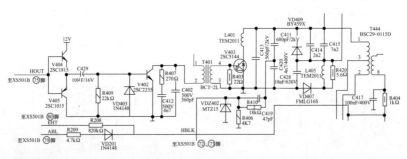

图 4-96　行电路相关部分电路

（五）机型现象：海信 HDP2902G 型彩色电视机视频 I 无信号，视频 II 正常

修前准备：此类故障应用电压检测法进行检修。重点检查视频解码电路。

检修要点：首先用示波器检测 N401（TVP5147）的 7 脚是否

有视频信号波形。若 7 脚无视频信号波形，则检查插座 XP001 的
29 脚、C463、L811、C465、C452 和 N401 的 7 脚。

　　资料参考：此例故障为电容 C452 不良所致，更换 C452 即可。
N401（TVP5147）及其外围元器件相关电路如图 4-97 所示。

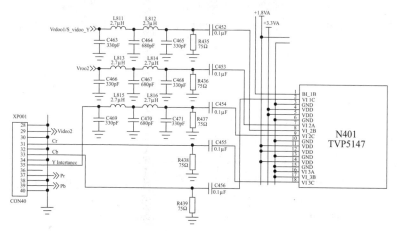

图 4-97　N401（TVP5147）及其外围元器件相关电路

　　（六）机型现象：海信 HDP2907M 型彩色电视机无光
栅、无伴音、无图像，指示灯亮

　　修前准备：此类故障应用电压检测法进行检修。重点检查电
源、行电路和微控制器。

　　检修要点：首先检测集成电路 N302、N303、N306 的供电电
压是否正常。若供电电压正常，则检测各电感的输出电压是否正
常。若电感的输出电压正常，则检测 N501（MM502）的供电电
压、复位电压、晶振、存储器是否正常。若 N501 的供电、复位、
晶振、存储器正常，则检测集成电路 N401（TDA9333H）的⑰脚
（VP1）、㊴脚（VP2）的供电电压是否正常。若供电电压正常，则
检测⑩脚（SCL）、⑪脚（SDA）的总线电压 3.7V 是否正常。

　　若以上检查均正常，则检查行输出变压器 T444 的 ⑧ 脚

（ABL）电压是否正常。若⑧脚电压为 8V，则检查集成电路 N401、晶振 X402（12MHz）和匹配电容 C427、C428 是否正常。若 TDA9333H、晶振和电容均正常，则检查集成电路 N301C（MST5C16）外围上的电阻 R510。

资料参考：本例故障为电阻 R510 不良所致，更换 R510 即可。该机主板型号为：RSAG7.820.503-1。电阻 R510 相关电路如图 4-98 所示。

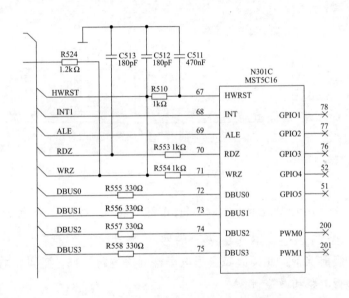

图 4-98　电阻 R510 相关电路

（七）机型现象：海信 HDP2908 型彩色电视机开机黑屏

修前准备：此类故障应用电压检测法进行检修。重点检查电源电路与数字板。

检修要点：首先检查数字板上 CPU（N14）及 N3（TDA9332）工作是否正常。若工作正常，则检测 N1、N5 工作电压形成电路 N10、N12、N11 的输入电压是否正常。若输入电压不正常，则检测 V801 的各端电压是否正常。若发射极没有输出电压，则检查基极控制部分电阻 R827。

资料参考：本例故障为电阻 R827 变值所致，更换 R827 即可。R827 相关电路如图 4-99 所示。

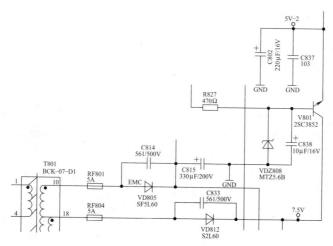

图 4-99　R827 相关电路

（八）机型现象：海信 HDP2919CH 型彩色电视机不能开机，但指示灯不断闪烁

修前准备：此类故障应用电压检测法、代换法进行检修。重点检查行电路、显像管尾板、高压板。

检修要点：首先打开机壳用万用表检测阴极电压是否正常，若阴极电压为 150V，则检测行输出管基极电压是否正常。若行输出管基极电压不正常，则检测 KA7630 ⑩ 脚电压是否正常。若 KA7630 ⑩ 脚电压不正常（正常为 12V），则检测 KA7630（进电脚）①、②脚电压是否正常。若 KA7630 ①、②脚有电压，则检查 KA7630 是否有问题。若更换 KA7630 后故障不变，则检查显像管尾板 TDA6111Q 与 KA7630 ⑩ 脚接地是否正常。若更换

TDA6111Q 与 KA7630⑩脚接地后故障不变，则检查行输出变压器是否有问题。

资料参考：本例故障为行输出变压器的高压线漏电所致，更换行输出变压器即可。

（九）机型现象：海信 HDP2919DH（GS50 机芯）型彩色电视机无伴音

修前准备：此类故障应用电压检测法进行检修。重点检查伴音相关电路。

检修要点：主要检查伴音功放的供电是否正常，伴音功放输出端是否短路（如果输出短路，功放 IC 将被烧坏）、输出端是否有连焊或短路；伴音功放有无音频信号输入，有则检查功放输出，无音频信号输入则检查 TDA7497 有无音频信号输出。

资料参考：本例故障为 TDA7497 有问题所致，更换 TDA7497 即可。该机音频信号流程：TV 音频信号从解码板中放 N305（LA75503）输出，在主板 N701（TDA7439）中与从 AV 接口进入的音频信号进行转换，并经 N701 处理后分两路进入功率放大电路 N601（TDA7495S）。所有的伴音信号经 TDA7439 转换后分为两路，一路伴音输出，另一路回到 TDA7439 中完成音量、高低音、平衡等控制，然后输出给功放 TDA7497。伴音信号流程如图 4-100 所示。

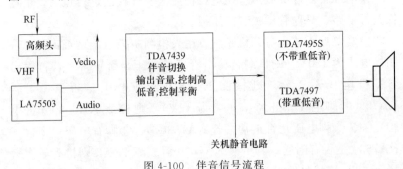

图 4-100 伴音信号流程

（十）机型现象：海信 HDP2919DM 型彩色电视机自动开关机

修前准备：此类故障应用电压检测法进行检修。重点检查行电路。

检修要点：首先检查解码板是否正常。若解码板正常，则检查行推动管 V402、前级对管 V403 和 V404 及其外围元器件是否正常。若外围元器件正常，则检查 V402（2SC2383）。

资料参考：本例故障为行推动管 V402（2SC2383）不良所致。2SC2383 的技术参数如图 4-101 所示。2SC2383 参考代换型号：2SC2482、2SC3332。

参数	参数值	单位
V_{CBO}	160	V
V_{CEO}	160	V
V_{EBO}	6	V
I_C	1	A
I_B	0.5	A
P_C	900	mW
T_j	150	℃
T_{stg}	−55〜150	℃

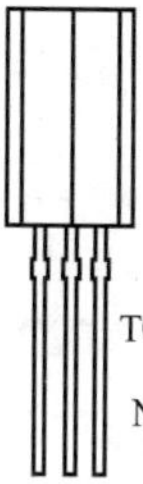

TO-92MOD

NPN

参数	测试条件	最小值	最大值	单位
$V_{(BR)CEO}$	$I_C=10mA, I_B=0$	160	—	V
h_{FE}(Note)	$V_{CE}=5V, I_C=200mA$	60	320	
$V_{CE(sat)}$	$I_C=500mA, I_B=50mA$	—	1.5	V
V_{BE}	$V_{CE}=5V, I_C=5mA$	0.45	0.75	V
f_T	$V_{CE}=5V, I_C=200mA$	20	100	MHz

图 4-101　2SC2383 技术参数

（十一）机型现象：海信 HDP2968CH 型彩色电视机开机时字符抖动

修前准备：此类故障应用电压检测法进行检修。重点检查信号处理电路与视频转换器。

检修要点：首先检查信号处理器 N301（OM8380）是否正常。

若 N301 正常，则检查字符在 VGA 状态时是否正常。若字符在 VGA 状态时正常，则检查字符在 TV、AV 状态时是否正常。若字符在 TV、AV 状态时抖动，则检查视频转换器 N401（TV5147）

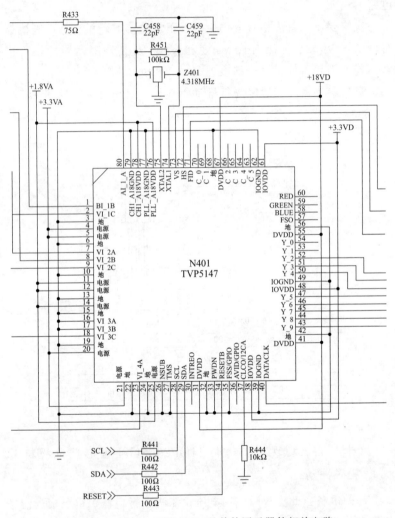

图 4-102　N401（TV5147）及其外围元器件相关电路

及其外围元器件。

资料参考：本例故障为视频转换器 N401（TV5147）不良所致，更换 N401 即可。N401（TV5147）及其外围元器件相关电路如图 4-102 所示。

（十二）机型现象：海信 HDP29R68 型彩色电视机无光栅、无伴音、无图像，指示灯不亮

修前准备：此类故障应用电压检测法进行检修。重点检查电源电路。

检修要点：首先检查主电源电压是否正常。若电源电压不正常，则检查电容 C510 是否有 300V 电压。若电容有 300V 电压，则检查 N501（5Q1265RF）④脚是否有启动电压。若④脚有 10V 电压，则检查各组电压输出阻值是否正常。若＋B 阻值为 50Ω，则检查电容 C413（560pF/2kV）。

资料参考：本例故障为电容 C413（561/2kV）漏电所致，更换 C413 即可。电容 C413（561/2kV）相关电路如图 4-103 所示。

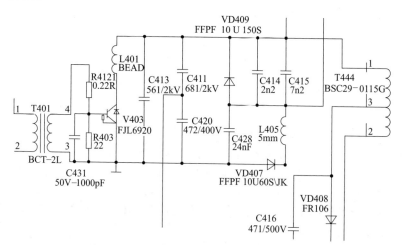

图 4-103　海信 HDP29R68 电视机电容 C413（561/2kV）相关电路

（十三）机型现象：海信 HDP3233 型彩色电视机无图像黑屏

修前准备：此类故障应用电压检测法进行检修。重点检查数字板。

检修要点：首先检查该机是否有高压。若有高压，则检查主芯片 N200 供电电压是否正常。若供电电压正常，则检查稳压块 N1210 输出电压是否正常（正常为 1.8V）。若电压不正常，则检查输入电压是否正常（正常为 3.3V）。若输入电压正常，则检查 N1210（LMS8117ADT-1.8）。

资料参考：本例故障为稳压块 N1210（LMS8117ADT-1.8）损坏所致，更换 N1210 即可。N1210（LMS8117ADT-1.8）及外围元器件相关电路如图 4-104 所示。

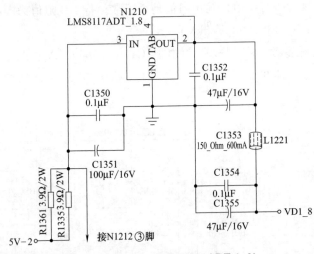

图 4-104　N1210（LMS8117ADT-1.8）
及外围元器件相关电路

（十四）机型现象：海信 HDP3277CH 型彩色电视机字符正常，图像不正常

修前准备：此类故障应用电压检测法进行检修。重点检查数

字板。

检修要点：首先检查 CPU 工作是否正常。若工作正常，则检查 TDA9332 是否正常。若 TDA9332 正常，则检查 N903 输出电压是否正常。若输出电压正常，则检查 N903（VPE1X）。

资料参考：此例故障为 N903（VPE1X）的 ⑩⑤ 和 ⑩⑥ 脚之间焊点失常所致，重焊两脚即可。当电阻 R501 断路时，会引起图像偏黄，蓝色拖尾故障。

（十五）机型现象：海信 HDP3277H 型彩色电视机图像不清楚、边缘模糊，左右两边垂直线发虚

修前准备：此类故障应用电压检测法进行检修。重点检查动态聚焦电路。

检修要点：首先开机检测三极管 VH01（C4636）的 c 极电压是否正常，若电压不正常（正常为 320V），则检测 VH01 的 b 极和 e 极电压是否正常。若 VH01 的 b 极和 e 极电压为 12V，则检测与 VH01 的 e 极相连的电阻 RH18（2.2kΩ）两端电压是否正常。若电阻 RH18 两端电压不正常，则检查三极管 VH01 和 VH02 是否正常。

资料参考：本例故障为三极管 VH01 损坏所致，更换 VH01 即可。动态聚焦电路的参考电压流程：行输出变压器的 ② 脚交流电压为 370V→二极管 DH02 变成 560V→二极管 DH01 变成 620V→电阻 RH22 变成 530V→电阻 RH21 变成 430V→电阻 RH01 变成 320V→电阻 RII23 变成 320V→TH01 动态聚焦升压变压器的初级交流电压变成 17V 左右。

（十六）机型现象：海信 HDP3411H 型彩色电视机 TV 状态伴音中有杂音，AV 状态正常

修前准备：此类故障应用电压检测法进行检修。重点检查伴音解调电路。

检修要点：首先检查伴音解调电路 N701（TDA7439）是

否有问题，若 N701 正常，则检测高频头 U101 的各脚电压是否正常。若 U101⑥脚（BM）电压偏低（正常值为 9V），则断开负载电路看电压是否正常。若电压仍偏低，则检查 9V 稳压电路。

资料参考：本例故障为 9V 稳压集成电路 N102（L7809）不良所致，更换 N102 即可。该机采用的是一体化高频头，伴音解调是在高频头 U101（JS-5A/1236HS）内部完成的，高频头直接输出音频信号。N102 相关电路如图 4-105 所示。

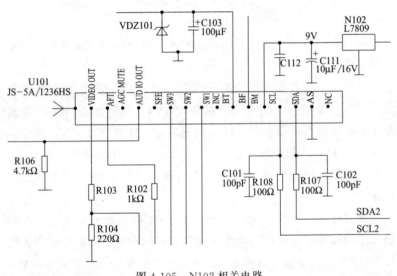

图 4-105　N102 相关电路

（十七）机型现象：海信 HDP3411H 型彩色电视机无光栅、无伴音、无图像，指示灯开机闪一下就熄灭

修前准备：此类故障应用电压检测法进行检修。重点检查 CPU。

检修要点：首先检查 CPU 是否正常工作。若 CPU 工作不正常，则检查 CPU 的 42 脚供电 +5V 电压是否正常。若 +5V 电压正常，则检查 33 脚复位脚电压是否正常。若复位电压正常，则检查

11 脚（clock）和 12 脚（data）总线脚电压是否正常。若总线电压正常，则检查晶振 Z901。

资料参考：本例故障为晶振 Z901 不良所致，更换 Z901 即可。Z901 相关电路如图 4-106 所示。当 N401 供电端短路时，会引起无光栅、无伴音、无图像，指示灯呈蓝色故障。

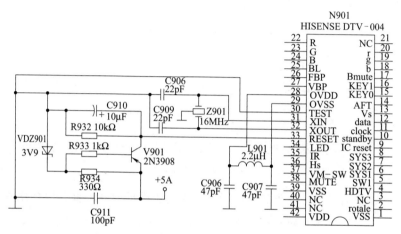

图 4-106　Z901 相关电路

（十八）机型现象：海信 HDP3411H 型彩色电视机字符、图像拖尾

修前准备：此类故障应用电压检测法进行检修。重点检查视放电路。

检修要点：检测视放板上 N501（TDA6111Q）、N511（TDA6111Q）、N521（TDA6111Q）的①脚电压是否正常（正常为 2.31V）。若电压不正常，则检查 TDA6111Q 外围元器件是否有问题。

资料参考：此例故障为 TDA6111Q 外围电阻 R539（3.6kΩ）变值所致，更换 R539 即可。电阻 R539 相关电路如图 4-107 所示。

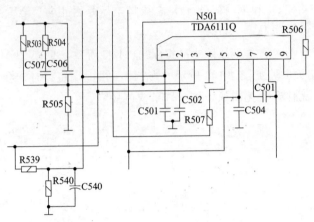

图 4-107　电阻 R539 相关电路

（十九）机型现象：海信 HDP3419CH 型彩色电视机开机后无规律自动关机，电源指示灯亮

修前准备：此类故障应用电压检测法进行检修。重点检查开关电源、场电路、微处理器等。

检修要点：出现自动关机的原因大致有：虚焊、过压保护、过流保护、X 射线保护及某个元器件热稳定性能差等。出现虚焊故障时，打开机后盖，查看开关电源和行扫描输出电路的焊点，特别是体积大的元件和温度高的元件，如开关电源变压器、行输出变压器、限流电阻、整流二极管等。也可轻轻敲击可疑部件的电路板查找故障元件，或在故障出现时，测量开关电源或行输出电路的关键电压值，以寻找虚焊点。

资料参考：本例故障为场输出块 N301（TDA8177）虚焊所致，重焊 N301 即可。

（二十）机型现象：海信 HDTV3277H 型彩色电视机指示灯亮无图像、无伴音，屏幕有雾状暗淡光栅，控制无效，无字符

修前准备：此类故障应用电压检测法进行检修。重点检查场

电路。

检修要点：首先检查管座是否正常。若管座正常，则检查 CPU 工作是否正常。若 CPU 工作正常，则检测 N301（TDA8177）各引脚电压是否正常。若引脚电压不正常，则检查 N301。

资料参考：本例故障为 N301（TDA8177）损坏所致，更换 TDA8177 即可。N301（TDA8177）外围元器件相关电路如图4-108所示。

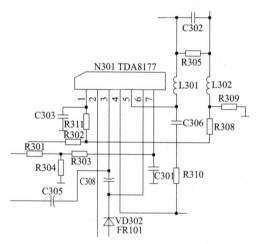

图 4-108　海信 HDTV3277H 电视机

N301（TDA8177）外围元器件相关电路

（二十一）机型现象：海信 HDTV3278H 型彩色电视机无光栅、无伴音、无图像，屡烧行输出管

修前准备：此类故障应用电压检测法进行检修。重点检查行电路。

检修要点：主要检查阻尼管、行推动管、行 S 形矫正电容、行偏转线圈等元件是否有问题。

资料参考：本例为阻尼管 VD407 击穿、电容 C407 有问题所致，更换 VD407、C407 即可。更换元件时必须要符合原参数要求，否则易再损坏元件。

（二十二）机型现象：海信 ITV2911 机芯彩色电视机开机即烧输入电路的熔丝管

修前准备：此类故障应用电压检测法进行检修。重点检查开关电源。

检修要点：主要检查抗干扰电容是否损坏、消磁电阻内部是否短路、整流桥堆是否击穿、300V 滤波电容 C806 是否击穿、N801（KA3S0680R）是否有问题。

资料参考：本例故障为 N801 内部开关管击穿所致，更换 N801 即可。N801 相关电路如图 4-109 所示。

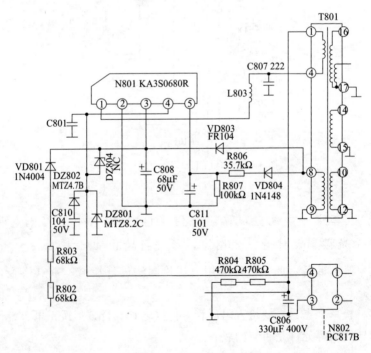

图 4-109 N801 相关电路

（二十三）机型现象：海信 TRIDENT 机芯高清彩色电视机，开机无任何反应，指示灯不亮

修前准备：此类故障应用电压检测法进行检修。重点检查开关电源。

检修要点：首先检查熔丝是否熔断，若熔丝熔断，则说明开关电源有严重短路故障，此时检查市电输入、整流滤波、厚膜电路等开关电源初级是否存在严重短路漏电。若正常，则检查开关电源的启动、振荡电路及行输出电路是否有问题。

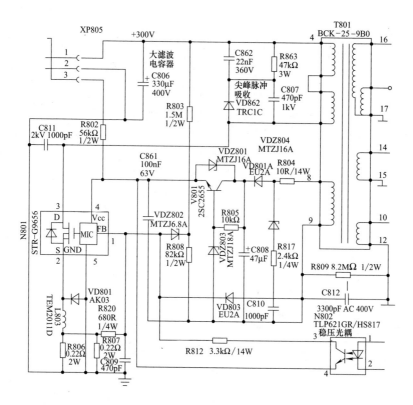

图 4-110　N801（STR-G9656）相关电路

资料参考：本例故障为厚膜块 N801（STR-G9656）有问题所致，更换 STR-G9656 即可。N801 相关电路如图 4-110 所示。若有消磁电路工作的声音，但无行扫描高压建立的声音，多为开关电源不工作或行输出电路严重短路故障。海信 TRIDENT 高清机芯适用机型：海信 TDP2902H、TDP2906H、TDP2906CH、TDP2919、TDP3406H、TDP3410L 等系列。

Chapter 05

第五讲 —》

维修职业化训练课外阅读

课堂一 根据代码找故障

（一）TCL IV22（IV21）机芯彩色电视机通过代码找故障

项目	故障内容	数据		备　注
BRTC	副亮度调整	15	工厂菜单中生产菜单设置	工厂模式进入与退出方法：①进入。用户遥控器将音量值设为0，选择光标停在图像菜单对比度项上，3s内依次输入密码9735，快捷标志Factory Hot Key为"开"时，按工厂快捷键进入工厂模式(进入工厂模式后屏幕左下角调整会显示字母"P"和软件版本号，此模式下几个特殊按键如下："0"键场关断，显示水平亮线，再按一下将场打开；"1"键进入白平衡调整菜单，按"确认"键退出；"2"键进入几何调整菜单，按"确认"键退出；"4"键进入系统设置菜单，按"确认"键退出；"9"键进入/退出 BUS-FREE)；②退出。快捷标志"Factory Hot Key"为"开"时，按工厂快捷键，此时并未完全退出，屏幕左下角调整仍显示软件版本号，选择Producting菜单中的 Shop INIT 项，按住本机"音量减"键3s。适用机型：HD28M62，HD28V18D，HD29M62S，HD29V18SD，HD32M62S，HD32V18SD 等
FACTORY HOT KEY	工厂模式快捷键开关	开/关		
VARM UP	老化模式开关	开/关		
SHOP INIT	出厂初始化	—		
VP	场中心调整	根据需要调整	几何调整	
HIGH	场幅度调整	根据需要调整		
VSC	场S校正	根据需要调整		
VLIN	场线性调整	根据需要调整		
HPOS	行中心调整	根据需要调整		
HSIZE	行幅度调整	根据需要调整		
TRAP	梯形校正	根据需要调整		
PINC	枕形校正	根据需要调整		
PARA	平行四边形失真校正	根据需要调整		
BOW	弓形校正	根据需要调整		
CNRT	上边角校正	根据需要调整		
CNRB	下边角校正	根据需要调整		
RC	红枪消隐电平	32	白平衡调整	

（二）长虹 PS22 机芯彩色电视机通过代码找故障

项目	内容	操作键	备注
ADC_AUTO	自动彩色电视机校正	按 OK 键,在 YPbPrPc 下起作用	
SOUND BALANCE	声音平衡	按左右键,调整的值 50、100、0	
VOLUME	音量大小	按左右键,步长为 10	
COLOR SYSTEM	彩色电视机制式	按左右键,调整当前频道的彩色电视机制式	
SOUND SYSTEM	伴音制式	按左右键,调整当前频道的伴音制式	
AUTO SEARCH	自动搜台	右/OK 键,启动自动搜台	PS22 机芯型号有:PT32900NHD、 PT32618、PT37618、PT32700D。
CLEAR EEPROM	初始化 EEPROM	右/OK 键,将存储的数据初始化	工厂模式进入方法:TV 下,将音量降到 0 后,按住遥控器静音键 3s 左
D MODE	直接进入 D 模式	OK 键,进入设计模式设置	右,然后同时按本机的菜单键,即可进入工厂模式
AUTO ADC	彩色电视机校正	OK 键	菜单,进入工厂模式后,会有工厂菜单标志 M
COL TEMP	色温	OK 键	出现。
EEPROM CLEAR	默认出厂设置	V+/V-键	工厂模式退出方法:遥控关机后退出该模式进入用户模式
FUNCTION OPTION	功能调整项	OK 键,用于设置某些功能的开关	
PIC MODE	设置图像的参数	V+/V-键	
SND MODE	设置声音的参数	V+/V-键	
NON LINEAR	对比度、清晰度等参数的非线性调整	V+/V-键	
GO TO M MODE	进入 M 模式	V+/V-键	

（三）创维 4Y36 机芯彩色电视机通过代码找故障

项目	内容	调整范围	备注
V. SHIFT	场中心调整	0～15	
V. SIZE	场幅度调整	0～127	
VSC	场 S 校正	0～31	
VLINE	场线性调整	0～31	线性调整 注:若图像制式是 PAL 则后五项参数名称标识为 50;若图像制式为 NTSC 则后五项参数名称标识为 60,PAL 制 N 制需单独调整
H. PAHSE	行中心调整	0～31	
H. SIZE	E/W 行幅度调整	0～63	
EW. AMP	E/W 枕形校正	0～63	
EW. TILT	E/W 梯形校正	0～63	
EW. COR. TOP	上角调整	0～15	
EW. COR. BOT	下角调整	0～15	
V. K	白平衡亮线	0～1（建议为 0）	白平衡调整
SUB BRIGHT	副亮度	0～127	
RB	红偏压	0～255	
GB	绿偏压	0～255	
BB	蓝偏压	0～255	
RD	红驱动	0～127	
GD	绿驱动	0～15	
BD	蓝驱动	0～127	
V. SIZE	场幅度调整	0～63	16∶9 调整
EW. AMP	E/W 枕形校正	0～63	
EW. DC	E/W 行幅度调整	0～63	

工厂模式进入与退出方法:①进入方法。按键控板上"菜单键"不放,然后依次按下遥控器上数字键"978",进入工厂调试菜单(调整方法:按频道＋/－键选择需调整项目;按音量＋/－键改变所选项目的值或状态;按静音键(MUTE 键)向前翻页,按交替键(CH. REV 键)向后翻页);②退出方法。依次按遥控器菜单键(MENU 键)、声音模式键(S. MODE 键),使彩色电视机机处于无工厂菜单状态,关闭电源后开机即可。

适用机型:25T91AA、29T91AA、25N91AA、25T18AA

（四）海尔 8844 机芯彩色电视机通过代码找故障

项目	内容	数据			备注
		HP-3408	HP-3458D	HP-3408D	
AGC	AGC 延迟调节	06	0B	0B	
VCO	中频设置	03	03	03	
YDL	Y 延迟补偿	04	04	04	
PSL/NSL	长斜度校正	1D	1F	26	
PVS/NVS	场中心调整	25	24	1C	
PVA/NVA	场副	21	12	0A	在正常开机后，按遥控器上的"PSTD""SSTD""CALL""POWER"组合键进入维修菜单，按"MENU"键（或"FUNC"键），选择功能显示菜单（系统设定菜单），在子菜单里有童锁一项，按 P+/−来移动光标到"童锁"字样处，按 V+/−键将童锁设置为"关"，即将童锁功能关闭。彩色电视机童锁功能打开时，彩色电视机本机键失灵，只有遥控器可以使用，关机后再次开机仍保持童锁状态
PHS/NHS	行中心调整	24	23	22	
PEW/PEW	行幅度调整	38	36	37	
PEP/NEP	枕校	1F	17	15	
PEC/NEC	四角校正	08	00	00	
PET/NET	梯形校正	1C	1D	22	
PSC/NSC	场 S 校正	06	06	06	
RG	红平衡	1D	1F	1E	
GG	绿平衡	1E	1A	23	
BG	蓝平衡	22	24	27	
SBT	副亮度	34	38	32	
SCT	副对比度调整	32	3F	3F	
SCR	副色度调整	32	38	32	
STT	N 制副色调	3F	3F	3F	
CDL	阴极驱动电平	04	03	07	
MV-R	电影模式-R 提升	07	07	07	
NT-G	自然模式-G 提升	07	07	07	
DY-B	动态模式-B 提升	07	07	07	

项目	内容	数据			备注
		HP-3408	HP-3458D	HP-3408D	
SDTB	标准模式高音	32	32	32	
SDBS	标准模式低音	20	32	20	
SDBT	标准模式亮度	40	38	3B	
SDCT	标准模式对比度	50	50	50	
SDCR	标准模式色度	40	40	40	
SDSP	标准模式锐度	32	32	32	
SDTT	标准模式色调	32	32	32	在正常开机后,按遥控器上的"PSTD""SSTD""CALL""POWER"组合键进入维修菜单,按"MENU"键(或"FUNC"键),选择功能显示菜单(系统设定菜单),在子菜单里有童锁一项,按 P+/-来移动光标到"童锁"字样处,按 V+/-键将童锁设置为"关",即将童锁功能关闭。彩色电视机童锁功能打开时,彩色电视机本机键失灵,只有遥控器可以使用,关机后再次开机仍保持童锁状态
BT1	图像增强选项1	00	00	0D	
BT2	图像增强选项2	0F	0F	00	
ABS	黑电平延伸	10	10	10	
NLA	非线性放大	10	10	10	
VGM	咖玛校正	20	20	20	
PAK	峰值幅度调整	20	20	20	
STP	前后沿调整	30	30	30	
COR	降噪调节	30	30	30	
LWD	线宽控制	12	12	12	
YDL	Y延迟调节	03	03	00	
OPTION1	功能选项1	1F	1F	02	
OPTION2	功能选项2	0F	0F	0F	
ROWCON	屏显上下位置	06	06	06	
CLMCON	屏显左右位置	02	04	03	
OPTION3	功能选项3	80	80	84	

(五)海信 GS 二代高清机芯彩色电视机通过代码找故障

项目	内容	数据	备注	
HPOS	行中心调整	44	图像调整	总线进入与退出方法:①进入方法。在日历显示菜单下,遥控器输入 8125,进入(调整方法:连续按压菜单键可进入不同调试菜单,共四个菜单,按"频道加/减"键调整项目,按"声音加/减"键调整数据);②退出方法:遥控关机或交流关机退出总线。 适用范围:采用 GENESIS 公司 FLI8120 + FLI2300 解码方案的高清彩色电视机机。 适用机型:HDP2911D、HDP2911GB、HDP3411D、HDP3411GB
HSIZE	行幅度调整	32		
VPOS	场中心调整	23		
VSINE	场幅度调整	3		
VLIN	场线性调整	9		
VSCOR	场 S 校正	8		
PARAL	平行四边形失真校正	8		
BOW	弓形失真校正	6		
PINCUSHION	枕形校正失真校正	29		
TRAPE	梯形校正失真校正	23		
UCNR	上角调整	11		
LCNR	下角调整	13		
VTOP B	场上部消隐	6		
VBTM B	场下部消隐	5		
R DRIVER	红驱动增益	5A	白平衡调整	
G DRIVER	绿驱动增益	60		
B DRIVER	蓝驱动增益	70		
R CUTOFF	红截止	9B		
G CUTOFF	绿截止	80		
B CUTOFF	蓝截止	76		
HEHT	行方向高压补偿	B		
VEHT	场方向高压补偿	7		
WPB	白峰蓝设定	0		
SUB BRIGHT	副亮度	20		
AUDIO GAIN	伴音增益	00		
SVM PHASE	调速相位	00		
OPTION	功能设定选项	7		

（六）康佳 LC-TM 系列彩色电视机通过代码找故障

项目	内容	数据	备　注
H POSI	行中心调整位置	71	
H SIZE	行宽度调整	38	
PARALL	平行四边形失真校正	7	
PARABO	枕形校正	38	
TRAP	梯形校正	32	
TOP COR	顶角校正	30	
BOT COR	下角调整	32	
BOW	弓形校正	6	
V POS	场相位调整	43	
V SIZE	场幅度调整	90	
V SCORR	场 S 校正	15	
V LIN	场线性调整校正	18	工厂菜单的进入与退出方法：①进入方法。使用用户遥控器，按遥控器上"菜单"一次，在字符菜单的主菜单未消失前，连续按"回看"键五下，屏幕上显示"FACTORY　MENU"字符表示进入了工厂菜单调试状态。按遥控器"回看"键翻页，按频道加减键选择项目、按音量加减键修改项目数据；②退出方法。按遥控器"菜单"键即可退出。
H EHT	行高压补偿	8	
V EHT	场高压补偿	0	
R GAIN	红增益	63	
G GAIN	绿增益	63	
B GAIN	蓝增益	63	
R CUT	红截止	127	
G CUT	绿截止	127	
B CUT	蓝截止	127	
SUB BRIGHT	副亮度	15	
V STOP	场停止	0	适用机型 P34TM297、SP29TM529 等
R GAIN	红增益	63	
G GAIN	绿增益	63	
B GAIN	蓝增益	63	
R CUT	红截止	127	
G CUT	绿截止	127	
B CUT	蓝截止	127	
SUB BRIGHT	副亮度	15	
V STOP	场停止	0	

课堂二 参考主流芯片应用电路

（一）KA5Q1565RF 开关电源稳压控制电路应用电路图（以应用在创维 6D96 机芯电视上为例）（图 5-1）

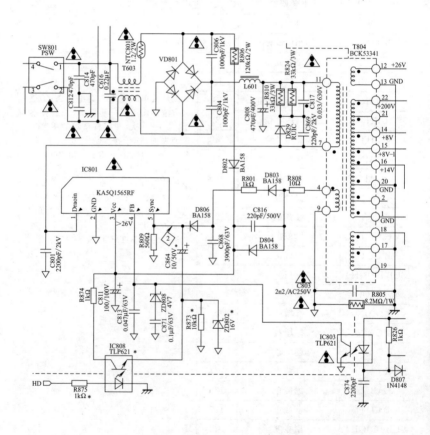

图 5-1　KA5Q1565RF 应用电路图

（二）TDA8177 场块应用电路图（以应用在海尔 D29MK1 型彩色电视机上为例）（图 5-2）

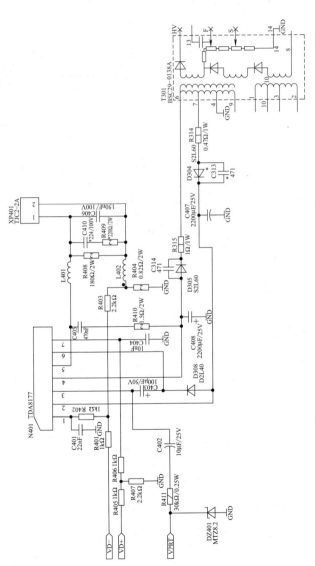

图 5-2　TDA8177 场块应用电路图

（三）MST5C26 微处理器（CPU）应用电路图（以应用在海尔 D29FA10-A 型彩色电视机上为例）（图 5-3）

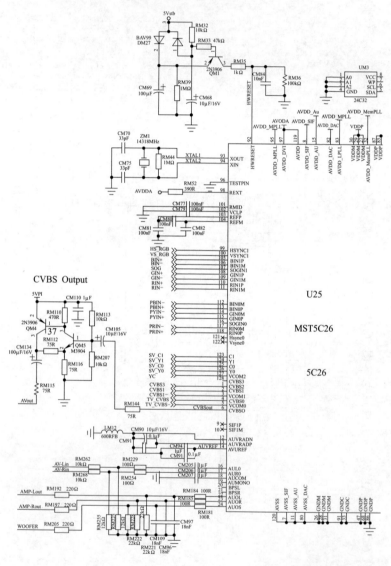

图 5-3　MST5C26 微处

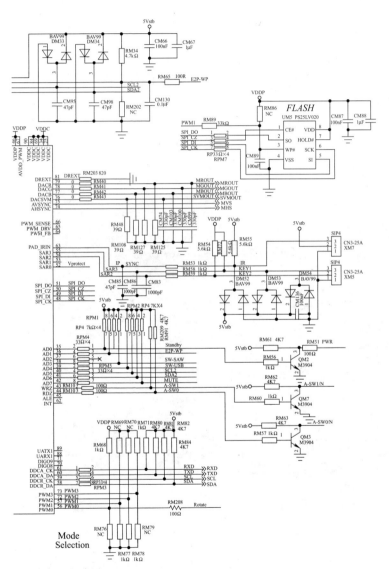

理器应用电路图

课堂三 电路或实物按图索故障

（一）TCL NU21 机芯彩色电视机数字板按图索故障

TCL NU21 机芯是一款采用数字信号处理技术的数字窗高清系列产品。采用 NU21 机芯的彩色电视机型号有：HID29181H、HID29189PB、HID29A61、HID29A81、HID34181、HID34181H、HID34A61、HID34A81 等。TCL NU21 机芯彩色电视机数字板按图索故障如图 5-4 所示。

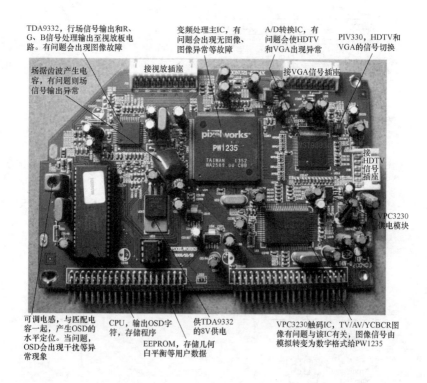

图 5-4　TCL NU21 机芯彩色电视机数字板按图索故障

（二）创维 6D96 机芯彩色电视机数字板按图索故障

如图 5-5 所示。

图 5-5　创维 6D96 机芯彩色电视机数字板按图索故障

（三）海信 MST 机芯高清数字彩色电视机数字板按图索故障

海信 MST 高清机芯适用机型：海信 HDP2511G、HDP2568、

HDP2907M、HDP2910、HDP2919M、HDP2919DM、HDP2977、HDP2977B、HDP3406M 等。

海信 MST 机芯高清数字彩色电视机数字板按图索故障如图5-6所示。

MST5C16，用于YCbCr/YPbPr/VGA/RGB信号切换，行场信号格式变换处理、A/D、D/A处理。有故障引起花屏、YCbCr/YPbPr/VGA/RGB输入信号不切换、字符异常

SDRAM，与MST5C16共同完成行场格式变换，起到图像暂存的作用

RGB信号一级放大，有故障会造成某基色信号无输出

TDA9333H，行场激励信号输出、RGB信号输出、E/W枕校输出、ABL、EHT，对亮度/色度/对比度控制。有故障会造成行场激励和E/W信号无输出，RGB缺颜色

VGA信号输入插口

RGB信号输出插口

24C16存储器

M62166，模拟信号中放解调及解码，及TV-VIDEO输出，有故障会引起跑台，TV/AV无图像

74HC4053，Video1/S-Video-Y、Video2、TV-Video信号切换，有故障会引起上述输入信号不切换

3.3V、3.3V、2.5V稳压IC

MM502，本机CPU对整个电路进行控制

图 5-6　海信 MST 机芯高清数字彩色电视机数字板按图索故障

（四）康佳 SP29TG636A 高清彩色电视机主板按图索故障

如图 5-7 所示。

（五）康佳 ST 系列高清数字彩色电视机数字板按图索故障

康佳 ST 系列高清数字彩色电视机机型分别为 P28ST319、P29ST216、P29ST217、P29ST281、P29ST386、P29ST390、P30ST319、P32ST319、P34ST216、P34ST386、P34ST390、SP29ST391、SP32ST391 等。

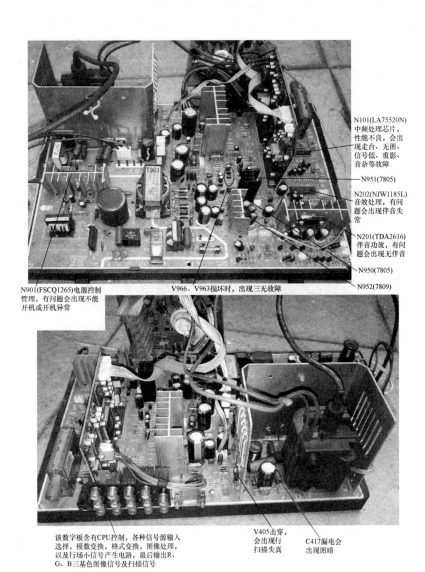

N101(LA75520N)
中频处理芯片，
性能不良，会出
现走台、无图、
信号低、重影、
音杂等故障

N951(7805)

N202(NJW1185L)
音效处理，有问
题会出现伴音失
常

N201(TDA2616)
伴音功放，有问
题会出现无伴音

N950(7805)

N952(7809)

N901(FSCQ1265)电源控制
管理，有问题会出现不能
开机或开机异常

V966、V963损坏时，出现三无故障

该数字板含有CPU控制，各种信号源输入
选择，模数变换，格式变换，图像处理，
以及行场小信号产生电路，最后输出R、
G、B三基色图像信号及扫描信号

V405击穿，
会出现行
扫描失真

C417漏电会
出现图暗

图 5-7　康佳 SP29TG636A 高清彩色电视机主板按图索故障

康佳ST系列高清数字彩色电视机数字板按图索故障如图5-8所示。

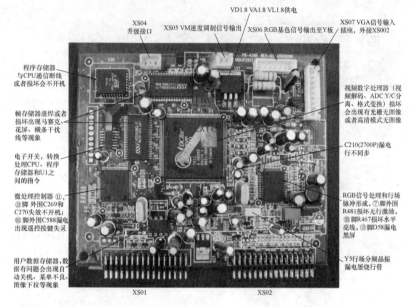

XS04
升级接口

XS05 VM速度调制信号输出

VD1.8 VA1.8 VL1.8供电

XS06 RGB基色信号输出至Y板

XS07 VGA信号输入
插座,外接XS002

程序存储器
与CPU通信断线
或者损坏会不开机

帧存储器虚焊或者
损坏出现马赛克、
花屏、横条干扰
线等现象

电子开关,转换
处理CPU、程序
存储器和U1之
间的指令

微处理控制器⑪、
⑬脚 外围C269和
C270失效不开机;
⑫脚外围C588漏电
出现遥控按键失灵

用户数据存储器,数
据有问题会出现自
动关机、菜单不良、
图像下拉等现象

视频数字处理器(视
频解码、ADC Y/C分
离、格式变换)损坏
会出现有光栅无图像
或者高清模式无图像

C210(2700P)漏电
行不同步

RGB信号处理和行场
脉冲形成,⑦脚外围
R481损坏无行激励,
㉒脚R467损坏水平
亮线,⑩脚D58漏电
黑屏

Y5行场分频晶振
漏电屡烧行管

XS01

XS02

图 5-8 康佳 ST 系列高清数字彩色电视机数字板按图索故障